全国高职高专园林类专业“十二五”规划教材

园林制图

主　编　李随文　刘成达
副主编　左金淼　张　蕊

黄河水利出版社
·郑州·

内 容 提 要

本书为全国高职高专园林类专业“十二五”规划系列教材之一。全书包括制图的基本知识和技能、投影原理、工程形体的投影、轴测投影、剖面图与断面图、透视投影、园林要素的表现、园林工程图的绘制和识读及部分附录资料等内容。本书同时配套有《园林制图习题集》以供学生练习使用。

本书可作为园林、园艺、城市规划等专业的教材，也可作为成人教育的辅助教材及自学者的参考书。

图书在版编目(CIP)数据

园林制图/李随文，刘成达主编.—郑州:黄河水利出版社，2010.2 (2012年3月修订重印)
全国高职高专园林类专业“十二五”规划教材
ISBN 978-7-80734-632-6

Ⅰ.①园… Ⅱ.①李… ②刘… Ⅲ.①园林设计-建筑制图-高等学校：技术学校-教材 Ⅳ.①TU986.2

中国版本图书馆 CIP 数据核字(2010)第019847号

组稿编辑：韩美琴　李洪良　马广州　0371-66024331　66023343

出 版 社：黄河水利出版社
地址：河南省郑州市顺河路黄委会综合楼14层　邮政编码：450003
发行单位：黄河水利出版社
发行部电话：0371-66026940、66020550、66028024、66022620(传真)
E-mail：hhslcbs@126.com
承印单位：黄河水利委员会印刷厂
开本：787 mm×1 092 mm　1/16
印张：15.25
字数：353千字　　印数：4 101—8 100
版次：2010年2月第1版　　印次：2010年2月第1次印刷
2012年3月第2次印刷

定价：29.00元

全国高职高专园林类专业“十二五”规划教材

编审委员会

参编院校

出版说明

近年来，随着社会的进步和人们生活水平的提高，人类对生存环境的质量要求越来越高，园林作为生态环境建设的重要组成部分和提高人类生存环境质量的重要凭借手段，越来越受到环境决策者和建设者的重视，特别是在城市，生态园林建设已成为解决社会快速发展所带来的环境问题的主要方式之一，因而以服务和改造室内外环境为基本内容的园林专业也随之迅速发展，新观念、新技术不断涌现，社会对园林工程专业高素质技能型人才的要求也不断提高。

为了配合全国高职高专园林类专业的教学改革与教材建设规划，按照国家对高职高专园林专业人才培养目标定位和市场对园林专业人才生态知识及实践技能的要求，在对现有园林工程专业教材出版情况进行深入调研并充分征求了各课程主讲老师意见的基础上，我社组织出版了这套"全国高职高专园林类专业'十二五'规划教材"。教材的编写立足于高起点、出精品，本着知识传授与能力培养并重的原则，以培养园林高级专业技术人才为目标，着重加强职业教育的技能培养特色，重点突出实验、实训教学环节。

本系列教材的编写和出版得到了全国20多所园林类高职高专院校的大力支持，我们特别邀请了多所高等院校相关专业的老师对稿件进行了严格审查把关。正是由于他们的辛勤工作和无私奉献，才使得这些教材能够在最短的时间内付梓印刷，并有效保证了教材的整体水平和质量。在此，对推进此次教材编写与出版工作的各院校领导、参编和审稿的老师表示衷心的感谢和诚挚的敬意。

诚然，人才的培养需要教育者长期坚持不懈的努力，好的教材也需要经过时间的考证和实践的检验。希望各院校在使用这些教材的过程中提出改进意见与建议，以便再版时不断修改和完善。

黄河水利出版社

前　言

园林制图是高职院校园林类专业的一门骨干课程。本教材是由黄河水利出版社组织，全国20多所农林及建筑高职学院专业教师参与，经反复讨论和研究，以高职园林类专业教学计划和教学大纲为基础，结合园林类专业学生的现状和教学实际进行编写的。

本教材分绪论、制图的基础知识、投影法及专业制图等几个部分。教材内容注重学生思维能力、造型能力、动手能力的培养，注重与其他课程之间的衔接，体现专业特色。

本教材编写的具体分工是：第一章、第七章由周口职业技术学院的张蕊编写；第二章、第三章由信阳农业高等专科学校的周小苹编写；第四章、第九章由甘肃林业职业技术学院的李随文编写；第五章由衡水学院的冯蕾编写；第六章由黑龙江农垦农业职业技术学院的周淑梅编写；第八章由郑州牧业工程高等专科学校的左金森编写；第十章由黑龙江农垦农业职业技术学院的刘成达编写；附录资料由刘成达提供。本教材由李随文、刘成达任主编，左金森、张蕊任副主编。

本教材在编写过程中得到了甘肃林业职业技术学院、深圳职业技术学院、周口职业技术学院、衡水学院、郑州牧业工程高等专科学校、信阳农业高等专科学校、黑龙江农垦农业职业技术学院的大力支持，在此表示感谢。

本教材采用了大量的优秀插图作为图例，由于时间仓促和联系不便，没能事先与原图作者进行沟通，在此表示深刻的歉意和诚挚的谢意。

因我们教学经验和业务水平有限，加之时间仓促，书中错误与不足之处在所难免，希望读者在使用过程中多提批评意见和建议。

编　者

2009年10月

目　录

绪 论

一、园林工程图及其作用

工程图纸是工程技术部门的一项重要技术文件，是按一定的规则和方法绘制的，能够准确表达空间物体的形状和大小，并说明有关技术要求的图样。它被人们誉为“工程界的语言”，是审批建设工程项目的依据；在生产施工中，它是备料和施工的依据；在工程竣工时，要按照工程图的设计要求进行质量检查和验收，并以此评价工程优劣；工程图还是编制工程概算、预算和决算及审核工程造价的依据。

园林工程图是设计者在掌握园林设计与原理、相关工程技术和园林制图技能的基础上综合运用山石、水体、建筑和植物等造园要素，经过合理布局和艺术构思所绘制的图样。施工人员通过园林设计图纸，可以准确而形象地理解设计者的设计意图和艺术效果，并依照图样进行施工，从而创造出符合设计意图的、优美的园林景观。因此，园林工程图也是园林“工程界的技术语言”，是设计者和读图者之间的纽带和桥梁。

二、园林制图课程的性质和任务

(一)课程的性质

本课程为园林类专业学生必修的专业基础课。

(二)课程的任务

通过本课程的学习，使学生能够掌握园林工程设计制图的必要常识、制图规范及园林制图中常用的理论知识；能够熟练使用制图工具绘制基本园林工程图；能够看懂园林工程图纸；教书与育人相结合，培养学生的职业道德与敬业精神。

(三)前导课程

素描、色彩、园林测量等。

(四)后续课程

园林建筑设计、园林工程施工与管理、园林建筑结构与构造、园林规划设计等。

三、园林制图的主要内容

(一)制图的基础知识

介绍制图工具、仪器及用品的使用与维护，基本制图标准，绘图的一般步骤。

(二)园林素材的表现

介绍园林植物、山石、水体、人物等的钢笔手绘表现方法。

(三)投影作图

介绍投影的基本知识和基本理论，包括正投影、轴测投影及透视投影。主要学习正投影原理，这是制图的理论基础，也是本课程的重点内容。

(四)专业制图

园林工程图根据内容和作用的不同可分为园林总体规划设计图(包括总平面图、园林设计平面图、立面图、剖面图和鸟瞰图等)、园林竖向设计图、园林植物种植设计图(包括种植平面图、种植详图和局部种植效果图等)、建筑工程图(包括建筑施工图、结构施工图、设备施工图等)。

四、园林工程图的特点及其学习方法

(一)园林工程图的特点

1. 需要丰富的想象力

园林设计本身是一种无形的立体空间艺术。它是以自然美为特征的空间环境规划设计，而不是单纯的平面构图和立面构图。要将立体景物以平面图的方式绘制出来，需要设计者丰富的想象力和熟练的作图技术。这样才能在“景物”与“图形”之间建立对应关系。

2. 要有综合美感

园林美是自然美、生活美、建筑美、绘画美和文学美的综合。现实风景中的自然美通过提炼可以成为艺术美，最后上升为诗情画意。而园林建设就是要把艺术中的美，把诗情画意搬回到现实中来。作为设计者首先必须具备这种综合美感，通过园林设计图把它表现出来。

3. 工具绘图与徒手绘图相结合

园林设计中既有亭台楼阁等工程建筑物，又有山石、水体和树木。前者要求形状规范、尺寸精确，后者则要求自然流畅。在绘图过程中，前者必须使用绘画工具，后者则需徒手完成。徒手绘图与用绘图工具绘图有很大的不同，其要做到线条流畅、图面美观，必须经常反复练习，才能得心应手。

4. 注重花草树木的特点

园林设计图极为重要的内容，就是对树木花草的表现。由于它们种类繁多、姿态万千，所以很难准确地表现出来。若想画好园林设计图，不仅需要一定的绘画技巧，而且要掌握和了解各种园林植物特点，从叶片形状到树冠整体，都需要有较深的认识，才可能用简单的轮廓线条概括出不同树木的形状及特点。

(二)本课程的学习方法

(1)认真听讲，及时复习、理解和掌握作图、识图的基本理论、基本知识和基本方法。

(2)在做作业和实训过程中，要独立思考，反复不断地查阅有关教材的内容，以解决所遇到的疑难问题和检查所做练习、实训的正确度，从而也对教材的内容加深理解。这是针对制图“容易学，难掌握”的特点所必须采用的一种方式。

(3)多画图、多识图，从物到图，从图到物，反复训练，理论联系实际，培养空间想象力。

(4)正确处理好画图与识图的关系。画图可以加深对图的理解，提高识图能力。画图是手段，识图是目的，对于高职院校的学生来说，识图能力的培养尤为重要。

(5)平时多注意观察周围的环境景观，积累一定的感性认识，这样有助于对园林设计图的理解。

(6)工程图样是施工的依据，图上的一丝差错都会给工程造成损失。因此，在学习时应严格遵守国家制图标准，培养严谨的工作作风、认真负责的工作态度、耐心细致的工作习惯。良好的职业道德和敬业精神是现代企业对高职院校毕业生的基本要求。

第一章 制图的基本知识和技能

本章导读

本章作为园林制图的基础知识，要求学生了解常用绘图工具的性能及其使用方法，掌握工具线条和徒手线条的画法及绘图步骤，熟悉园林制图的国家标准，掌握仿宋字体的基本写法和图形的标注、索引方法等，为专业识图和绘图打好基础。

园林制图是园林建设实践的基本技术语言，是园林专业学生必须掌握的基本技能。为了统一制图规则，保证制图质量，提高制图效率，做到图面清晰、简明，符合设计、施工、存档的要求，适应工程建设的需要，国家制定了一系列标准，对制图作了统一的技术规定和要求。园林制图中的建筑及其有关工程图纸，应遵守国家颁布的建筑制图中的有关标准， 以《房屋建筑制图统一标准》(GB/T 50001—2001)作为制图的依据。另外，除采用绘图工具制图外，还必须具备徒手作图的能力。

第一节 制图的基本规定

结合《房屋建筑制图统一标准》(GB/T 50001—2001)，介绍园林制图中图纸、图线、字体、比例选用、尺寸标注、符号和图例等方面的有关标准及规范。

一、图纸幅面和标题栏

(一)图纸幅面

图纸幅面是指对选用图纸长与宽的相应规定。园林制图采用国际通用的 A 系列幅面规格的图纸，其基本尺寸有五种，它们的代号分别为 A0、A1、A2、A3、A4，一般分别对应称之为零号图纸(0#)、一号图纸(1#)、二号图纸(2#)、三号图纸(3#)、四号图纸(4#)。各类型幅面的图纸在实际制图中考虑到装订与排版等方面的要求，还规定要在图纸内部绘制图框线，要求图纸以图框线为界，必须在图框线以内完成各项绘图内容。图纸基本幅面和图框线的绘制规格及尺寸见表 1-1。

表 1-1 图纸基本幅面和图框线的绘制规格及尺寸 (单位：mm)

尺寸代号	幅面代号				
	A0	A1	A2	A3	A4
$b\times l$	841× 1 189	594× 841	420× 594	297× 420	210× 297
c	10			5	
a	25				

注：表中 b 为图纸宽度，l 为图纸长度，c 为非装订边各边缘到相应图框线的宽，a 为装订边宽度。

需要微缩复制的图纸，其一个边上应附有一段准确米制尺度，四个边上均附有对中标志，米制尺度的总长应为 100 mm，分格应为 10 mm。对中标志应画在图纸各边长的中点处，线宽应为 0.35 mm，伸入框内应为 5 mm，如图 1-1(a)所示。

为了便于图纸管理和交流，通常一项工程的设计图纸应以一种规格的幅面为主，除用做目录和表格而采用的 A4 幅面图纸外，不宜超过两种图纸幅面，以免参差不齐，不便管理和交流使用。

另外，必要情况下图纸可以加长，但必须沿着长边加长，图纸的加长量为原图纸长边的 1/8 的倍数，且仅 A0 ~ A3 号图纸可加长。

图纸以短边作为垂直边称为横式，以短边作为水平边称为立式。一般 A0 ~ A3 图纸宜横式使用，如图 1-1(a)所示；必要时，也可立式使用，如图 1-1(b)所示。

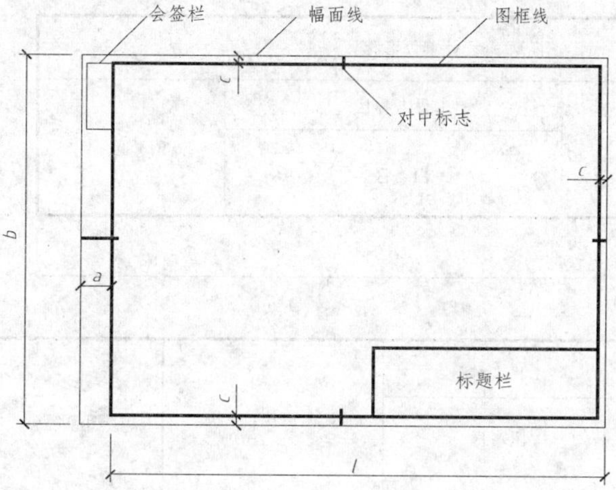

(a)

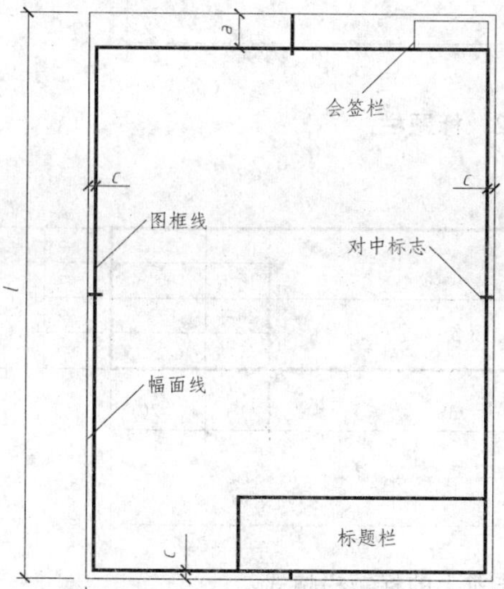

(b)

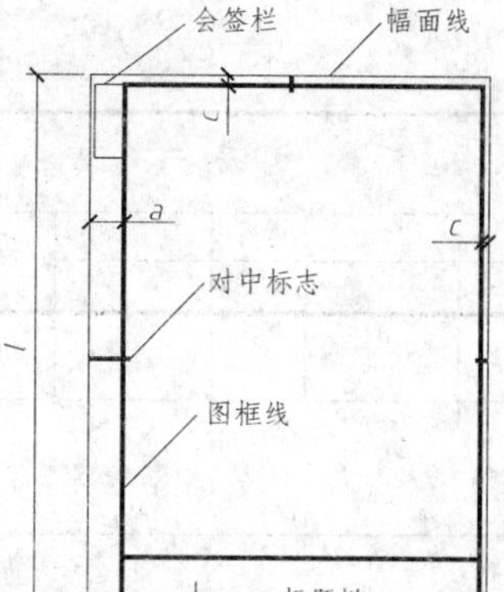

(c)

图 1-1　图纸幅面

(二)标题栏及会签栏

图纸标题栏(简称图标)用来填写设计单位(设计人、绘图人、审批人等)的签名和日期、工程名称、图名、图纸编号等内容。除 A4 图纸外，A0 ~ A3 图纸的标题栏必须放置在图框的右下角，A4 图纸的标题栏在下方，如图 1-1(c)所示。

鉴于当前各设计单位标题栏的内容增多，有时还需要加入外文的实际情况，提供了两种标题栏尺寸供选用，即 200 mm × 30(40) mm 和 240 mm × 30(40/50) mm，如图 1-2 所示。标题栏内容的划分仅为示意。签字区应包含实名列和签名列，避免签字过于潦草，难以识别。同时，在需要增加“中华人民共和国”字样时，可设定在设计单位名称的上方或左方两种位置。学生作业上的标题栏格式如图 1-3 所示。

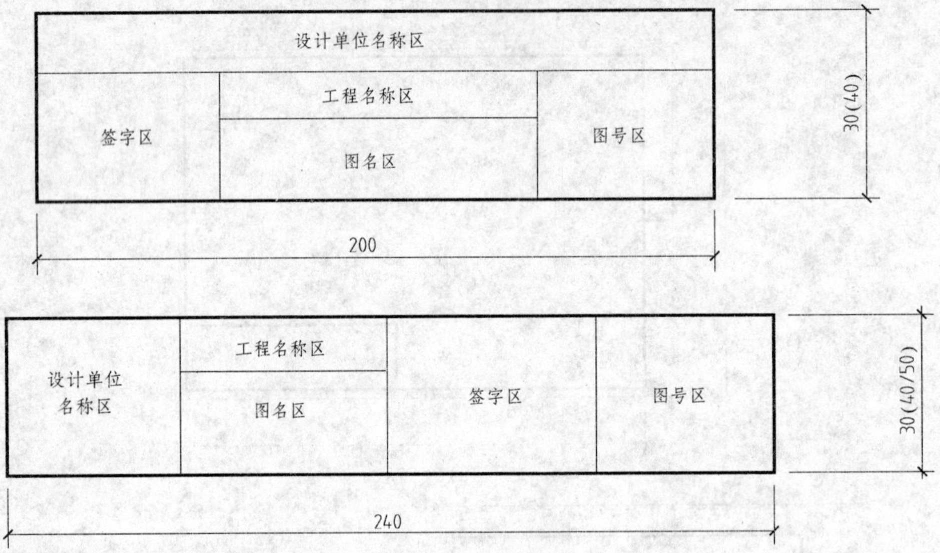

图 1-2　标题栏

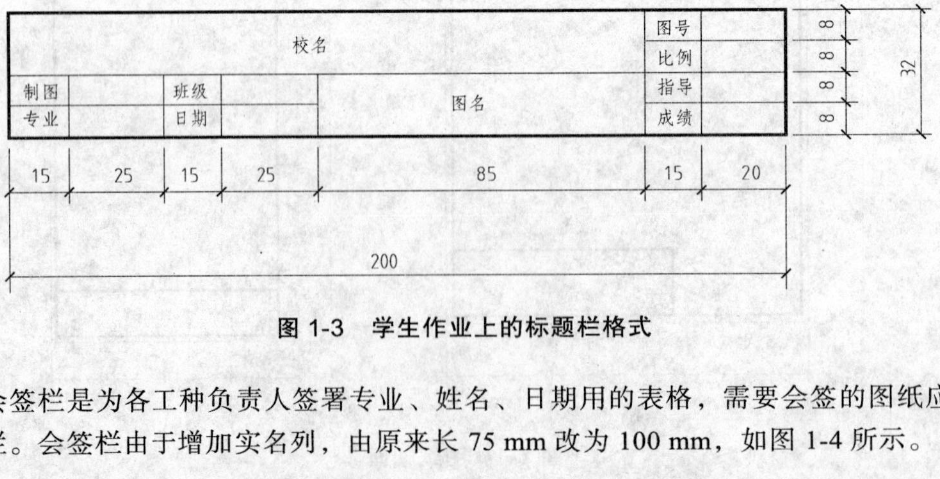

图 1-3　学生作业上的标题栏格式

会签栏是为各工种负责人签署专业、姓名、日期用的表格，需要会签的图纸应绘制会签栏。会签栏由于增加实名列，由原来长 75 mm 改为 100 mm，如图 1-4 所示。

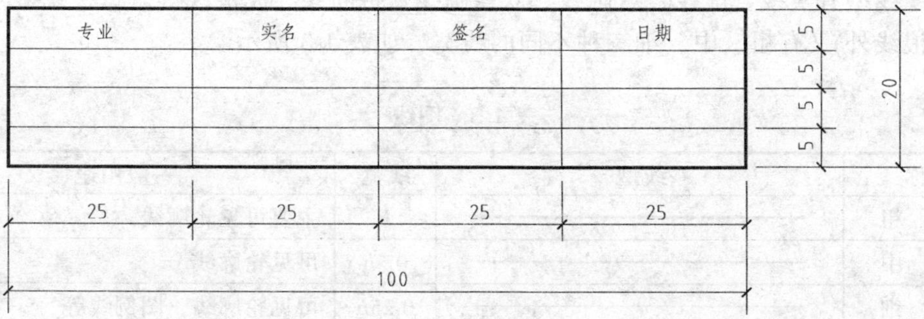

图 1-4　会签栏

二、比例

图样的比例是指图形与实物相对应的线性尺寸之比。比例规定用阿拉伯数字表示，如 1∶2、1∶5、1∶20、1∶50、1∶100 等。

比例宜注写在图名的右侧，字的基准线应取平；比例的字高宜比图名的字高小一号或二号，如图 1-5 所示。

图 1-5　比例的注写

图样不论放大或缩小，都应按实际尺寸标注。

绘图所用的比例，应根据图样的用途和被绘制对象的复杂程度从表 1-2 中选用，并应优先选用表中常用比例。园林中一般总平面图用 1∶500(绿地面积超过 15 hm^2 时总平面图可用 1∶1 000)，局部平面图可采用 1∶100 或 1∶200，详图用 1∶1 ~ 1∶50，一般采用 1∶20。

表 1-2　常用比例

图名	常用比例
详图	1∶1　1∶2　1∶3　1∶4　1∶5　1∶6　1∶10　1∶20　1∶30　1∶40　1∶50
道路绿化图	1∶50　1∶80　1∶100　1∶150　1∶200　1∶250
小游园规划图	1∶50　1∶80　1∶100　1∶150　1∶200　1∶250
居住区规划图	1∶100　1∶200　1∶300　1∶400　1∶500　1∶1 000
公园规划图	1∶500　1∶1 000　1∶2 000

三、图线

(一)线型与线宽

《房屋建筑制图统一标准》(GB/T 50001—2001)规定，工程建设图应选用规定的图线。图线线型有实线、虚线、点画线、双点画线、折断线、波浪线等。每种线型(除折断线、波浪线外)又有粗、中、细三种不同的线宽，如表 1-3 所示。

表 1-3 图线

名称		线型	线宽	一般用途
实线	粗		b	主要可见轮廓线
	中		$0.5b$	可见轮廓线
	细		$0.25b$	可见轮廓线、图例线等
虚线	粗		b	见有关专业制图标准
	中		$0.5b$	不可见轮廓线
	细		$0.25b$	被遮挡轮廓线、图例线等
点画线	粗		b	见有关专业制图标准
	中		$0.5b$	见有关专业制图标准
	细		$0.25b$	中心线、对称线、定位轴线等
双点画线	粗		b	见有关专业制图标准
	中		$0.5b$	见有关专业制图标准
	细		$0.25b$	假想轮廓线、成型前原始轮廓线等
折断线			$0.25b$	断开界线
波浪线			$0.25b$	断开界线

当粗线的宽度 b 确定后，中粗线及细线的宽度也就随之确定。它们应从表 1-4 中选用。绘制较简单的图样时，可采用两种线宽的线宽组，其线宽比宜为 b、$0.25b$。

表 1-4 线宽

线宽比	线宽组(mm)					
b	2.0	1.4	1.0	0.7	0.5	0.35
$0.5b$	1.0	0.7	0.5	0.35	0.25	0.18
$0.25b$	0.5	0.35	0.25	0.18	—	—

(二)图线的画法

(1)在同一张图纸内，相同比例的各图样，应选用相同的线宽组。

(2)相互平行的图线，其间隙不宜小于其中的粗线宽度，且不宜小于 0.7 mm。

(3)虚线、单点长画线或双点长画线的线段长度和间隔宜各自相等。

(4)单点画线或双点画线，当在较小图形中绘制有困难时，可用实线代替。

(5)单点画线或双点画线的两端，不应是点。点画线与点画线交接或点画线与其他图线交接时，应是线段交接，如表 1-5 中图线交接的画法。

(6)虚线与虚线交接或虚线与其他图线交接时，应是线段交接。虚线为实线的延长线时，不得与实线连接，如表 1-5 中图线交接的画法。

(7)图线不得与文字、数字或符号重叠、混淆，不可避免时，应首先保证文字等的清晰，如图 1-13 所示。

表 1-5　图线交接的画法

类型	正确	不正确
实线相交	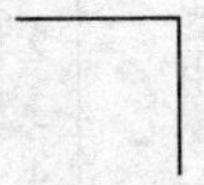 交于一点	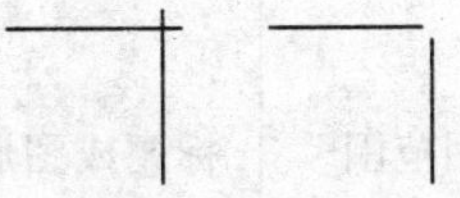 出头　未交于一点
两线相切	 切点线宽=单线线宽	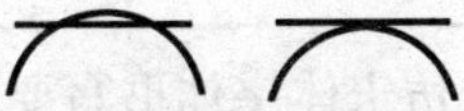 切点线宽≠单线线宽
虚线与虚线、中心线与中心线相交	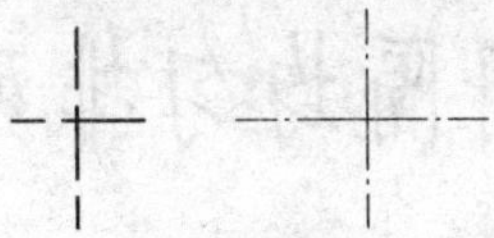 交于线段	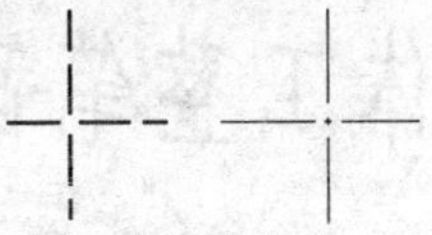 交于空隙或点
实线、虚线、中心线相交	 交于线段	 交于点或空隙
中心线与圆相交(直径小于 12 mm 时中心线用细实线画)	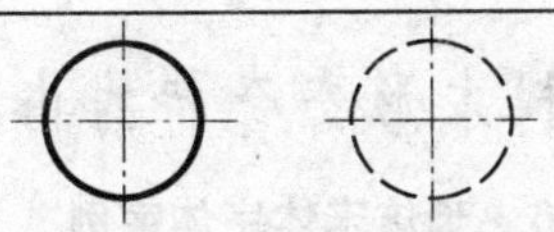 中心线出头　中心线交于线段	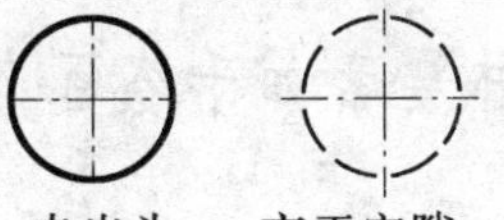 未出头　交于空隙
虚线在实线的延长线上	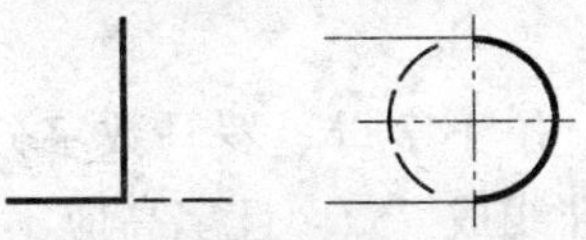 留有空隙	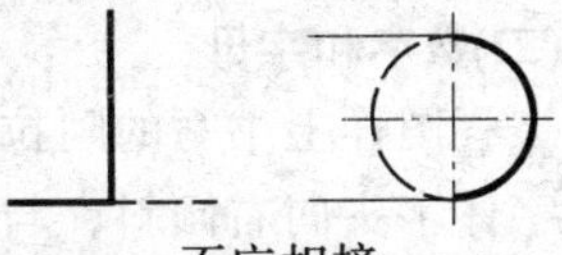 不应相接

四、字体

图样中的汉字、数字、字母书写必须做到字体工整、笔画清楚、间隔均匀、排列整齐，标点符号应清楚正确。

(一)文字

制图字体宜用长仿宋体，并应采用国家颁布的简化汉字。图纸中文字的字高应从下列中选用：3.5 mm、5 mm、7 mm、10 mm、14 mm、20 mm。若需书写更大的字，其字体高度应按 $\sqrt{2}$ 的比例递增。字体高度代表字体的号数。字宽一般为字高的 2/3，笔画线宽约为字高的 1/10，字间距约为字高的 1/4，行间距约为字高的 1/3(见表 1-6)。大标题、图册封面、地形图等汉字也可书写成其他字体，但应易于辨认。

表 1-6　长仿宋字体规格和使用范围

<table>
<tr><td>字高(字号)</td><td>20</td><td>14</td><td>10</td><td>7</td><td>5</td><td>3.5</td></tr>
<tr><td>字宽(2/3)h</td><td>14</td><td>10</td><td>7</td><td>5</td><td>3.5</td><td>2.5</td></tr>
<tr><td>字间距(1/4)h</td><td></td><td></td><td>2.5</td><td>1.8</td><td>1.3</td><td>0.9</td></tr>
<tr><td>行间距(1/3)h</td><td></td><td></td><td>3.3</td><td>2.3</td><td>1.7</td><td>1.2</td></tr>
<tr><td rowspan="2">使用范围</td><td rowspan="2" colspan="2">标题或图册用字</td><td colspan="2">各种标题用字</td><td colspan="2">1.详图数字和标题用字
2.标题下的比例数字
3.剖面代号
4.一般文字说明</td></tr>
<tr><td></td><td colspan="2">1.表格名称
2.详图及附注标题</td><td>尺寸及标高</td></tr>
</table>

长仿宋体字体书写要领为：横平竖直、起落有力，笔锋满格、因字而异，排列整齐、组合紧凑。书写示例见图 1-6。

字体工整笔画清楚间隔均匀排列整齐注意起落

园林制图是园林建设实践的基本技术语言是园林

专业学生必须掌握的基本技能制图的基本知识

园林要素如千姿百态的花草树木形态奇特的山石水体自然曲折的园路

图 1-6　长仿宋体字体字例

(二)数字和字母

工程图样上书写的阿拉伯数字、拉丁字母、罗马数字分直体、斜体两种。若采用斜体，字体字头向右倾斜，与水平基准线成 75°，且字高应不小于 2.5 mm。当拉丁字母单独用做代号时，不使用 I、O 及 Z 三个字母，以免同阿拉伯数字的 1、0、2 相混淆。字母、数字书写示例见图 1-7。

ABCDEFGHIJKLMNOPQRSTUVWXYZ

abcdefghijklmnopqrstuvwxyz

0123456789

图 1-7　斜体拉丁字母和阿拉伯数字书写示例

五、尺寸标注

工程施工的依据是工程图上完整、正确的尺寸。图样只能反映物体的形状，如果尺寸标注有错、不完整或不合理，将给施工带来困难。因此，标注必须醒目、正确、规范，不能模棱两可；索引便于查找，不可凌乱。

(一)基本原则

(1)物体的真实大小以图样上标注的尺寸为准，不得从图样上直接量取。

(2)图样中的尺寸以毫米(mm)为单位时不需标注，若采用其他单位则必须注明。

(3)图样中所标注的尺寸为物体的最后完工尺寸，否则应另加说明。

(4)物体的每一尺寸，一般只标注一次，并应标注在反映该结构最清晰的视图上。

(二)尺寸的组成

图样上尺寸的标注包括尺寸界线、尺寸线、尺寸起止符号和尺寸数字 4 个组成要素，如图 1-8 所示。

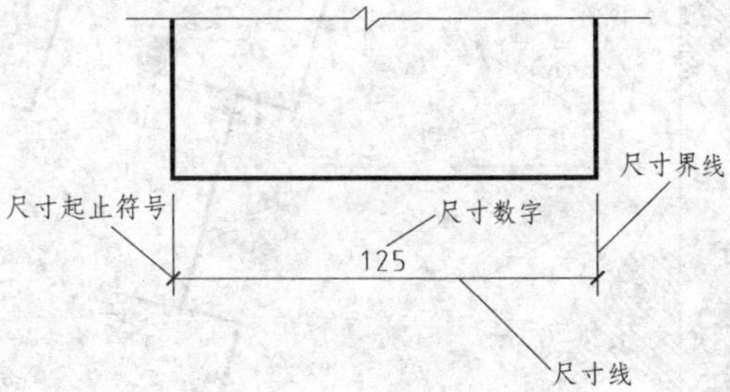

图 1-8　尺寸组成要素

(1)尺寸界线：标注尺寸的起止点，用细实线画出，一般应与被标注长度垂直，其一端应离开图样轮廓线不小于 2 mm，另一端超出尺寸线 2 ~ 3 mm，如图 1-9 所示。必要时，也可用轮廓线、中心线、轴线代替。

(2)尺寸线：表示尺寸方向的线，与被标注长度平行，必须用细实线单独画出，不能用其他图线代替，如图 1-9 所示。

(3)尺寸起止符号：画在尺寸线两端，一般用中粗短斜线绘制，其倾斜方向与尺寸界限成顺时针 45°角，长度 2 ~ 3 mm。直径、半径、角度、弧度的标注尺寸起止符号用箭头表示，如图 1-10 所示。尺寸界线过密时，尺寸起止符号用小圆点表示。

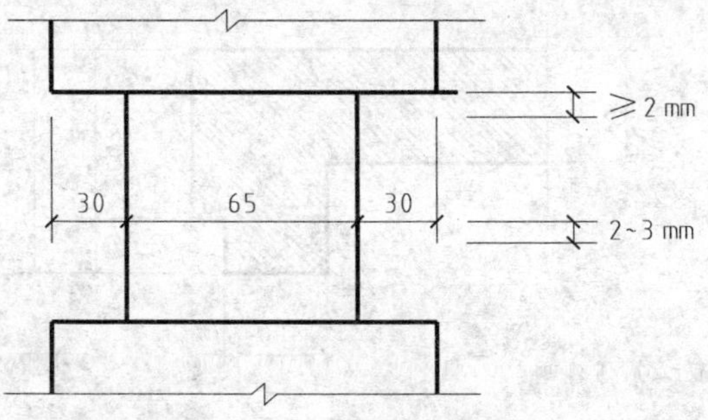

图 1-9　尺寸界线与尺寸线

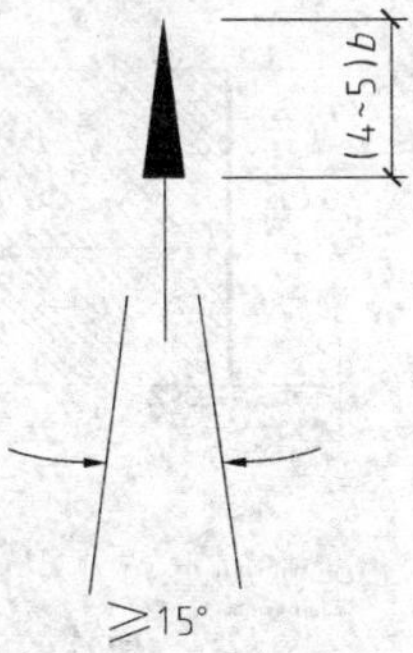

图 1-10　箭头尺寸起止符号

(4)尺寸数字：水平方向的字头朝上，垂直方向的字头朝左，倾斜方向的字头偏上，可写在尺寸线上中部。没有足够的注写位置时，最外边的尺寸数字可注写在尺寸界线的外侧，中间相邻尺寸数字可错开注写，如图 1-11 所示。尺寸数字方向，应按图 1-12(a)的规定注写。若尺寸数字在 30°斜线区内，宜按图 1-12(b)的形式注写。

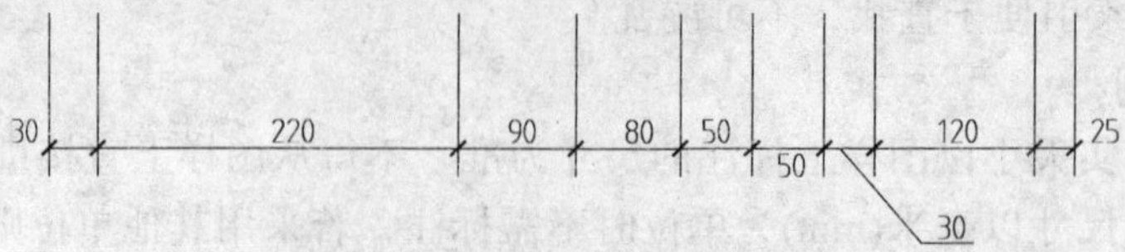

图 1-11　尺寸数字的注写位置

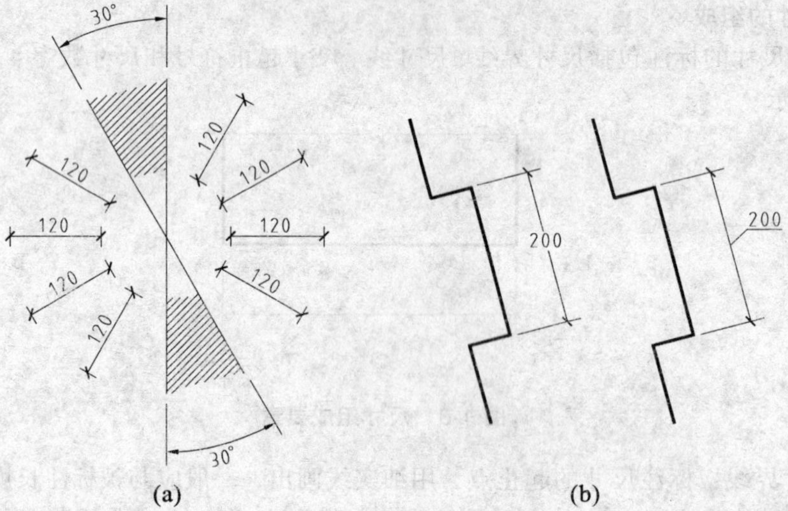

图 1-12　尺寸数字的注写方向

(三)尺寸标注方法

1. 尺寸的排列与布置

尺寸宜标注在图样轮廓以外，不宜与图线、文字及符号等相交，如图 1-13(a)所示。图样轮廓线以外的尺寸线，距图样最外轮廓之间的距离，不宜小于 10 mm；平行排列的尺寸线的间距，宜为 7 ~ 10 mm，并应保持一致，如图 1-13(b)所示。

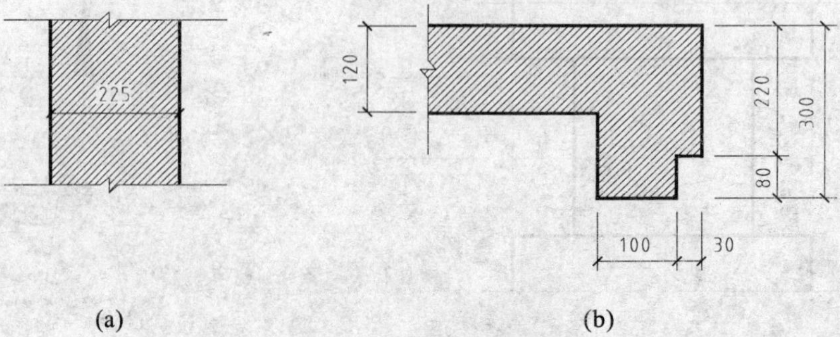

图 1-13　尺寸排列与布置

2. 半径、直径的尺寸标注

(1)半径的尺寸线应一端从圆心开始，另一端画箭头指向圆弧。半径数字前应加注半径符号“*R*”，如图 1-14(a)所示。较小圆弧的半径，可按图 1-14(b)的形式标注。较大圆弧的半径，可按图 1-14(c)的形式标注。

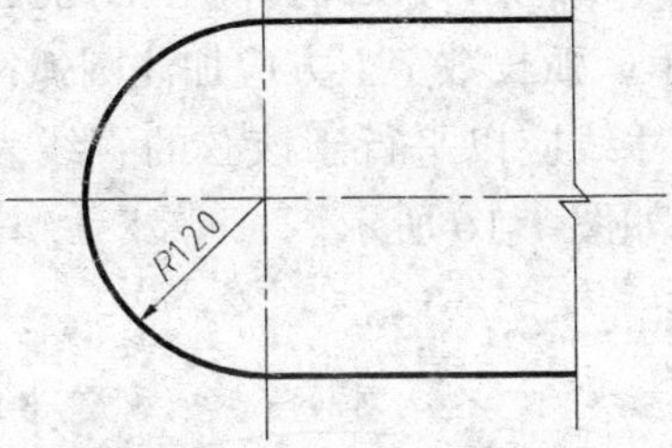

(a)

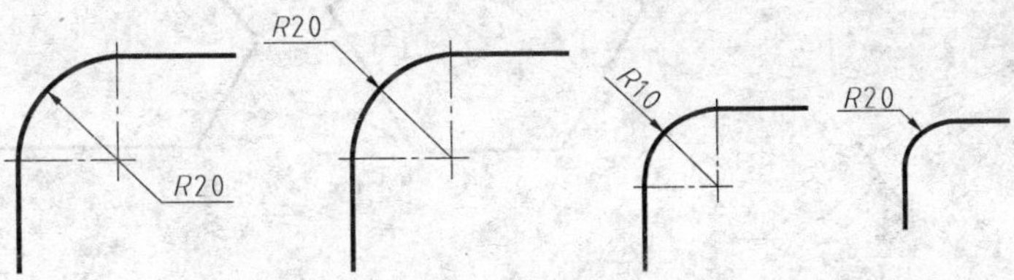

(b)

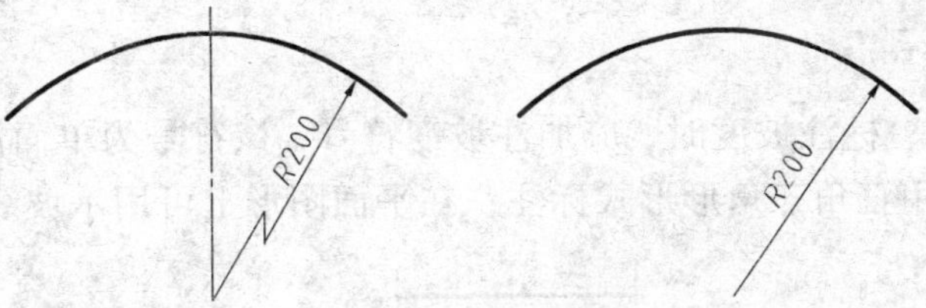

(c)

图 1-14　半径的标注

(2)标注圆的直径尺寸时，直径数字前应加直径符号“ϕ”或“*D*”。在圆内标注的尺寸线应通过圆心，两端画箭头指至圆弧，较小圆的直径可标注在圆外，如图 1-15 所示。

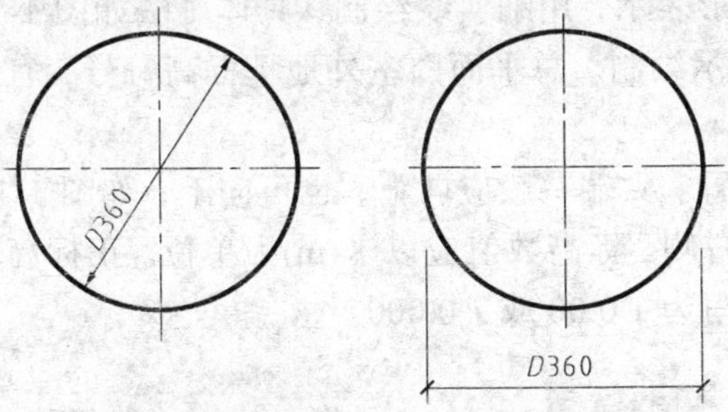

(a)圆直径的标注

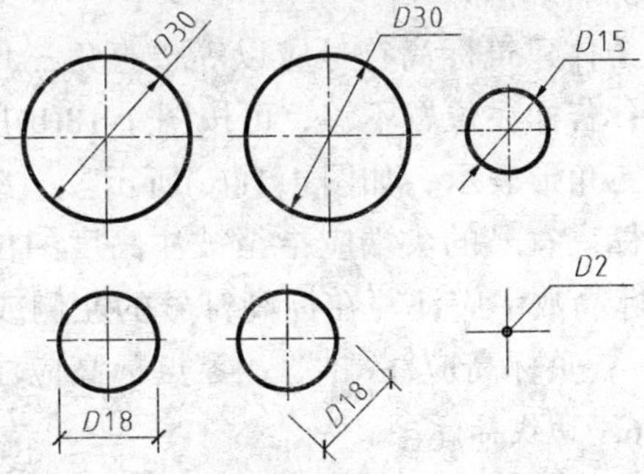

(b)小圆直径的标注

图 1-15　直径的标注

3. 角度、弧长、弦长的标注

(1)角度的尺寸线应以圆弧表示。该圆弧的圆心应是该角的顶点，角的两条边为尺寸界线。起止符号应以箭头表示，若没有足够位置画箭头，可用圆点代替，角度数字应按水平方向注写，如图 1-16 所示。

(2)标注圆弧的弧长时，尺寸线应以与该圆弧同心的圆弧线表示，尺寸界线应垂直于该圆弧的弦，起止符号用箭头表示，弧长数字上方应加注圆弧符号“︵”，如图 1-16 所示。

(3)标注圆弧的弦长时，尺寸线应以平行于该弦的直线表示，尺寸界线应垂直于该弦，起止符号用中粗斜短线表示，如图 1-16 所示。

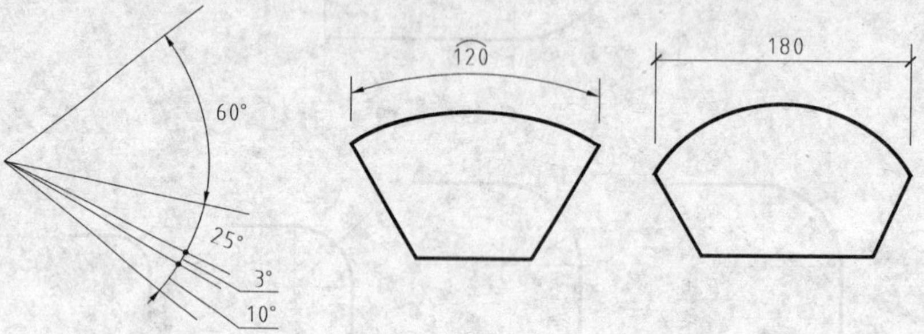

图 1-16　角度、弧长、弦长的标注

4. 坡度标注

如图 1-17 所示，标注坡度时，应加注坡度符号，该符号为单面箭头，箭头应指向下坡方向；坡度也可用直角三角形形式标注；在平面图形上可用示坡线表示。

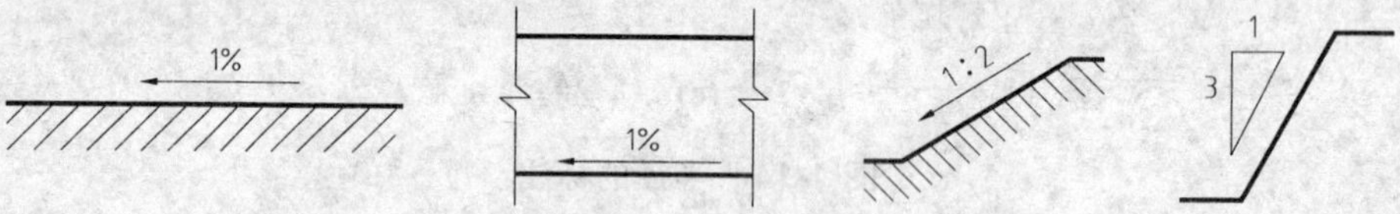

图 1-17　坡度标注

5. 标高标注

个体建筑标高符号应以等腰直角三角形表示，用细实线绘制，具体画法如图 1-18(a)所示；若标注位置不够，可按图 1-18(b)所示绘制。总平面图室外地坪标高符号，宜用涂黑的三角形表示，如图 1-18(c)所示。

标高符号的尖端应指至被注高度的位置。尖端一般应向下，也可向上，如图 1-19 所示。标高数字应注写在标高符号的左侧或右侧。标高数值应以米(m)为单位。正标高不注“+”，负标高应注“–”，零点标高应注写为 ± 0.00 或 ± 0.000。

6. 曲线标注

曲线标注一般采用坐标法或者网格法。如对于简单的不规则曲线采用坐标法，如图 1-20 所示。对于复杂的图形，可采用网格形式标注尺寸，所选用的网格边长越短，曲线放样精度越高，如图 1-21 所示。

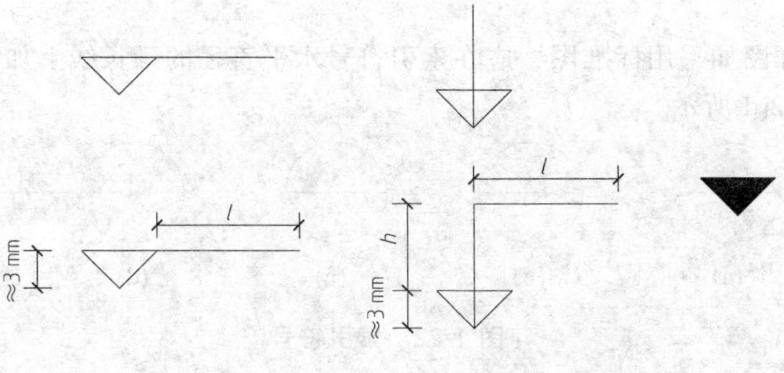

l 取适当长度注写标高数字；*h* 根据需要取适当高度

图 1-18　标高符号

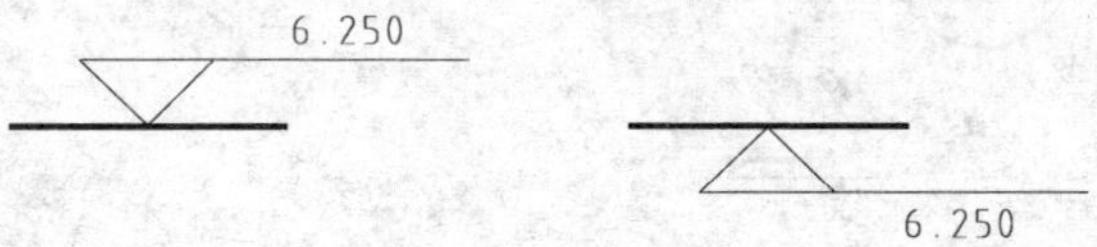

图 1-19　标高标注

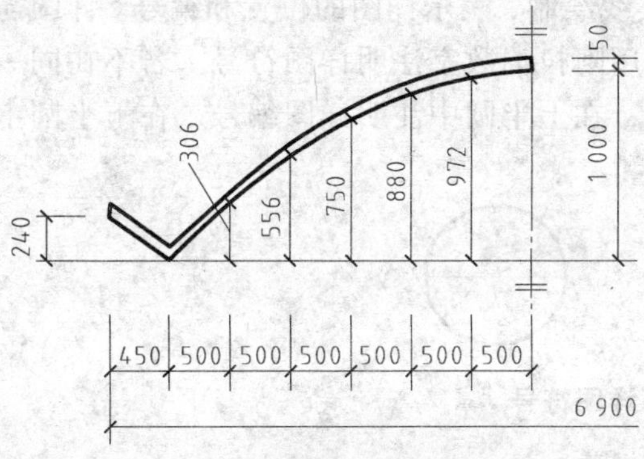

图 1-20　坐标法标注曲线尺寸

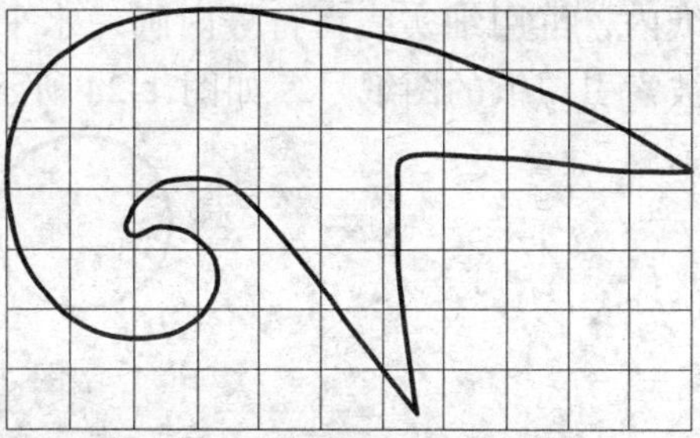

图 1-21　网格法标注曲线尺寸

六、符号

(一)索引符号

施工图中的某一局部或构件，如需另见详图，应以索引符号索引，如图 1-22(a)所示。索引符号由直径为 10 mm 的圆和水平直径组成，圆及水平直径均应以细实线绘制。

索引出的详图如与被索引的详图同在一张图纸内，应在索引符号的上半圆中用阿拉伯数字注明该详图的编号，并在下半圆中间画一段水平细实线，如图 1-22(b)所示。索引出的详图如与被索引的详图不在同一张图纸内，应在索引符号的上半圆中用阿拉伯数字注明该详图的编号，在索引符号的下半圆中用阿拉伯数字注明该详图所在图纸的编号，如图 1-22(c)所示。

索引出的详图如采用标准图，应在索引符号水平直径的延长线上加注该标准图册的标号，如图 1-22(d)所示。

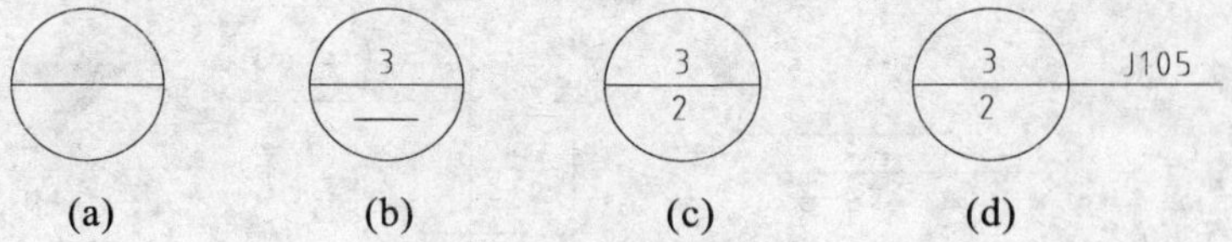

图 1-22　索引符号

当索引符号用于索引剖面详图时，应在被剖切的部位绘制剖切位置线。引出线所在一侧应为剖视方向，如图 1-23 所示。

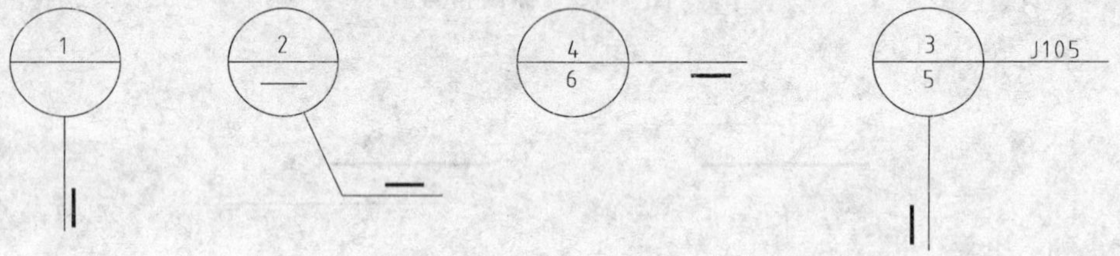

图 1-23　用于索引剖面详图的索引符号

详图符号的圆应以直径为 14 mm 的粗实线绘制，表示详图的位置和编号。详图与被索引的图样同在一张图纸内时，应在符号内用阿拉伯数字注明详图符号。若不在同一张图纸内，可用细实线在符号内画一水平直径，在上半圆中注明详图编号，在下半圆中注明被索引图纸的图纸号，如图 1-24 所示。

图 1-24　详图符号

(二)引出线

引出线应以细实线绘制，宜采用水平方向的直线，与水平方向成 30°、45°、60°、90°的直线，或经上述角度再折为水平线。文字说明宜注写在水平线的上方(见图 1-25(a))，也可注写在水平线的端部(见图 1-25(b))。索引详图的引出线应对准索引符号的圆心(见图 1-25(c))。

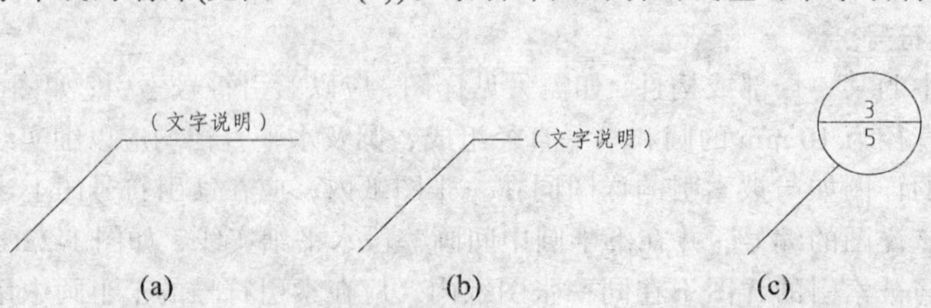

图 1-25　引出线

同时引出几个相同部分的引出线，宜互相平行，也可画成集中于一点的放射线，如图 1-26 所示。

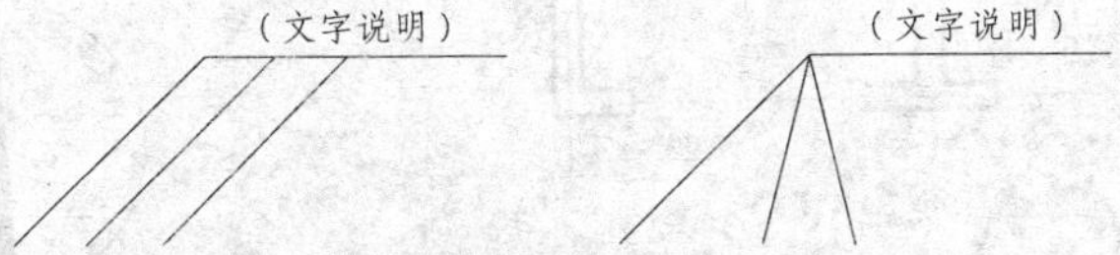

图 1-26　共同引出线

多层构造或多层管道共用引出线，应通过被引出的各层。文字说明宜注写在水平线的上方，或注写在水平线的端部，说明的顺序应由上至下，并应与被说明的层次相互一致；如层次为横向排序，则由上至下的说明顺序应与左至右的层次相互一致(见图 1-27)。

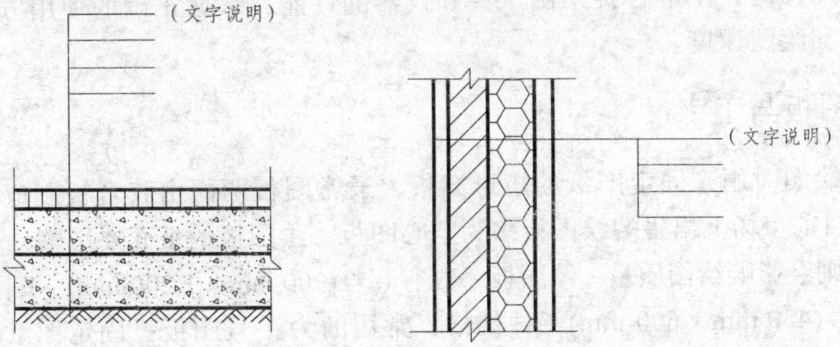

图 1-27　多层构造引出线

(三)定位轴线

在施工图中，通常将房屋的基础、墙、柱、墩和屋架等承重构件的轴线画出，并进行编号，这些轴线称为定位轴线。定位轴线的绘制便于施工放线和查阅图纸中的相关内容。

定位轴线应用细点画线绘制，一般应编号，编号应注写在轴线端部的圆内。圆应用细实线绘制，直径为 8 ~ 10 mm(见图 1-28)。定位轴线圆的圆心，应在定位轴线的延长线上或延长线的折线上。平面图上水平方向的编号用阿拉伯数字，从左向右依次编写。垂直方向的编号，用大写拉丁字母自下而上顺次编写。为了避免与数字混淆，竖向编号不得用 I、O、Z 等字母。

(四)指北针

指北针用细实线圆绘制，直径宜为 24 mm，指北针头部应加“北”或“N”字。指针尖为北向，指针尾部宽度宜为 3 mm。需用较大直径绘制指北针时，指针尾部宽度宜为直径的 1/8，如图 1-29 所示。

七、常用建筑材料图例

常用建筑材料图例见附录 V。

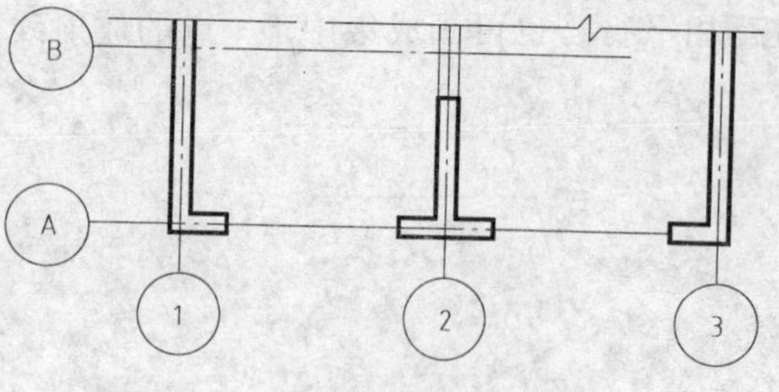

图 1-28　定位轴线的编号顺序

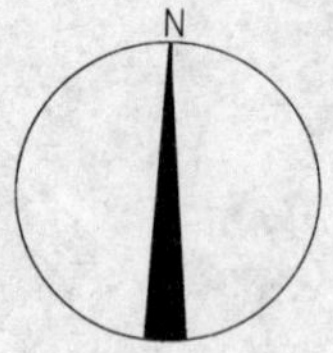

图 1-29　指北针

第二节　制图工具及使用

绘制园林图样时，了解各种绘图工具和仪器的性能，掌握正确的使用方法，有利于提高图面质量和绘图速度。

一、绘图板与丁字尺

绘图板是绘图时用来固定图纸的矩形案板，通常图板两面由胶合板制成，四周边框为硬质木条，目前市场上出售的绘图板多为空心图板。绘图板的板面要平整，工作边(即短边)要平直，否则会影响绘图质量。绘图板一般有 0 号(900 mm × 1 200 mm)、1 号(600 mm × 900 mm)和 2 号(450 mm × 600 mm)三种规格，常用的为 1 号图板。固定图纸时使用胶带粘贴，禁止用图钉固定。日常使用中绘图板应防暴晒、防潮，防止在板面任意刻划及加压重物。不用时竖立放置。

丁字尺由尺头和尺身构成，是用来画水平线或较长斜线的工具，通常由有机玻璃制成。尺头和尺身相互垂直，丁字尺尺身沿长度方向带有刻度的一侧为丁字尺的工作边。丁字尺有 1 200 mm、900 mm、600 mm 三种规格。使用丁字尺时，左手握尺头，使尺头的内侧紧靠图板的左侧边，上下移动丁字尺至需要位置，然后右手执笔，沿丁字尺的工作边自左至右画线，如图 1-30 所示。丁字尺不用时应平放到图板的下侧或大头朝下挂放。

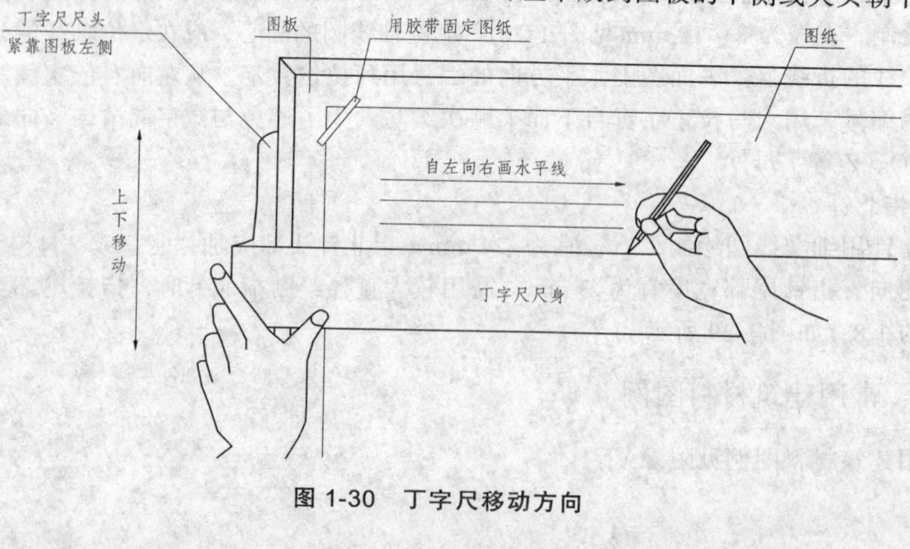

图 1-30　丁字尺移动方向

二、三角板

三角板有 45°、60°两种。三角板与丁字尺配合使用可画出铅垂线和 15°、30°、45°、60°、75°斜线，如图 1-31 所示。另外，两块三角板配合，还可以画出已知直线的平行线或垂直线。

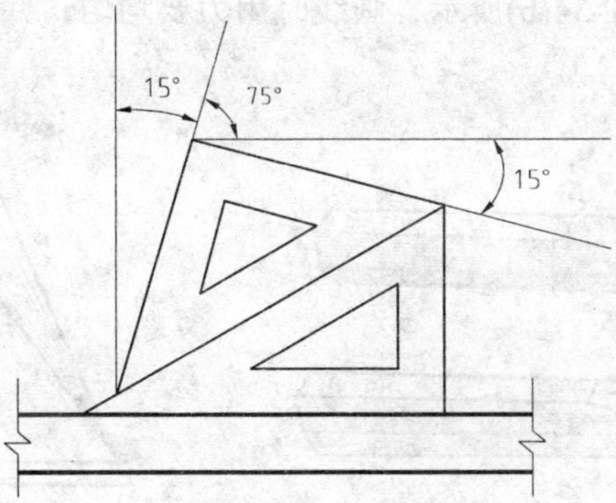

图 1-31　15°、75°斜线的画法

三、绘图仪

绘图仪包括圆规及其附件、分规、直线笔及铅针筒等附件。圆规和分规是使用最多的工具。

圆规是画圆及圆弧的工具，常用的有大圆规、弹簧圆规和点圆规等。使用时根据所画圆或圆弧半径的大小选择合适的圆规。圆规的一条腿安装针脚，另一条腿可安装铅心、钢针、直线笔三种插脚。圆规使用前应调整钢针尖略长于铅心或直线笔笔尖，铅心应削成斜面，并使斜面向外。画圆时，调好半径，对准圆心，从右下角开始顺时针方向一次完成，如图 1-32 所示。

分规是用来量取和等分线段的工具，使用方法如图 1-33 所示。

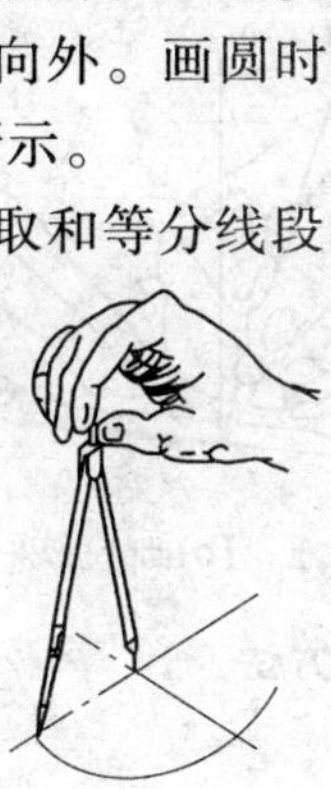

图 1-32　圆规的使用

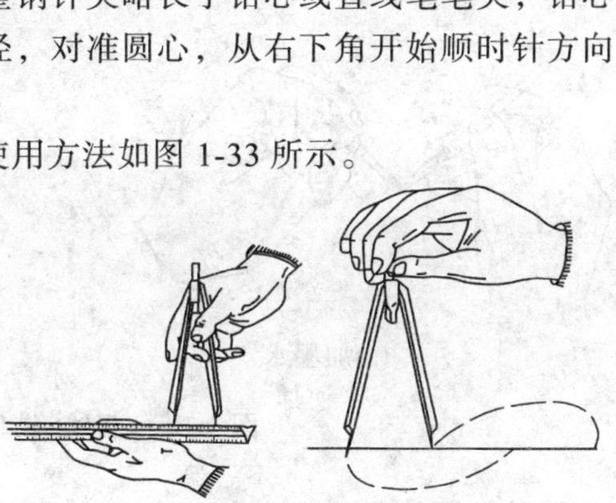

图 1-33　分规的使用

四、绘图用笔

绘图用笔有铅笔、直线笔、针管绘图笔等。

(一)铅笔

绘图用铅笔的铅心有软硬之分，分别用“H”和“B”表示硬度大小。H 前的数字越大，表示铅心越硬；B 前的数字越大，表示铅心越软。常用型号为 HB、2H、2B。2H 用来画底稿和细线，HB 画虚线或写字用，2B 描粗线用。用来画粗线的铅笔笔尖要磨成矩形，其他铅笔的笔尖则磨成圆锥形，如图 1-34(a)所示。绘图时手握铅笔要坚定，铅笔与图纸的夹角为 75°，如图 1-34(b)所示，画线时用力要均匀，并轻微转动铅笔，以保证线条宽度一致。

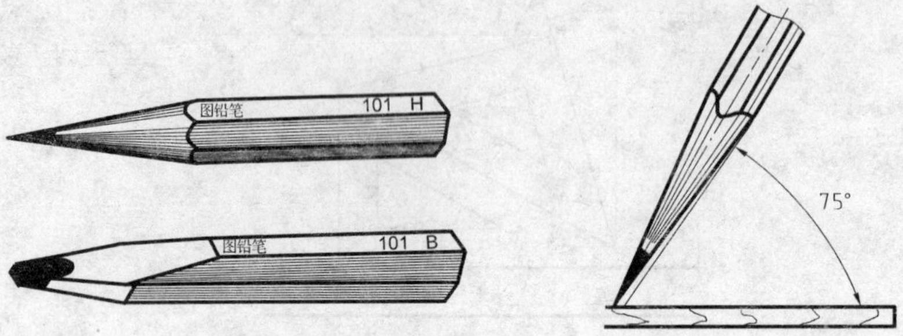

(a)　(b)

图 1-34　绘图铅笔及铅心

(二)直线笔

绘图直线笔又称鸭嘴笔，是画墨线的工具，笔头由两片弧形的钢片相向合成，略呈鸭嘴状。画线时，用蘸水笔或毛笔蘸上墨汁后加入笔叶内，利用柱销式调节阀控制墨水量，墨水通过鸭嘴笔头双通路开式沟槽可连续送至笔端，画出的直线边缘整齐，粗细一致。画直线时，笔杆垂直于纸面，用力、运笔速度要均匀，如图 1-35 所示。用完后及时清洗干净，调节螺丝放松后收放好。

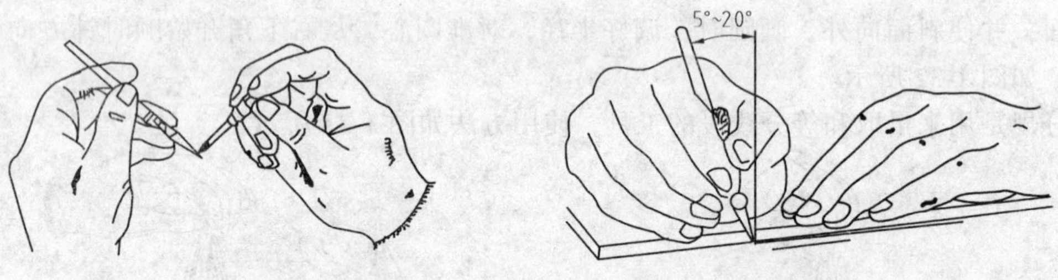

(a)加墨水　(b)画直线

图 1-35　直线笔加墨水及使用方法

(三)针管绘图笔

针管绘图笔的头部装有带通针的针管，能吸存碳素墨水，如图 1-36 所示，是用来绘制墨线的工具。针头由针管和重针组成，其余部分与普通钢笔基本相同。针管的管径有多种规格，常用的有 0.3 mm、0.6 mm、0.9 mm。使用时同直线笔，笔身与图纸垂直，用力要均匀，速度平稳。使用时应注意一次吸入墨水不要太多，且吸墨水时笔头不要插入到墨水瓶底部，以免吸入沉淀物堵塞针心；笔不用时随时套上笔帽，避免笔尖墨水干结；

较长时间不用时应全面清洗。

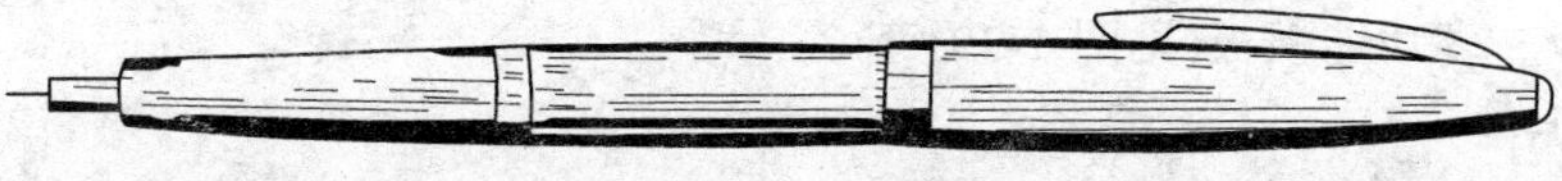

图 1-36　针管绘图笔

五、曲线板

曲线板是用来描绘非圆曲线的工具，如图 1-37 所示。园林中的道路、不规则水体的边界等应使用曲线板绘制。作图时应根据所画曲线的弯曲趋势，从曲线板上选取与其相吻合的一段描绘，相邻曲线之间应留一小段共同段作为过渡，使曲线光滑、流畅。

图 1-37　曲线板

六、比例尺

比例尺又称三棱尺，是用来按一定比例量取长度的专用量尺，如图 1-38 所示。常见的比例尺有百分比例尺和千分比例尺。百分比例尺上面有 1∶100、1∶200、1∶300、1∶400、1∶500、1∶600 六种不同的比例，千分比例尺上面有 1∶500、1∶1 000、1∶1 250、1∶1 500、1∶2 000、1∶2 500 等比例，可根据需要选用。

作图时根据实际距离和比例尺，可直接绘制线段的长度；读图时根据比例尺，可以量算图上的实际距离；根据图上距离和实际距离，可以计算比例尺。

图 1-38　比例尺

七、其他辅助工具

(一)模板

模板是辅助作图工具，绘图时，可直接利用模板上面的漏孔和刻度进行作图，以提高制图效率。模板种类很多，有专业模板(如建筑模板、家具模板等)和通用模板(如圆模板、椭圆模板、多功能模板(见图 1-39)等)。

(二)擦图片

当要从图上擦掉错误的或多余的图线时，可利用擦图片，它是由很薄的钢片或透明的胶片冲孔制成的，如图 1-40 所示。

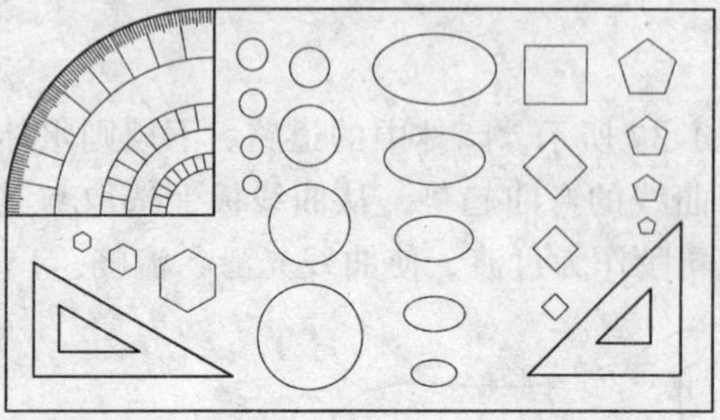

图 1-39　多功能模板

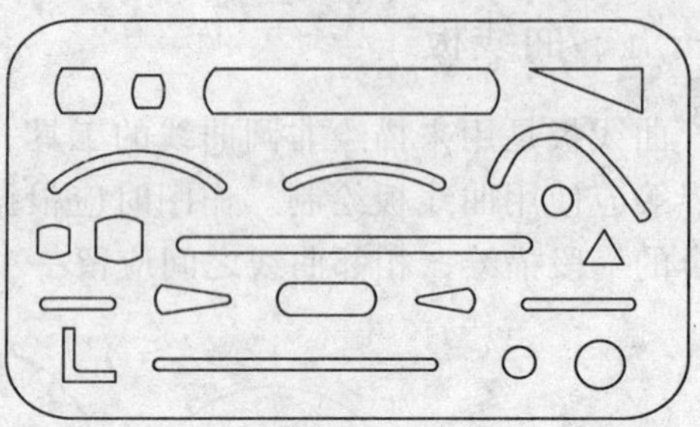

图 1-40　擦图片

除上述工具外，还经常用到橡皮(应用较软的橡皮，避免擦坏图纸)、透明胶带(固定图纸)、纸张(绘图纸和描图纸)、小刀(削铅笔)、单面刀片(裁图纸)、双面刀片(描图纸上画错时，下垫三角板，用双面刀片轻轻刮除)及清洁刷(清除绘图纸上的橡皮屑)等。

第三节　几何作图

一、任意等分直线段

如图 1-41 所示，*AB* 为已知直线，过 *A* 点作任意直线 *AC*，并在 *AC* 上截取适当长度分 5 等份，得 1、2、3、4、5 点；连接 5 点和 *B* 点，再过 1、2、3、4 点作 5*B* 的平行线，交 *AB* 于各分点，即五等分线段。

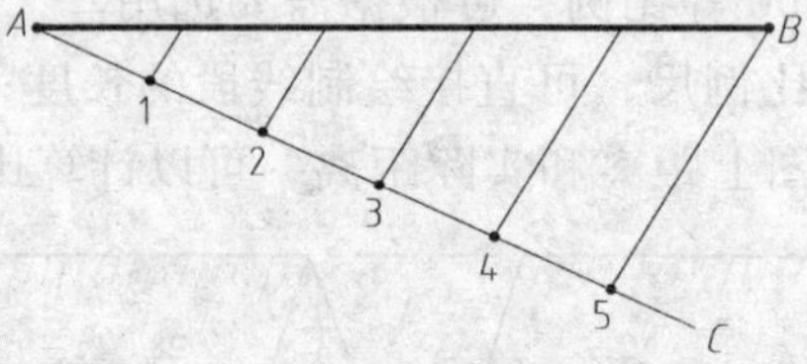

图 1-41　等分已知线段

二、正多边形画法

(一)作正三角形

丁字尺与 30°三角板配合使用(见图 1-42)可作正三角形。

(二)作正方形

如图 1-43 所示，用 45°三角板作正四边形。

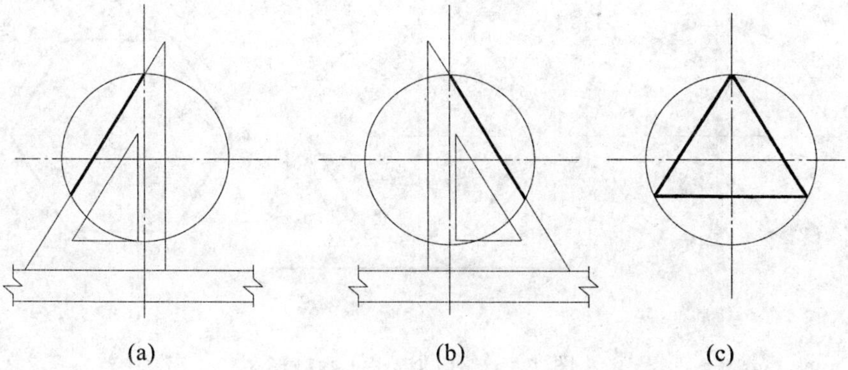

图 1-42　用丁字尺与 30°三角板作正三角形

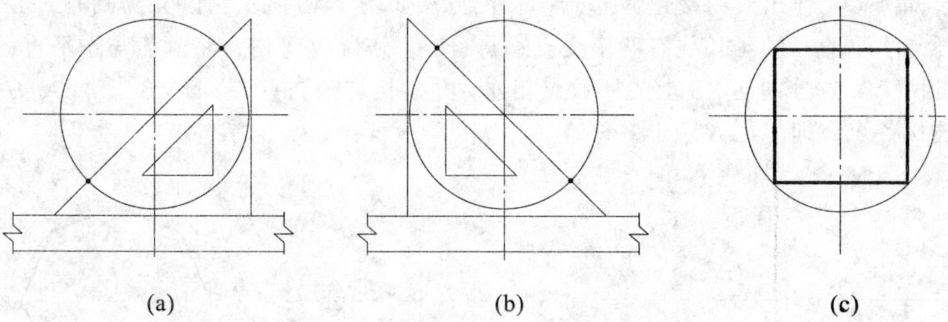

图 1-43　用 45°三角板作正四边形

(三)作正五边形

已知圆 O，作出其内接正五边形，作图方法如图 1-44 所示：平分半径 OP，得中点 G；以 G 为圆心、GA 为半径画圆弧，交直径于 H；以 AH 为半径，分圆周为 5 等份。顺序连接各等分点 A、B、C、D、E，即为所求。

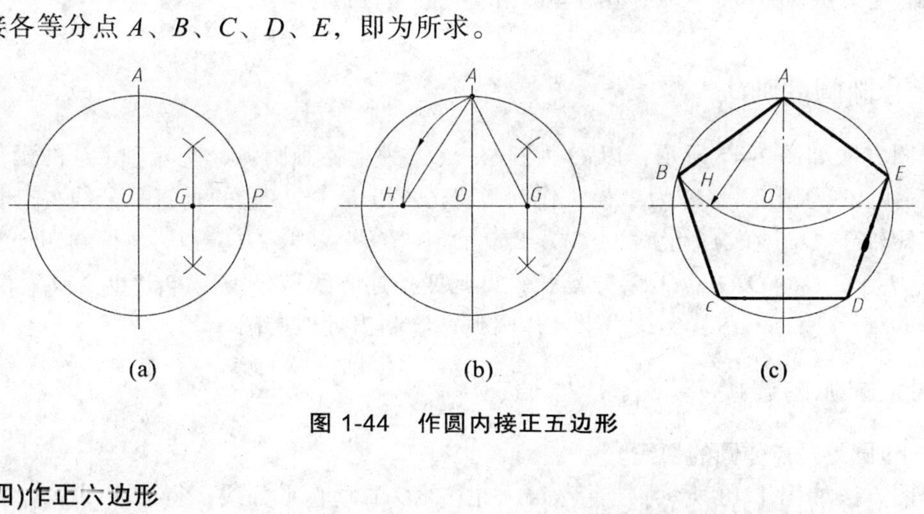

图 1-44　作圆内接正五边形

(四)作正六边形

作图方法如图 1-45 所示，利用其边长等于外接圆半径的特点，直接等分圆周作图。

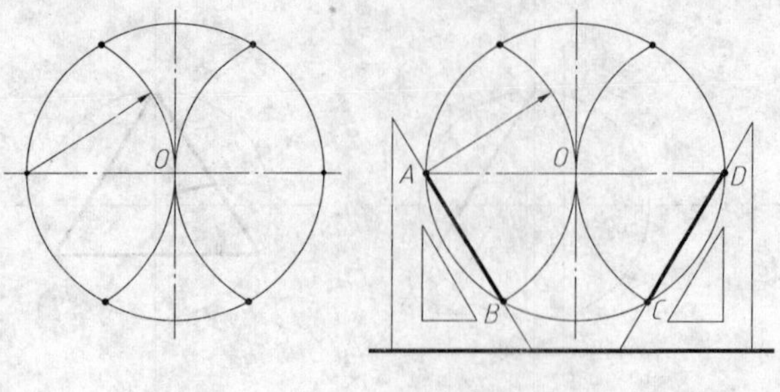

图 1-45　作圆内接正六边形

(五)作正 *N* 边形

已知圆 *O*，作出其内接正 *N* 边形。作图方法如图 1-46 所示：以 *A* 为圆心，*AB* 为半径画弧与水平直径的延长线有两个交点；将 *AB* 等分为 *N* 等份；将画弧与水平直径的延长线的两个交点分别与 *AB* 上的偶数点相连，并延长与圆周有 *C*、*D*、*E*、*F*、*G*、*H*…点；顺次连接各点，即得正 *N* 边形。

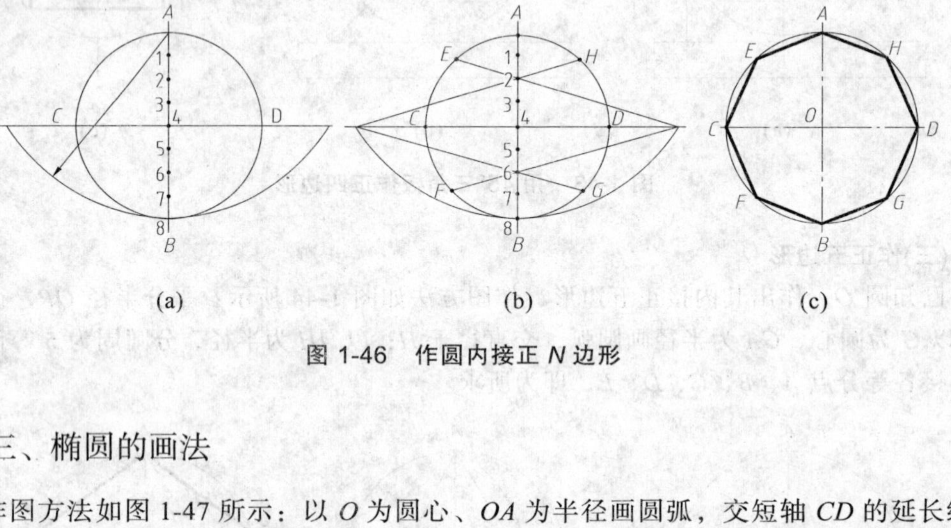

图 1-46　作圆内接正 *N* 边形

三、椭圆的画法

作图方法如图 1-47 所示：以 *O* 为圆心、*OA* 为半径画圆弧，交短轴 *CD* 的延长线上于点 *E*；以 *C* 为圆心、*CE* 为半径，作圆弧交 *CA* 于 *F*；作 *AF* 的垂直平分线，交长轴于 O_1，交短轴于 O_2；在 *AB* 上截取 $OO_3=OO_1$，在 *CD* 上截取 $OO_4=OO_2$，得到四个圆心；连接 O_2O_1、O_2O_3、O_4O_1、O_4O_3 并延长，得到四条连心线；分别以 O_1、O_2、O_3、O_4 为圆心，以 O_1A、O_2C、O_3B、O_4D 为半径作圆弧，绘制出近似椭圆。

四、圆弧的连接

(一)过圆外一点作圆的切线

作图方法如图 1-48 所示：连接 *OA*，并作 *AO* 的垂直平分线，得 O_1；以 O_1 为圆心、*OA*/2 为半径画弧，交圆 *O* 于 *B*、*C*(均为切点)；连接 *AB*、*AC*，即为所求。

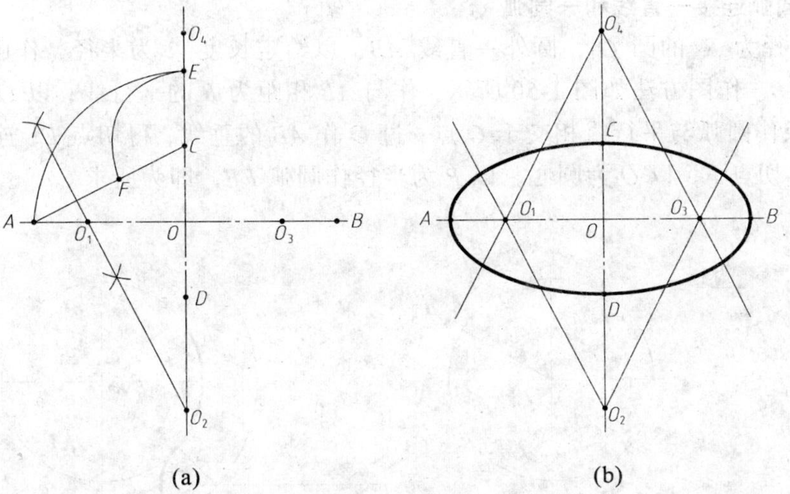

图 1-47　四心法画近似椭圆

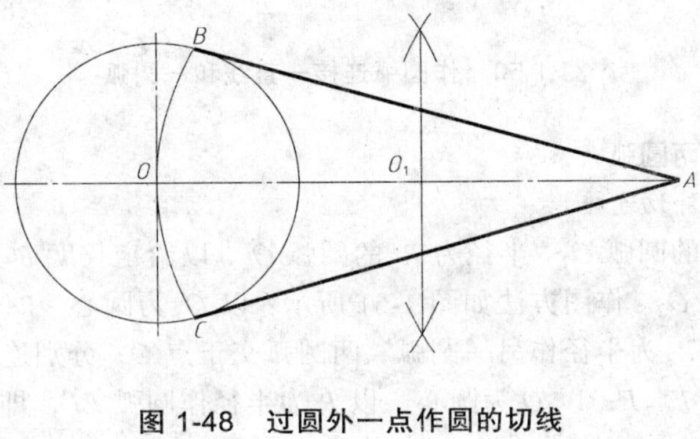

图 1-48　过圆外一点作圆的切线

(二)作圆弧连接两直线

已知两相交直线 AB、CD，以给定长度 R 为半径，作圆弧连接两直线。作图方法如图 1-49 所示：作与 AB、CD 相距为 R 的平行线，相交于 O 点；过 O 分别作 AB、CD 的垂线，得切点 E、F；以 O 为圆心，以 R 为半径作圆弧 EF，即为所求。

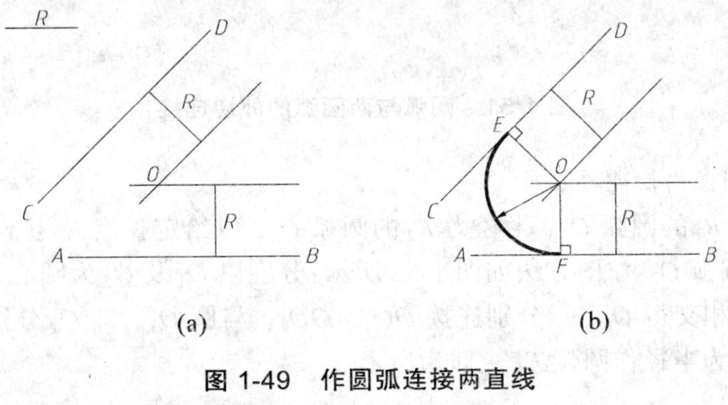

图 1-49　作圆弧连接两直线

(三)作圆弧连接一直线和一圆弧

已知半径为 R_1 的圆 O_1，圆外一直线 AB，以给定长度 R 为半径，作圆弧连接圆弧 O_1 及直线 AB。作图方法如图 1-50 所示：作与 AB 相距为 R 的平行线；以 O_1 为圆心，以 $R+R_1$ 为半径作圆弧与平行线相交于 O 点；过 O 作 AB 的垂线，得切点 E；连接 OO_1 与圆 O_1 相交，得切点 F；以 O 为圆心，以 R 为半径作圆弧 EF，即为所求。

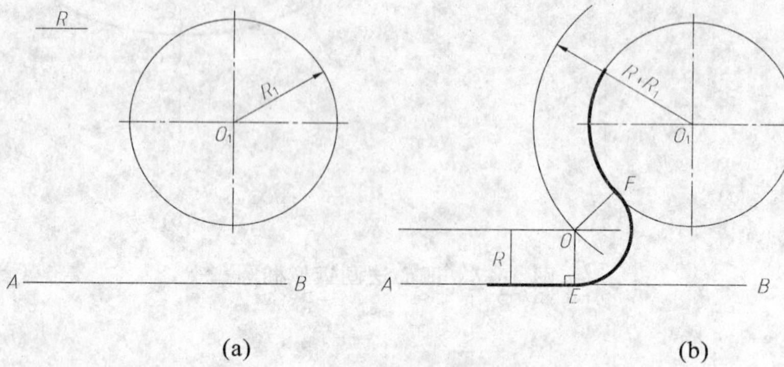

图 1-50　作圆弧连接一直线和一圆弧

(四)作圆弧连接两圆弧

1. 与两个圆弧外切连接

已知半径为 R_1 的圆弧 O_1、半径为 R_2 的圆弧 O_2，以给定长度 R 为半径，作圆弧外切连接圆弧 O_1 和圆弧 O_2。作图方法如图 1-51 所示：以 O_1 为圆心、$R+R_1$ 为半径作一圆弧，再以 O_2 为圆心、$R+R_2$ 为半径作另一圆弧，两圆弧交于点 O；分别连接 OO_1、OO_2，与圆 O_1、圆 O_2 分别交于 E、F；以 O 为圆心，以 R 为半径作圆弧 EF，即为所求。

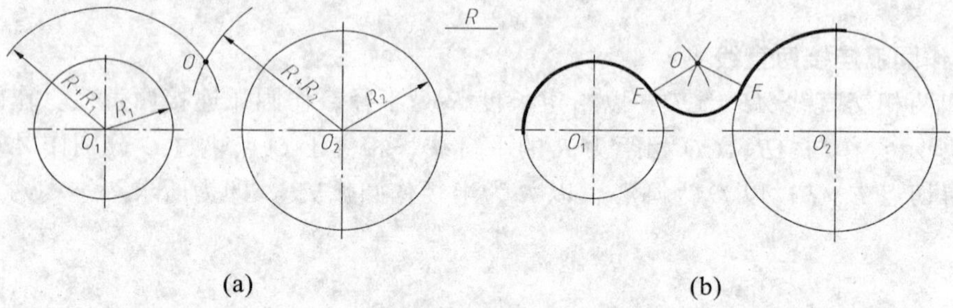

图 1-51　圆弧与两圆弧的外切连接

2. 与两个圆弧内切连接

已知半径为 R_1 的圆弧 O_1、半径为 R_2 的圆弧 O_2，以给定长度 R 为半径，作圆弧内切连接圆弧 O_1 和圆弧 O_2。作图方法如图 1-52 所示：分别以 O_1 及 O_2 为圆心，以 $R-R_1$ 和 $R-R_2$ 为半径作圆弧，相交得 O 点；分别连接 OO_1、OO_2，与圆 O_1、圆 O_2 分别交于 E、F；以 O 为圆心，以 R 为半径作圆弧 EF，即为所求。

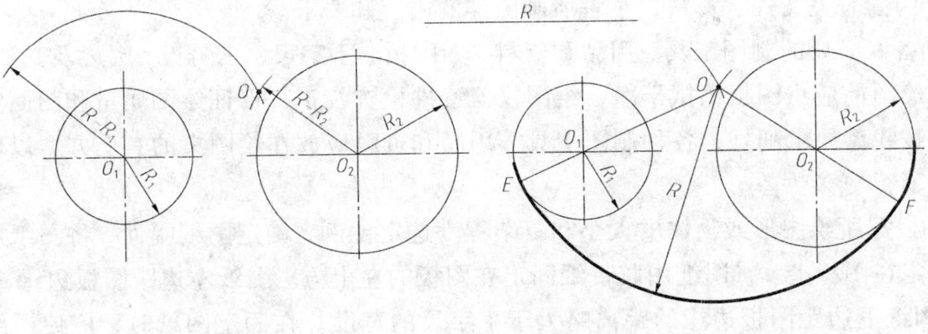

图 1-52　圆弧与两圆弧的内切连接

3. 与一个圆弧外切，与另一个圆弧内切

已知连接圆弧半径为 R，被连接的两个圆弧圆心为 O_1、O_2，半径为 R_1、R_2，求作一连接圆弧，使其与圆弧 O_1 外切，与圆弧 O_2 内切。作图方法如图 1-53 所示：分别以 O_1、O_2 为圆心，以 $R+R_1$、$R-R_2$ 为半径作两个圆弧，两圆弧交于点 O；分别连接 OO_1、OO_2，与圆 O_1、圆 O_2 分别交于 E、F；以 O 为圆心，以 R 为半径作圆弧 EF，即为所求。

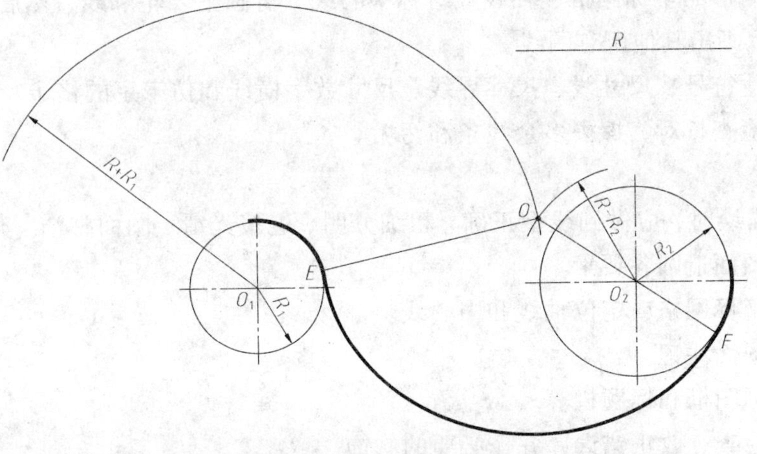

图 1-53　圆弧与两圆弧的内切、外切连接

第四节　绘图的基本步骤和方法

掌握正确的绘图程序和方法，有助于提高图样质量和绘图速度。

一、绘图的基本步骤

(一)绘图前的准备工作

(1)保证有足够的光线，且光线应从左前方射向桌上。绘图桌椅配置要合适，绘图姿势要正确。图板应稍倾斜，便于作图。

(2)阅读有关文件、资料，了解所画图样的内容和要求。

(3)备好必要的制图工具、用品和资料，如图板、丁字尺、三角板、圆规及其他工具、用品。绘图前应将图板擦拭干净，绘图仪器逐件检查校正，保证绘图质量和图面整洁，把铅笔按线型要求削好，各种制图工具、用品和资料应放在绘图桌的右上方，以取用方便，且不影响移动。

(4)根据所绘图形或物体的大小和复杂程度选定比例，确定图纸幅面，将图纸用透明胶带固定在图板上。将图纸用胶带纸固定在图板的左上方。图纸左边距图板边缘 30 ~ 50 mm，图纸下边距图板边缘的距离略大于丁字尺的宽度。在固定图纸时，应使图纸的上下边与丁字尺的尺身平行。当图纸较小时，应将图纸布置在图板的左下方，且使图板的下边缘至少留有一个丁字尺的宽度，以便放置丁字尺。

(二)画底稿

(1)按国家标准规定画图框和标题栏。

(2)布置图形的位置。根据每个图形的长、宽尺寸确定位置，同时要考虑标注尺寸或说明等其他内容所占的位置，使每一图形周围要留有适当空余，各图形间要布置得均匀整齐。

(3)先画图形的坐标网格、轴线或对称中心线，再画主要轮廓线，然后由主到次、由整体到局部，画出其他所有图线。

(4)画其他符号、尺寸线、尺寸界线、尺寸数字横线和仿宋字的格子。

(5)仔细检查校对，擦去多余线条和污垢。

(三)上墨

用墨线描绘时，应做到线型正确、粗细分明、连接光滑、图面整洁。其顺序一般是：

(1)先画图面造圆各要素。

(2)再画坐标网格或定位轴线和中心线。

(3)进行图面注记。

(4)最后画图框和标题栏等。

(5)全面检查，改正错误，并作必要的修饰。

二、徒手画图

园林设计图不同于其他图纸，其所表现的内容广泛，对象复杂，形态各异，大多没有一定的尺寸和形状，尺度变化较大，且有时候需要现场测绘。因此，园林设计者不但要掌握使用工具仪器绘图的方法，而且还应掌握徒手绘图的方法，以满足园林设计图自然美观、图线流畅的要求。

(一)画水平线、垂直线和斜线

徒手绘制直线时，笔由起点开始，拿笔的位置稍高一些，并不时目测控制线条的方向。运笔用力均匀，保持平稳。运笔方向为从左到右、从上到下，如图 1-54(a)所示。较短直线一次完成，较长直线可分段画，线段交接处可断开稍留空隙而不宜重叠在一起，以免图线交接处变粗，如图 1-54(b)所示。

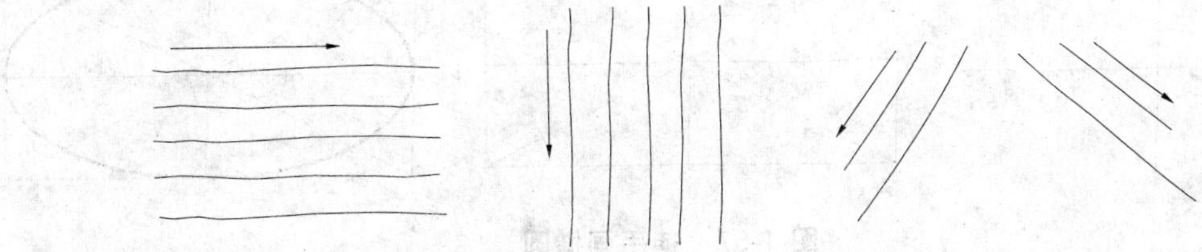

(a)

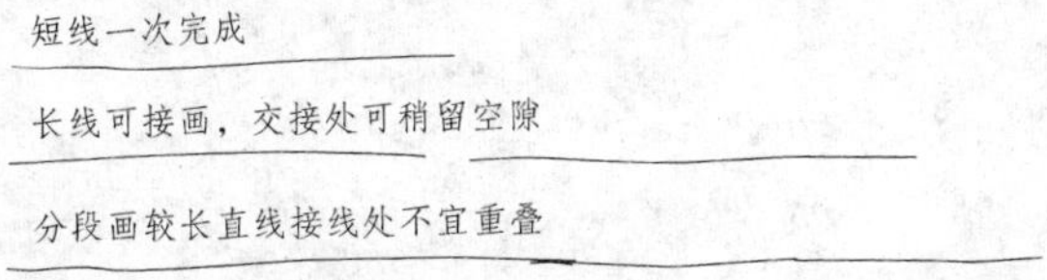

(b)

图 1-54　徒手画直线

(二)画角度、圆和椭圆

徒手画角度，可用近似等分圆弧的方法，如图 1-55 所示。

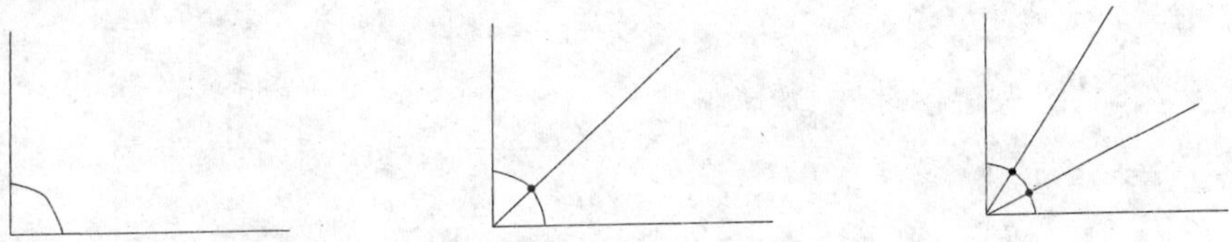

图 1-55　徒手画角度

徒手画直径较小的圆时，目测在中心线上定出半径的位置，然后徒手连接四点，如图 1-56(a)所示。徒手画直径较大的圆时，除在中心线上截取四点外，还需要加画通过圆心的 45°斜线，并按半径目测定出斜线上的四点，然后徒手连接八个点，即得所要绘制的圆，如图 1-56(b)所示。

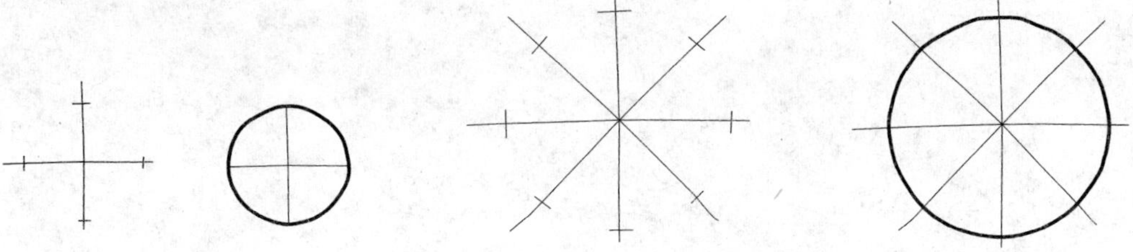

(a)　(b)

图 1-56　徒手画圆

徒手画椭圆时，可先根据椭圆的长轴和短轴画出外切矩形，然后将矩形的对角线的一半三等分，定出二等分的四个点，加上中心线与矩形的四个交点共八个点，然后顺次徒手连接此八点，即得所要绘制椭圆，如图 1-57 所示。

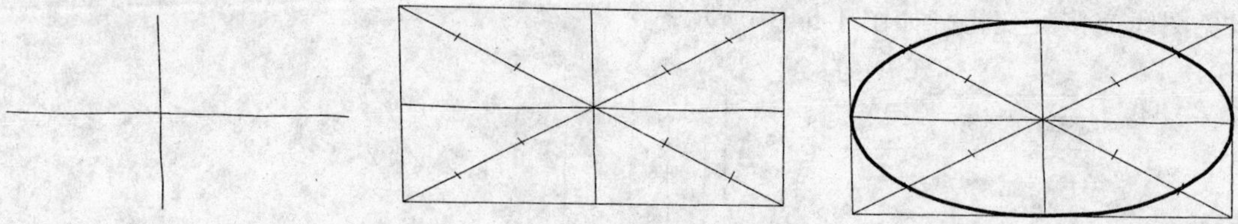

图 1-57　徒手画椭圆

第二章　投影原理

本章导读

本章为园林制图与识图的基础理论知识。在学习中，要重点理解投影的概念，掌握投影的分类和特点；熟练掌握正投影的基本几何特性，理解和掌握三面投影体系的建立以及三面正投影图的内在对应关系。

第一节　投影基本知识

一、投影的概念

在日常生活中，一个不透光物体在灯光或阳光照射下，在墙面或地面上产生影子的自然现象叫投影，如图 2-1 所示。物体在灯光的照射下，在墙面上产生了影子，这就是投影。

我们把光源抽象为一点 *S* 称为投影中心，影子所在的平面称为投影面，投影中心与物体上各点的连线，相当于光线的 *SA*、*SB*、*SC* 等直线称为投射线。过投影中心 *S* 和空间点 *A*，作投射线 *SA* 并延长，与投影面相交于点 *a*，则 *a* 称为空间点 *A* 在投影面上的投影，如图 2-2 所示。人们对光线照射下物体产生影子的这种自然投影现象进行抽象、总结，将空间几何要素和形体表示在平面上，这种利用投影原理将投射线通过物体向预定投影面进行投影而得到图形的方法，叫投影法。

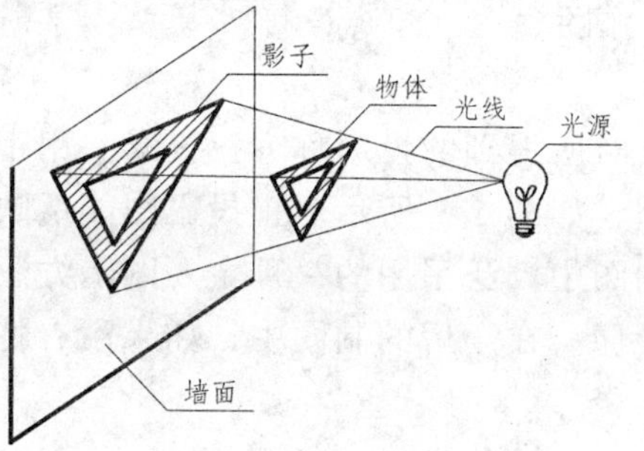

图 2-1　投影的产生

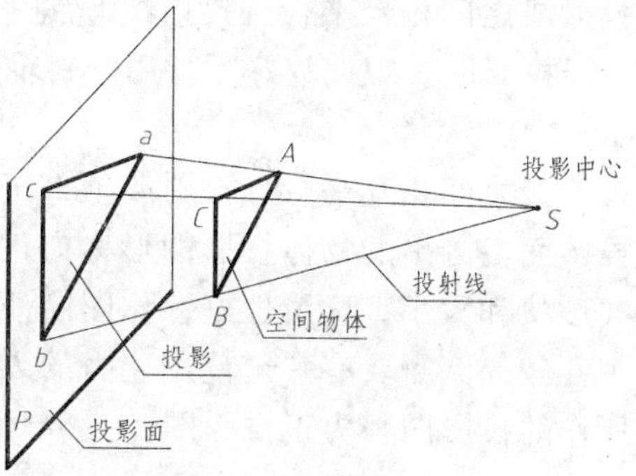

图 2-2　投影的形成

投影具有以下特性：

(1)投影必须具备投影面、投射线、空间几何要素或形体三要素。

(2)作空间一点在投影面上的投影就是作出过该点的投射线与投影面的交点。

(3)如果投影方向和投影面确定，则空间一点只有唯一确定的投影与之对应。

(4)空间点的一个投影不能确定该点的空间位置，如图 2-3 所示。

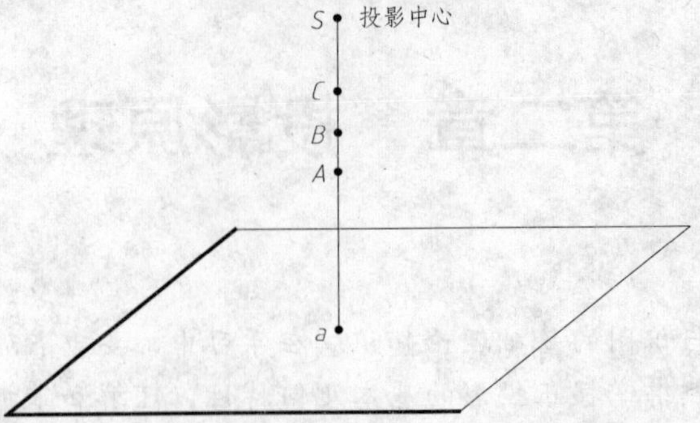

图 2-3　点的一个投影不能确定空间点的位置

二、投影的分类

根据投影中心与投影面的相对位置，将投影分为中心投影和平行投影。

(一)中心投影

中心投影是指投射线由一点发射出来的投影，如图 2-2 所示。这种投影法所绘制的投影图立体感较好，接近人的视觉印象，因而在园林设计中，常用于园林设计效果图的表现。

(二)平行投影

当投射中心距离投影面无限远时，可认为所有的投射线互相平行，用这样一组相互平行的投射线投射到物体上所得到的投影称为平行投影。

根据投射线与投影面是否垂直，平行投影可分为斜投影和正投影。

1. 斜投影

投射线之间相互平行且投射线倾斜于投影面时所得到的投影称为斜投影，如图 2-4 所示。斜投影图直观性较好，常用于斜轴测投影作图。

2. 正投影

投射线之间相互平行且投射线垂直于投影面时所得到的投影称为正投影。用正投影法在投影面上画出的物体投影图形称为正投影图，如图 2-5 所示。正投影图能反映物体的真实形状和大小，度量性好，作图简便，是制图中广泛采用的一种主要图示方法。但其直观性较差，需要有一定读图能力的人才能看懂。在今后的制图中，如果没有特殊说明，所作的投影图都为正投影图。

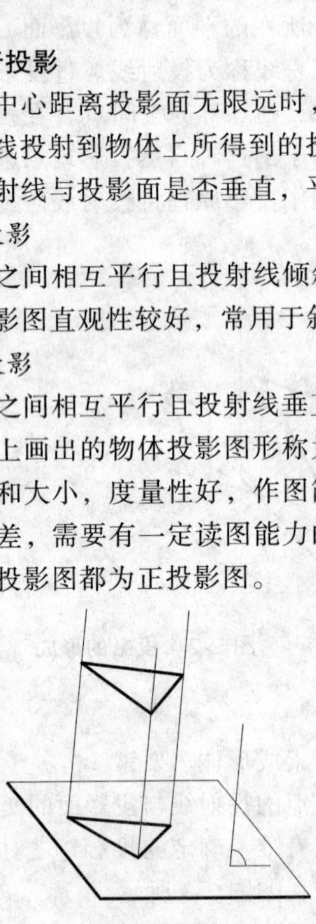

图 2-4　斜投影

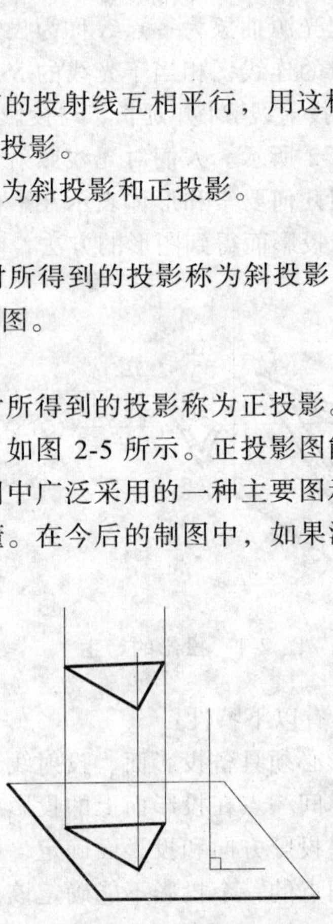

图 2-5　正投影

三、园林上常用的投影图

对于同一个空间形体，用不同的投影法所作出的投影图并不一样，常用的投影图有以下几种。

(一)三面正投影图(三视图)

三面正投影图是指用平行投影中的正投影法绘制的多面投影图。这种画法在园林上应用最广，用于表现园林设计图和工程施工图，比较准确完整，如图 2-6(a)所示。

(二)轴测图

轴测图是指用平行投影法绘制的单面投影图。这种图直观性、立体感较好，有一定的度量性和艺术性，在园林工程中常作为辅助图样，如图 2-6(b)所示。

(三)透视图

透视图是指用中心投影法绘制的单面投影图。透视图直观性好，立体感强，形象逼真，常用来绘制园林效果表现图和设计方案图，如图 2-6(c)所示。

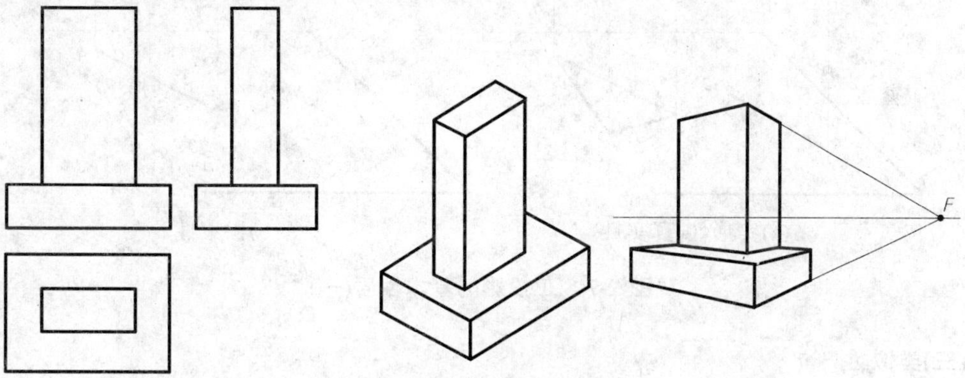

(a)三视图　(b)轴测图　(c)透视图

图 2-6　园林上常用的投影图

(四)标高投影图

一组标有高度数字的等高线的水平正投影图称为标高投影。它是一种带有数字标记的单面正投影图，主要用于表达地面的形状。作图时，可以用一组平行等距的水平面去截某一地形，所得到的交线称为等高线。将不同高程的等高线投影到 H 面上，并标注出各等高线的高程，即称为等高线图(或叫地形图)，以此表达出该处的地形情况。标高投影图立体感较差，度量性也不好，但利用标高投影等高性的特点，在园林制图中常用于表达地形的高度、坡度的陡缓等变化。

四、正投影的基本特性

组成空间形体的基本几何元素为点、线、面，理解了点、线、面的正投影特性，就能更好地掌握和理解正投影图的画法。当三角板或铅笔平行于桌面或地面时，在正投影条件下，桌面或地面上的影子和空间形体同大小、同形状；当把三角板或铅笔从水平位置沿垂直面慢慢倾斜时，则桌面或地面上的影子就会变得越来越小；继续将三角板或铅笔倾斜旋转到垂直桌面或垂直地面的位置，则三角板的影子成为一条直线，铅笔的影子变为一点。若将三角板看成一个平面，将铅笔看成一条直线，我们可以归纳出正投影的最基本特性如下所述。

(一)实形性

当直线段或平面图形平行于投影面时，直线段的投影反映其实长，平面的投影反映其实形。正投影的这种特性称为实形性，也可以叫真实性。直线段的长度或平面图形的大小尺寸可以从投影中直接进行度量，如图 2-7(a)所示。

(二)积聚性

当直线段或平面图形垂直于投影面时，直线的投影成一点，平面的投影变成一条直线。正投影的这种特性称为积聚性，如图 2-7(b)所示。

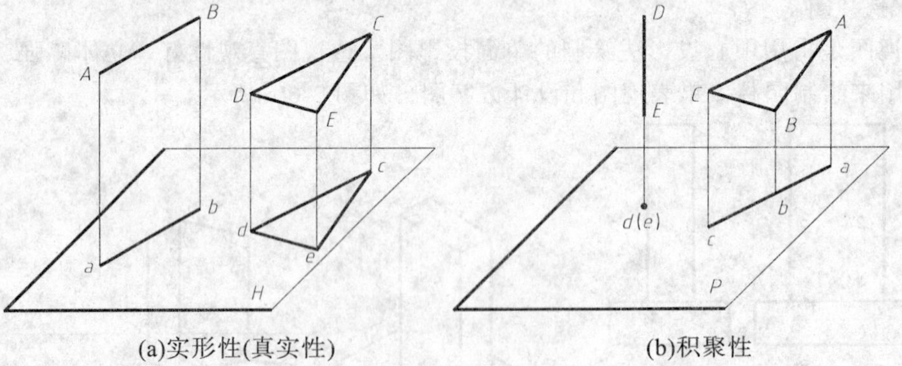

图 2-7 正投影的基本性质(一)

(三)类似性

当直线段或平面倾斜于投影面时，直线在该投影面上的投影仍为直线，平面在该投影面上的投影与原图形类似。正投影的这种特性称为类似性，如图 2-8(a)所示。

另外，正投影还具有定比性和平行性。

直线上一点分线段所成的比例，与该点的投影分线段的投影所成的比例相等。正投影的这种特性称为定比性，如图 2-8(b)所示。

两直线平行，它们在同一投影面上的投影也一定平行。正投影的这种特性称为平行性。

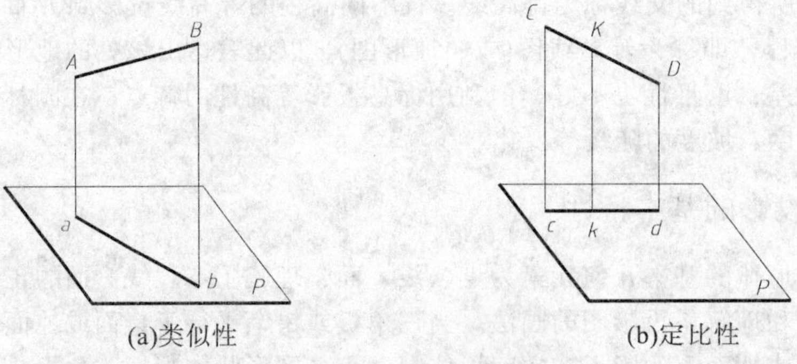

图 2-8 正投影的基本性质(二)

第二节　三面投影及其对应关系

空间有一些不同形状的物体，当它们向同一个投影面进行投影时，其投影图都是相同的，这样就无法用一个投影图表示一个物体。由此可知，物体的一个投影图是不能确定物体的空间形状和大小的。任何物体都具有长、宽、高三个方向的尺寸，如果将物体向一个投影面进行投影，则只能反映物体一个面的形状和大小，不能完整、准确地表示物体的形状和大小。而在工程设计中，所使用的投影图必须要确切地表达物体的形状和大小。因此，为了完整地表现形体的形状和大小，通常采用多面投影中的三面投影。

一、三面投影体系的建立

确定物体的空间形状，常需要三个投影。如果将物体放在三个互相垂直的投影面之间，用三组分别垂直于三个投影面的平行投射线向三个投影面进行投影，就可以得到物体三个不同方向的正投影图。这三个互相垂直的投影面就构成了三面投影体系，如图 2-9 所示。

处于水平位置的投影面称为水平投影面(简称水平面)，用字母“*H*”标记，又称 *H* 面。

观察者正对着的投影面称为正立投影面(简称正立面)，用字母“*V*”标记，又称 *V* 面。

右边侧立位置的投影面称为侧立投影面(简称侧立面)，用字母“*W*”标记，又称 *W* 面。

三个投影面之间两两的交线，称为投影轴。其中，*H* 面与 *V* 面的交线称为 *OX* 轴，*H* 面与 *W* 面的交线称为 *OY* 轴，*V* 面与 *W* 面的交线称为 *OZ* 轴，三条投影轴的交点 *O* 称为原点。

将一个物体放在三面投影体系中，根据正投影原理向三个投影面进行投影，正立投影面上的投影叫正面投影，水平投影面上的投影叫水平投影，侧立投影面上的投影叫侧面投影，如图 2-10 所示。

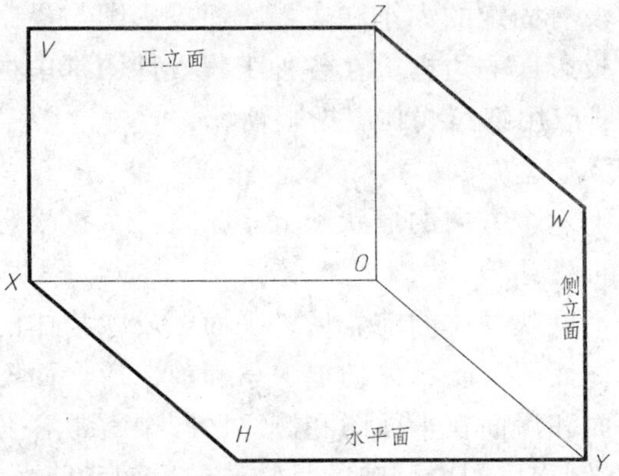

图 2-9　三面投影体系的建立

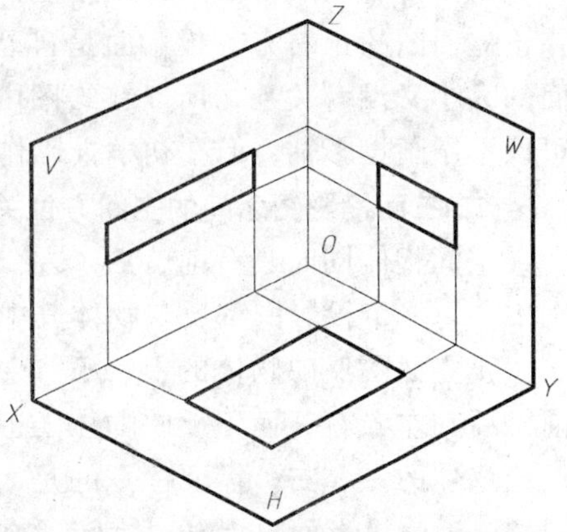

图 2-10　长方体在三个投影面上的投影

二、三个投影面的展开

为了便于画图，需要把三个互相垂直的投影面展开放在同一个平面内：*V* 面不动，将 *H* 面围绕 *OX* 轴向下旋转 90°，将 *W* 面围绕 *OZ* 轴向右旋转 90°，这样就将 *H* 面和 *W* 面放在 *V* 面内。这时，*H* 面和 *W* 面在旋转时，*OY* 轴被分成两部分，随 *H* 面旋转的一部分用 OY_H(在 *H* 面上)表示，随 *W* 面旋转的一部分用 OY_W(在 *W* 面上)表示，如图 2-11 所示。

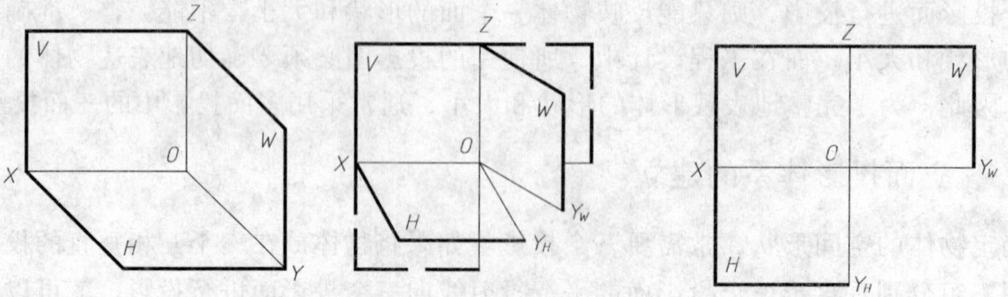

图 2-11　三个投影面的展开

三、三面正投影图(三视图)的形成

将物体放在三面投影体系中，使物体的表面平行或垂直于其中一个投影面，将物体分别向三个投影面进行投影，即得到物体的三面正投影图(三视图)。由前向后在 *V* 面上所得到的投影叫正面投影，也称为正立面图(正视图)；由上往下在 *H* 面上所得到的投影叫水平投影，也称为平面图(俯视图)；从左向右在 *W* 面上所得到的投影称为侧立面图(侧视图、左视图)。

四、三面投影图之间的对应关系

(一)三面投影图的位置关系

三个投影面展开之后，以正立面图为基础，平面图在正立面图的正下方，侧立面图在正立面图的正右方。投影面是自己设想的，没有固定的大小和边界，而投影图与投影面的大小又没有关系，所以在绘图中不用画出投影面的边框，在各种工程设计图纸中也可以不用画投影轴，但在初学投影作图时，一般应用细实线画出投影轴。

(二)三面投影图之间的空间方位关系

空间物体同时具有前、后、左、右、上、下六个方向的形状和大小，在三个正投影图中，每一个投影图都反映物体其中四个方向的情况。

正立面图反映物体的上、下和左、右，而不反映物体的前、后；平面图反映物体的前、后和左、右，而不反映物体的上、下；侧立面图反映物体的上、下和前、后，而不反映物体的左、右。需要注意的是，物体的前面和后面在平面图和侧立面图中常常容易混淆，因为投影面再展开时旋转了 90°，所以在侧立面图中反映的是物体的后面和前面，而不是物体的左面和右面。同时，在平面图和侧立面图中，离正立面图比较近的部分反映物体的后面，远离正立面图的部分反映物体的前面，如图 2-12 所示。

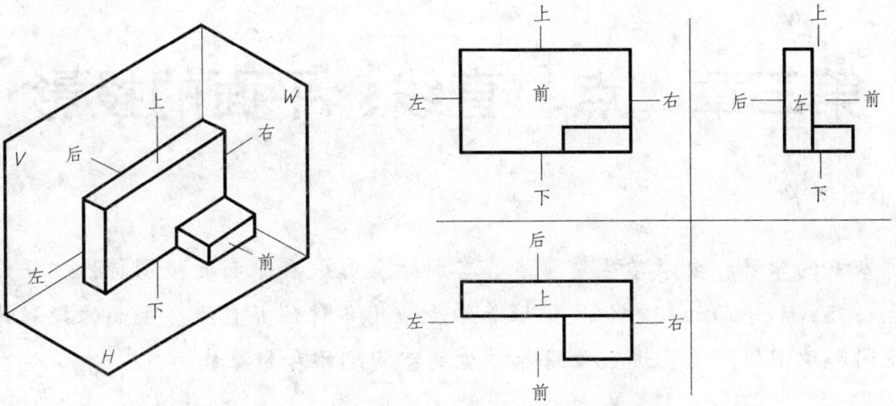

图 2-12　物体与三面投影图的方位关系

(三)三面投影图之间的尺寸“三等”关系

一般情况下，将 *OX* 轴方向的尺寸称为物体的长度尺寸，将 *OY* 轴方向的尺寸称为物体的宽度尺寸，将 *OZ* 轴方向的尺寸称为物体的高度尺寸。而正立面图反映物体的长度和高度，侧立面图反映物体的宽度和高度，平面图反映物体的长度和宽度。因此，同一整个物体或同一物体局部的三投影图之间都具有“三等”关系：正立面图与平面图长度相等且对正，即“长对正”；正立面图和侧立面图高度相等且平齐，即“高平齐”；平面图和侧立面图宽度相等，即“宽相等”，如图 2-13 所示。这“九字令”是绘制和识读三面投影图所必须遵循的对应关系，一定要进行透彻的理解。

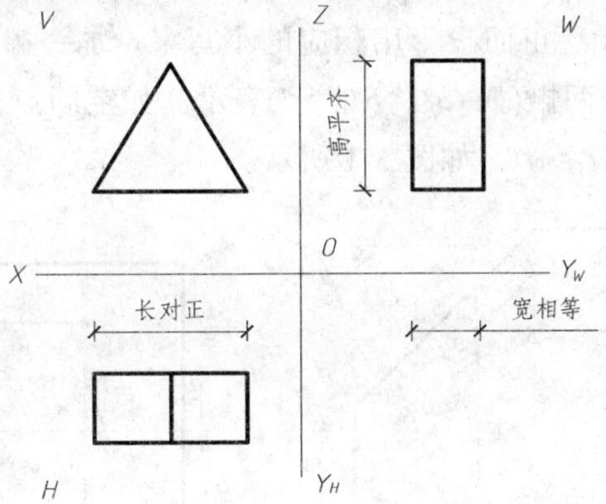

图 2-13　同一物体投影图的“三等”关系

第三章　点、直线、平面的投影

本章导读

通过本章的学习，要求学生掌握点、各种位置直线和平面的投影特性，并能够准确地判断点、直线和平面的相对位置；培养学生应用各种位置直线、平面的投影特性来正确进行绘图和识图的能力；进一步培养学生的空间思维和想象能力。

任何物体，不管是什么样的形状，都是由点、线、面等几何元素组成的。要准确地作出物体的投影图，就得从组成物体表面的基本几何元素——点、直线和平面的投影开始研究。

第一节　点的投影

一、点的投影及其规律

(一)点的投影

空间点用大写字母(如 A、B、C)表示。点的正投影仍然是点，其水平投影用相应的小写字母(如 a、b、c)表示，正面投影用相应的小写字母加一撇(如 a'、b'、c')表示，侧面投影用相应的小写字母加两撇(如 a''、b''、c'')表示。如空间点 A，其水平投影、正面投影、侧面投影分别为 a、a'、a''，如图 3-1 所示。

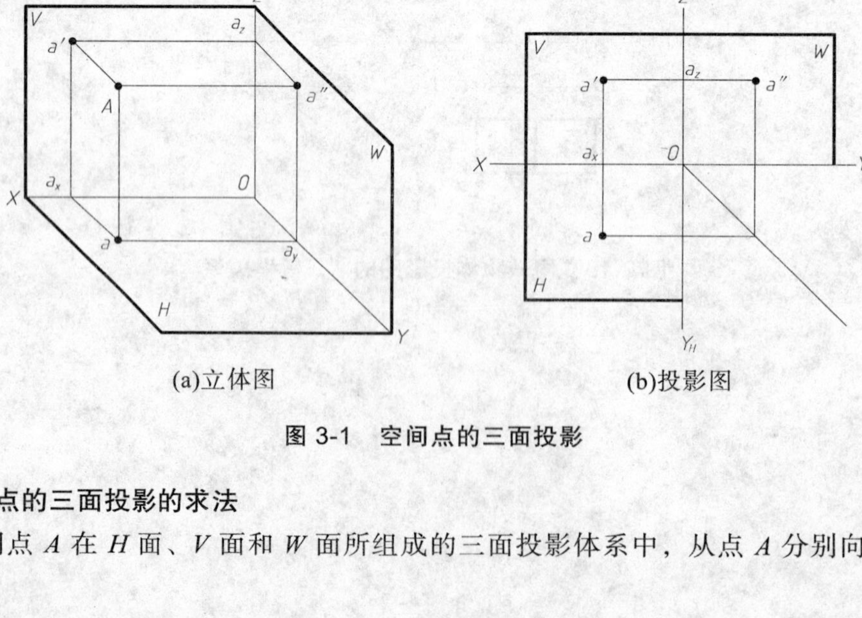

(a)立体图　　(b)投影图

图 3-1　空间点的三面投影

(二)点的三面投影的求法

空间点 A 在 H 面、V 面和 W 面所组成的三面投影体系中，从点 A 分别向 H 面、V

面和 W 面引垂线，所得的三个垂足，就是空间点 A 的三面投影，即水平投影 a、正面投影 a'和侧面投影 a''，如图 3-1(a)所示。

(三)点的投影规律

(1)点的两面投影的连线，必定垂直于该两投影面所夹的投影轴。也就是点 A 的水平投影 a 和正面投影 a'的连线垂直于 OX 轴，即 $aa' \perp OX$ 轴；点 A 的正面投影 a' 和侧面投影 a''的连线垂直于 OZ 轴，即 $a'a'' \perp OZ$ 轴。

(2)点的侧面投影 a''到 OZ 轴的距离 $a''a_z$ 等于点的水平投影 a 到 OX 轴的距离 aa_x，即 $a''a_z=aa_x$，如图 3-1(b)所示。

(3)点的投影到投影轴的距离分别等于空间点到相应的另一投影面的距离，如图 3-1(a)所示。

从以上点的投影规律可知，在点的三面投影体系中，每两面投影都有一定的联系。因此，在作图中，只要已知一点的两面投影，就可以求出这一点的第三面投影。

【例 3-1】 已知点 A 的正面投影 a' 和侧面投影 a''，求点 A 的水平投影 a，如图 3-2(a)所示。

【作图步骤】

(1)在投影轴右下角过原点 O 作 45°的辅助斜线，由 a''作 OY_W 轴的垂线交 45°的辅助斜线于一点，再过此交点作 OY_H 轴的垂线，如图 3-2(b)所示。

(2)由 a' 作 OX 轴的垂线，与 OY_H 轴的垂线交于一点 a，a 点就是所求的点 A 的水平投影，如图 3-2(c)所示。

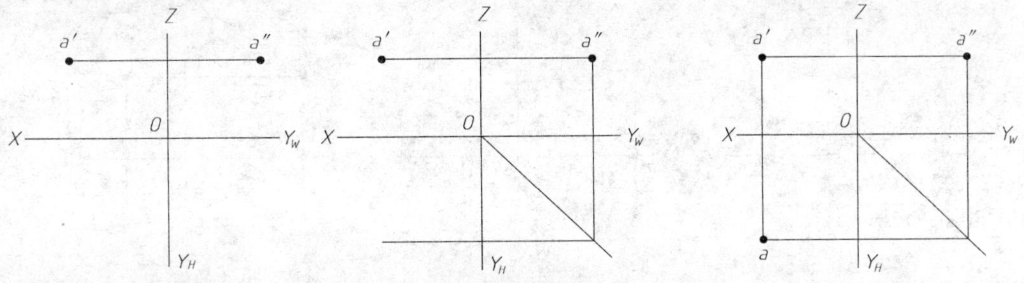

(a)已知　(b)作图步骤(1)　(c)作图步骤(2)

图 3-2　已知点的两面投影求第三面投影

二、点的坐标和投影的关系

若把三个投影面当做坐标面，则三个投影轴就相当于坐标轴，其中，OX 轴就是横坐标轴，OY 轴就是纵坐标轴，OZ 轴就是竖坐标轴，三条轴的交点 O 就是坐标原点。

空间任意点的位置由它的 x、y、z 三个坐标来确定，并规定点 A 坐标的书写格式为 $A(x, y, z)$。当点的 x、y、z 值中任何一个值为 0 时，点就在 H 面、V 面或 W 面上。当点的 x 值为 0 时，则点在 W 面上；当点的 y 值为 0 时，则点在 V 面上；当点的 z 值为 0 时，则点在 H 面上。当点的 x、y、z 值中，任何两值为 0 时，点在 OX 轴、OY 轴或 OZ

轴上。当点的 x、y 值为 0 时，则点在 OZ 轴上；当点的 y、z 值为 0 时，则点在 OX 轴上；当点的 x、z 值为 0 时，则点在 OY 轴上。

在三面投影体系中，空间点的位置可由该点到三个投影面的距离来确定，而空间点的位置到三个投影面的距离就等于空间点的三个坐标。

如果有空间点 $A(x, y, z)$，则点 A 到 W 面的距离 $Aa''=Oa_x$=点 A 的 x 坐标，点 A 到 V 面的距离 $Aa'=Oa_y$=点 A 的 y 坐标，点 A 到 H 面的距离 $Aa=Oa_z$=点 A 的 z 坐标。

从点的三面正投影中可以看出：点 A 的 x、y 坐标可以确定点 A 的水平投影，即 $a(x, y)$；点 A 的 x、z 坐标可以确定点 A 的正面投影，即 $a'(x, z)$；点 A 的 y、z 坐标可以确定点 A 的侧面投影，即 $a''(y, z)$。也就是点的一个投影由两个坐标决定，点的两个投影包含三个坐标，即点的两个投影可以确定点的空间位置。

因此，已知一点的三面投影，就可以求出该点的三个坐标；反之，已知一点的三个坐标，也可以求出该点的三面投影。

【例 3-2】 已知点 A 的坐标为(15，10，13)，求作点 A 的三面投影，如图 3-3 所示。

【作图步骤】

(1)先作投影轴，并在 OX 轴上从 O 点开始向左方量取 x=15 mm，得到 a_x 点，如图 3-3(a)所示。

(2)过 a_x 点作 OX 轴的垂线，并在垂线上自点 a_x 向上量取 z=13 mm 得到点 a'，向下量取 y=10 mm 得到点 a，如图 3-3(b)所示。

(3)由已知点的两面投影即可求出其第三投影，从而得到点 a''，如图 3-3(c)所示。

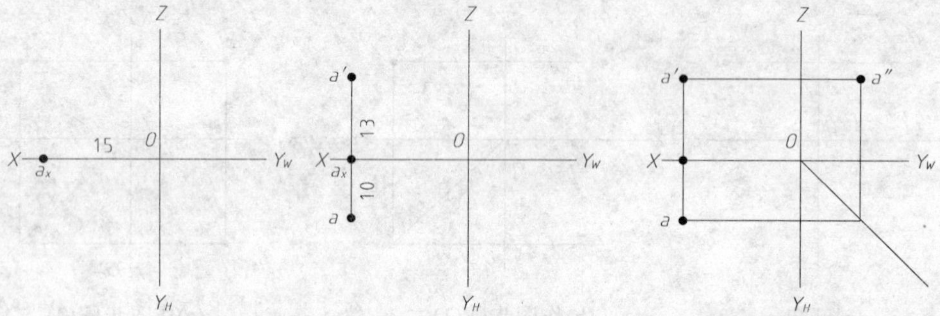

(a)作图步骤(1)　(b)作图步骤(2)　(c)作图步骤(3)

图 3-3　已知点的坐标求点的三面投影

三、两点的相对位置

两点的相对位置是指空间两点之间上下、左右、前后的位置关系。

如果把三个投影面看做三个坐标面，那么三条投影轴 OX、OY、OZ 就是三个坐标轴。由图 3-3 可以看出：在 $A(x, y, z)$中，点的 x 坐标反映点到 W 面的距离，反映点的左右位置关系；点的 z 坐标反映点到 H 面的距离，反映点的上下位置关系；点的 y 坐标反映点到 V 面的距离，反映点的前后位置关系。

根据两点的坐标，可判断空间两点间的相对位置。两点中，x 坐标值大的在左，y 坐标值大的在前，z 坐标值大的在上。图 3-4(a)中，$x_A > x_B$，则点 A 在点 B 之左；$y_A > y_B$，则点 A 在点 B 之前；$z_A < z_B$，则点 A 在点 B 之下。即点 A 在点 B 之左、前、下方，如图 3-4(b)所示。

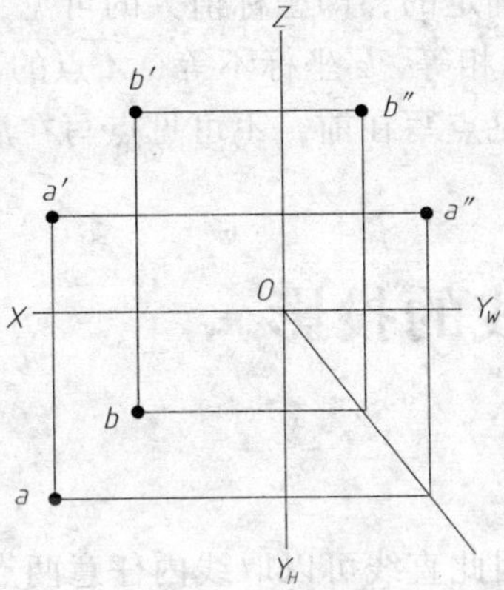

(a)A、B 两点的投影图

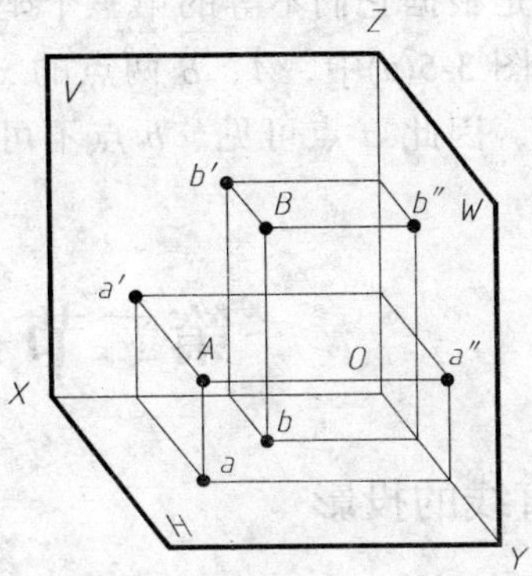

(b)A、B 两点的直观图

图 3-4 判断两点的相对位置

四、重影点

属于同一条投射线上的点，在该投射线所垂直的投影面上的投影重合为一点，空间的这些点，称为该投影面的重影点。在图 3-5(a)中，空间两点 A、B 属于对 H 面的一条投射线，则点 A、B 称为 H 面的重影点，其水平投影重合为一点 $a(b)$。同理，点 C、D 称为对 V 面的重影点，其正面投影重合为一点 $c'(d')$。

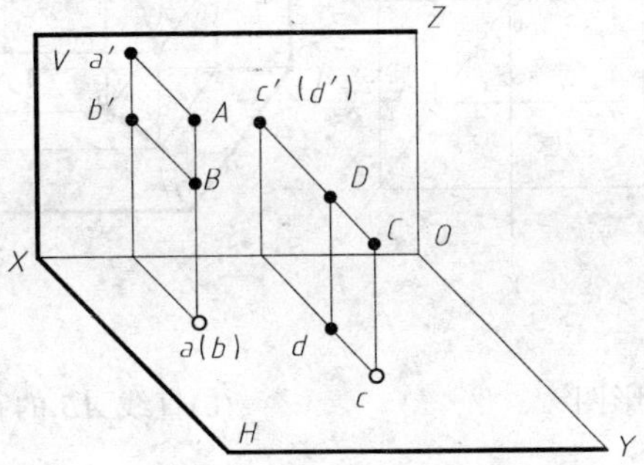

(a)重影点的直观图

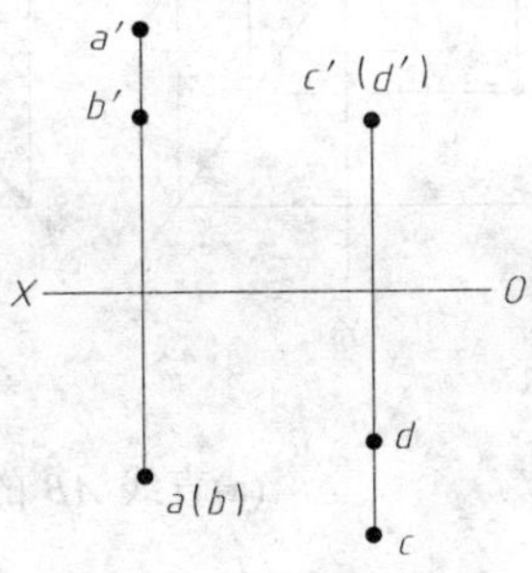

(b)重影点的投影图

图 3-5 重影点

当空间两点在某投影面上的投影重合时，其中必有一点的投影遮挡着另一点的投影，就有了重影点的可见性。在图 3-5(b)中，点 A、B 为 H 面的重影点，由于 $z_A > z_B$，点 A 在点 B 的上方，故 a 可见、b 不可见。同理，点 C、D 为 V 面的重影点，由于 $y_C > y_D$，点 C 在点 D 的前方，故 c′可见、d′不可见。如果点的正面投影是重影点，则是前面一点遮后面若干点；如果点的水平投影是重影点，则是上面一点遮下面若干点；如果点的侧面投影是重影点，则是左面一点遮右面若干点。

显然，重影点是两个坐标值相等、第三个坐标值不等的空间点。因此，判断重影点的可见性，是根据它们不等的第三个坐标值来确定的，即坐标值大的可见，坐标值小的不可见。在图 3-5(a)中，A、B 两点的 x、y 坐标相等，z 坐标不等，A 点的 z 坐标大于 B 点的 z 坐标，因此 a 点可见、b 点不可见，可见点写在前，不可见点写在后并加小括号来表示。

第二节　直线的投影

一、直线的投影

由几何学可知，空间两点确定一条直线，因此直线可以取线内任意两点的字母来进行标记(如直线 AB)，或者由一个字母来标记(如直线 L)。

直线的投影一般情况下仍为直线，可由直线两个端点的同面投影来确定。如求作直线 AB 的投影，应分别求出其两个端点 A、B 的三面投影，然后将两点的同面投影相连接，就可以得到直线 AB 的三面投影 ab、a′b′ 、a″b″，如图 3-6 所示。

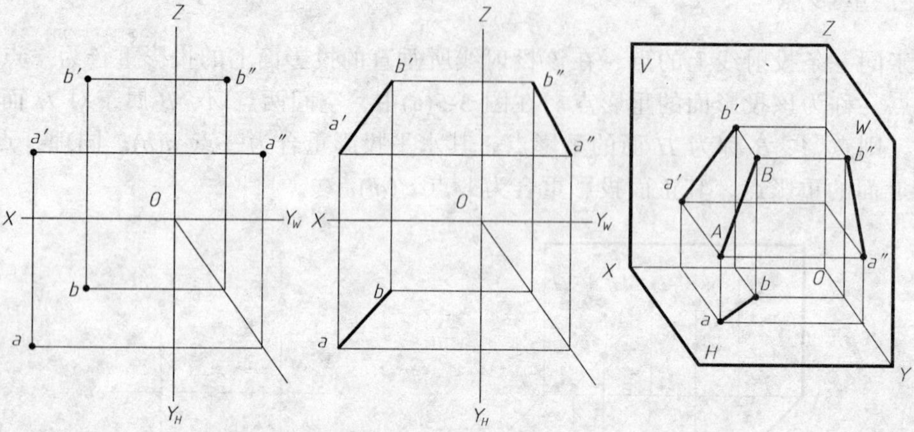

(a)直线 AB 的投影图　　(b)直线 AB 的直观图

图 3-6　直线的投影

二、直线的投影特性

在三面投影体系中，根据直线与三个投影面的相对位置不一样，可将直线分为一般位置直线和特殊位置直线两大类。

(一)一般位置直线

如果空间一条直线既不平行也不垂直于任何一个投影面(即倾斜于三个投影面)，则这条直线就称为一般位置直线。

由于一般位置直线与三个投影面都倾斜，因此它在三个投影面上的投影都是直线，如图 3-6 所示。

由此可见，一般位置直线的投影特性是：一般位置直线在三个投影面上的投影都是倾斜于投影轴的直线，均不反映实长，其长度与空间直线相比缩短(类似性)。

在三面投影图中，根据直线的任意两面投影就可以求出它的第三面投影，其方法就是求出直线两端点的投影后连接即可。

【例 3-3】　已知直线 *AB* 的水平投影 *ab* 和正面投影 *a'b'*，求其侧面投影 *a''b''*，如图 3-7(a)所示。

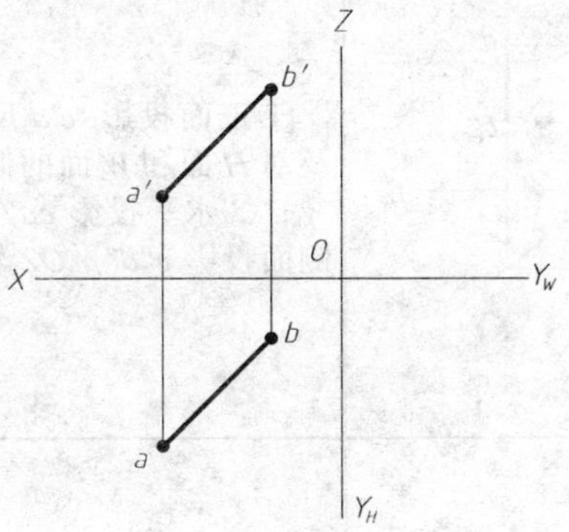

(a)已知条件

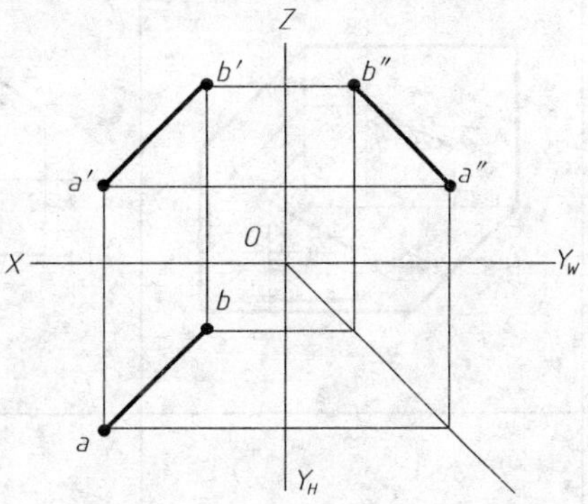

(b)作图过程

图 3-7　已知直线的两面投影求其第三面投影

【作图步骤】

(1)根据已知直线 *AB* 的水平投影 *ab* 和正面投影 *a'b'*，分别作出其两个端点的侧面投影 *a''*和 *b''*。

(2)连接 *a''*、*b''*两点所得到的直线即为所求，如图 3-7(b)所示。

(二)特殊位置直线

特殊位置直线是指与三个投影面中的某一个投影面平行或者垂直的直线。根据直线与投影面的相对位置，特殊位置直线又可分为投影面平行线和投影面垂直线两种。

1. 投影面平行线

平行于某一个投影面而倾斜于另外两个投影面的直线称为投影面平行线。投影面平行线可以分为三种：平行于 *H* 面的直线称为水平线，平行于 *V* 面的直线称为正平线，平行于 *W* 面的直线称为侧平线。

它们的投影及其投影特性如表 3-1 所示。

表 3-1　投影面平行线的投影和投影特性

名称	直观立体图	投影图	投影特性
水平线(直线 $AB /\!/ H$ 面)	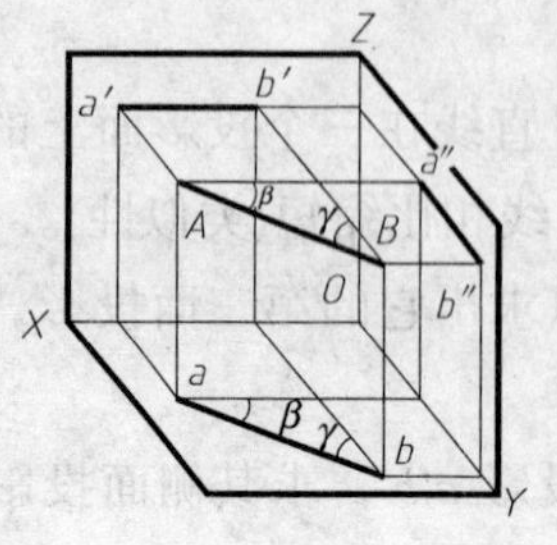	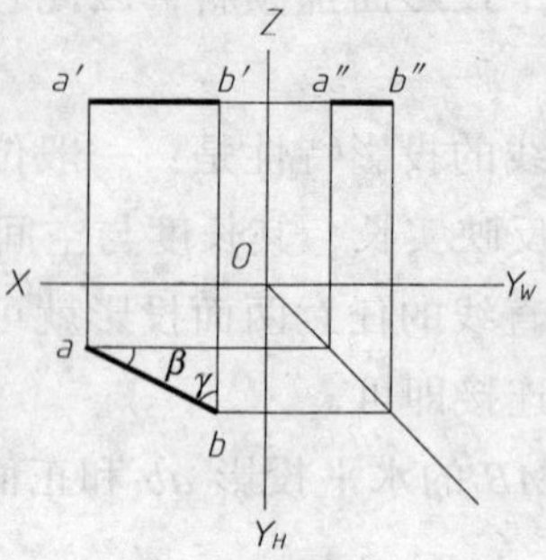	①水平投影 ab 反映实长及对 V 面和 W 面的倾角 β 和 γ；②正面投影 $a'b' /\!/ OX$ 轴，侧面投影 $a''b'' /\!/ OY_W$ 轴
正平线(直线 $CD /\!/ V$ 面)	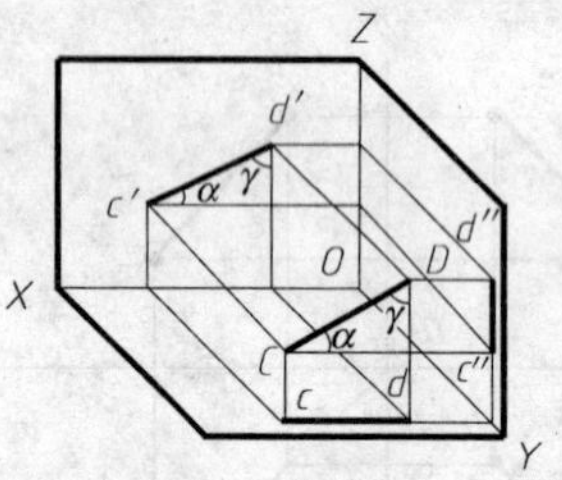	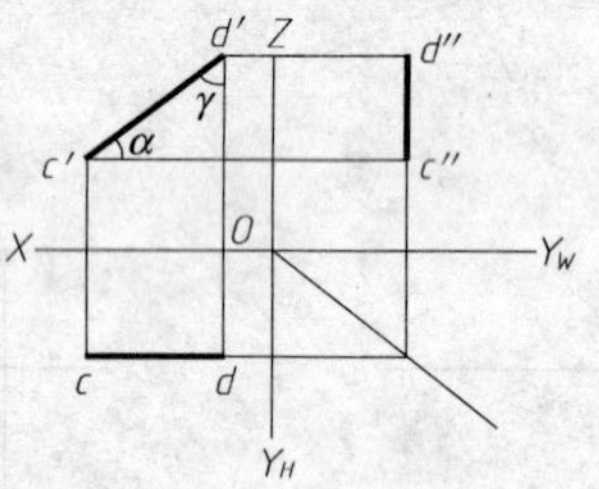	①正面投影 $c'd'$ 反映实长及对 H 面和 W 面的倾角 α 和 γ；②水平投影 $cd /\!/ OX$ 轴，侧面投影 $c''d'' /\!/ OZ$ 轴
侧平线(直线 $EF /\!/ W$ 面)	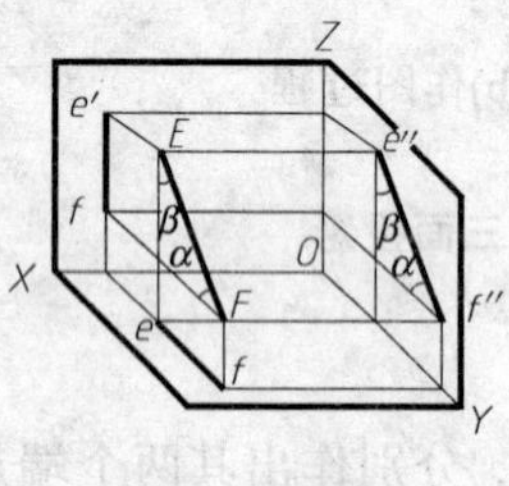	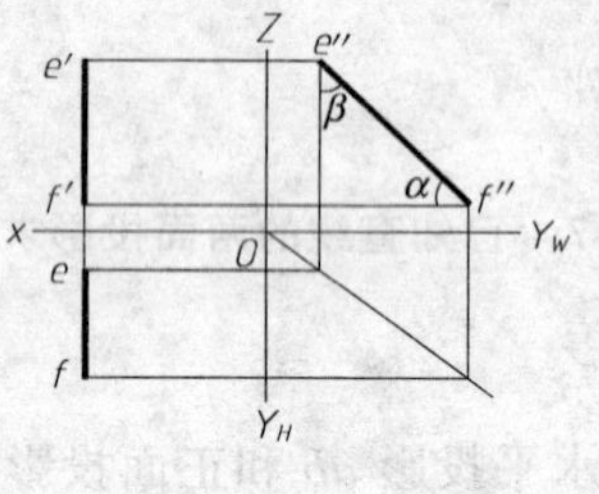	①侧面投影 $e''f''$ 反映实长及对 H 面和 V 面的倾角 α 和 β；②水平投影 $ef /\!/ OY_H$ 轴，正面投影 $e'f' /\!/ OZ$ 轴

由表 3-1 可见，投影面平行线的共同投影特性为：

(1)直线平行于哪一个投影面，则直线在该投影面上的投影反映其实长及直线对另外两个投影面的倾角。

(2)在其他两个投影面上的投影平行于相应的投影轴，但不反映实长。

2. 投影面垂直线

垂直于某一个投影面而平行于另外两个投影面的直线称为投影面垂直线。投影面垂直线也可以分为三种：垂直于 H 面的直线称为铅垂线，垂直于 V 面的直线称为正垂线，垂直于 W 面的直线称为侧垂线。它们的投影及其投影特性如表 3-2 所示。

表 3-2　投影面垂直线的投影及其投影特性

名称	直观效果图	三面投影图	投影特性
正垂线(直线 $AB\perp V$ 面)	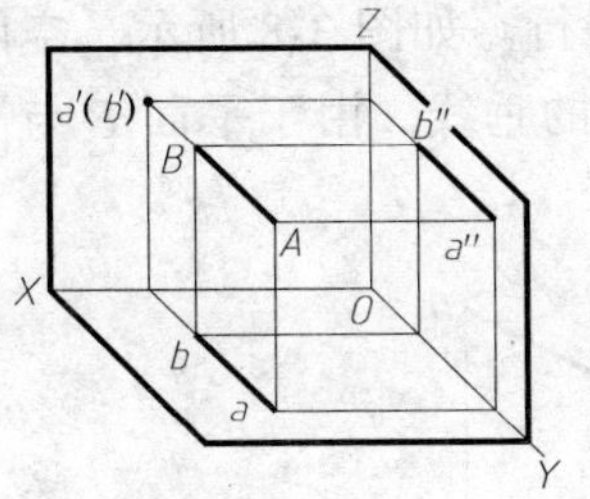	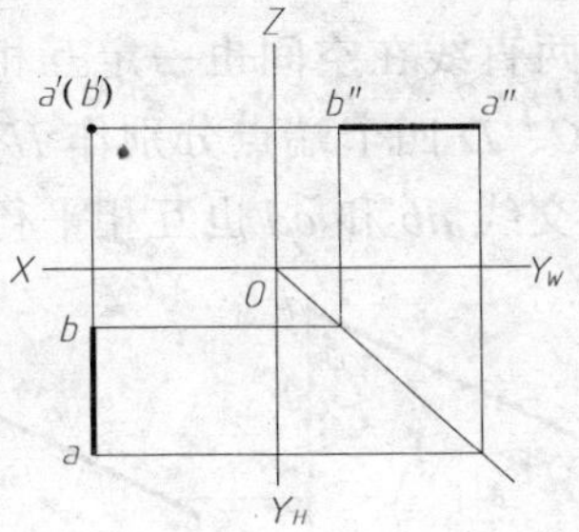	①正面投影 $a'b'$ 积聚为一点 $a'(b')$；②水平投影 $ab\perp OX$ 轴，侧面投影 $a''b''\perp OZ$ 轴，并都反映直线 AB 的实长，即 $ab=a''b''=AB$
铅垂线(直线 $CD\perp H$ 面)	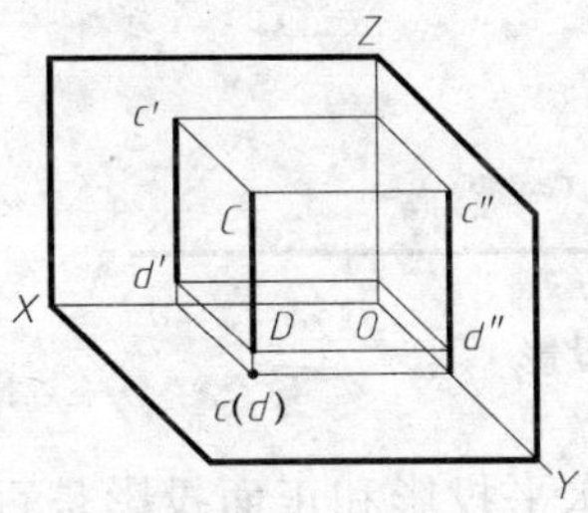	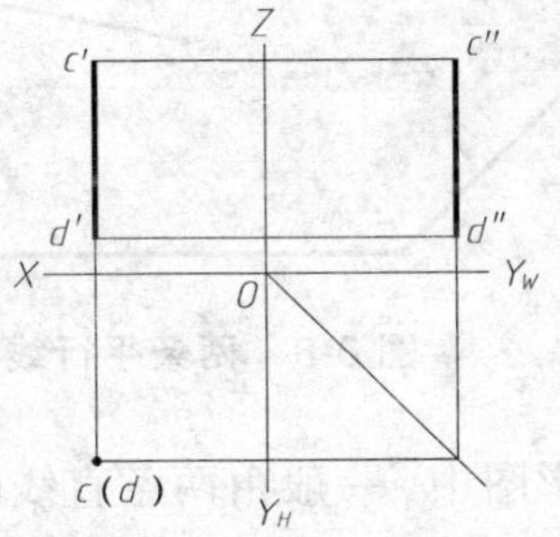	①水平投影 cd 积聚为一点 $c(d)$；②正面投影 $c'd'\perp OX$ 轴，侧面投影 $c''d''\perp OY_W$ 轴，并都反映直线 CD 的实长，即 $c'd'=c''d''=CD$
侧垂线(直线 $EF\perp W$ 面)	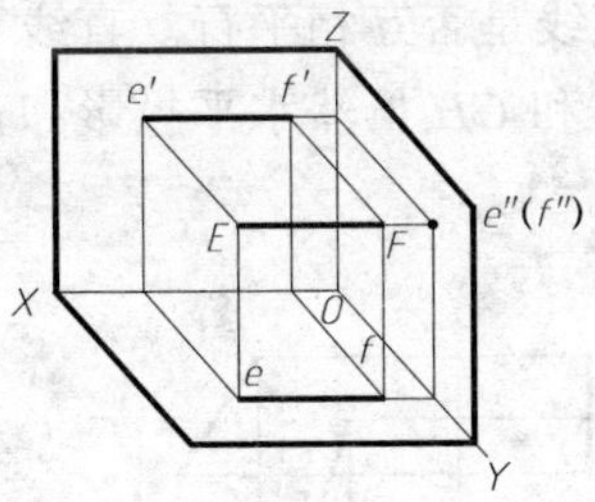	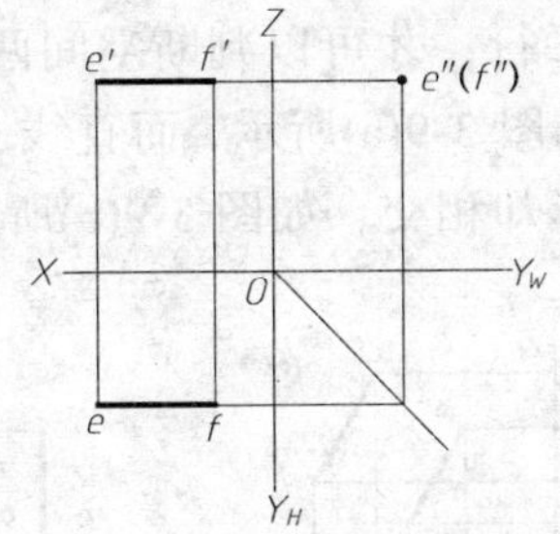	①侧面投影 $e''f''$ 积聚为一点 $e''(f'')$，②正面投影 $e'f'\perp OZ$ 轴，水平投影 $ef\perp OY_H$ 轴，并都反映直线 EF 的实长，即 $e'f'=ef=EF$

由表 3-2 可见，投影面垂直线的共同投影特性为：

(1)直线垂直于哪一个投影面，则直线在该投影面上的投影积聚为一点(积聚性)。

(2)直线在其他两个投影面上的投影分别垂直于相应的投影轴，且反映该直线的实长(真实性)。

比较一般位置直线、投影面平行线和投影面垂直线的投影特性，就可以判断空间直线的位置关系：如果一条直线的三面投影都是倾斜于投影轴的直线，则该直线是一般位置直线；如果一条直线的一面投影是倾斜于投影轴的直线，其余两面投影分别平行于相应的投影轴，则可以判断该直线为投影面平行线；如果一条直线的一面投影是点，其余两面投影分别垂直于相应的投影轴，则可以判断该直线为投影面垂直线。

三、两直线的相对位置

空间两直线的相对位置有三种：平行、相交和异面(交叉)。平行和相交两直线都在同一平面内，因此称为同面直线；而异面(交叉)两直线在不同的平面内。

(一)平行两直线

根据前面所学的正投影的投影特性，可以推出两平行直线的三面投影特性：如果空间两直线相互平行，则两直线的各同面投影必定相互平行；反过来说，如果两直线的各同面投影互相平行，则这两直线在空间也一定互相平行。如图 3-8 所示，空间直线 *AB*、*CD* 互相平行，过 *A*、*B*、*C*、*D* 四个端点分别作 *H* 面的垂线。由于平面 *P* 与平面 *Q* 互相平行，因此它们与 *H* 面的交线 *ab* 和 *cd* 也互相平行。

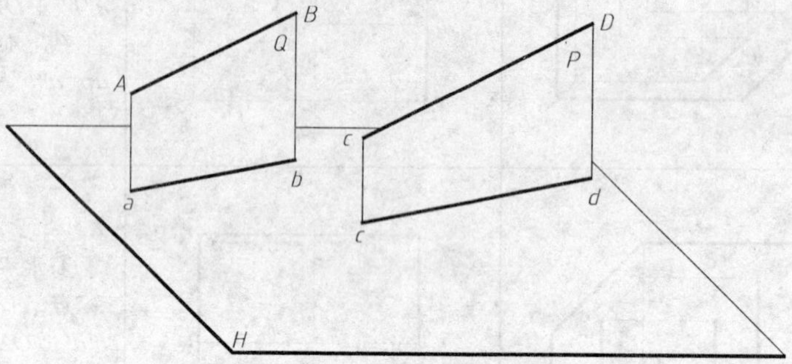

图 3-8 两条平行线的投影

需要注意的是，在投影图中，一般由两条直线的水平投影和正面投影是否互相平行，即可判断这两直线在空间是否互相平行。但对于侧平线来说，则必须作出它们的侧面投影，看侧面投影是否互相平行，才可以判断空间两直线是否互相平行。直线 *AB* 和 *CD* 的三面投影都互相平行，如图 3-9(a)所示，而直线 *EF* 和 *GH* 虽然水平投影和正面投影互相平行，但它们的侧面投影却相交，如图 3-9(b)所示。

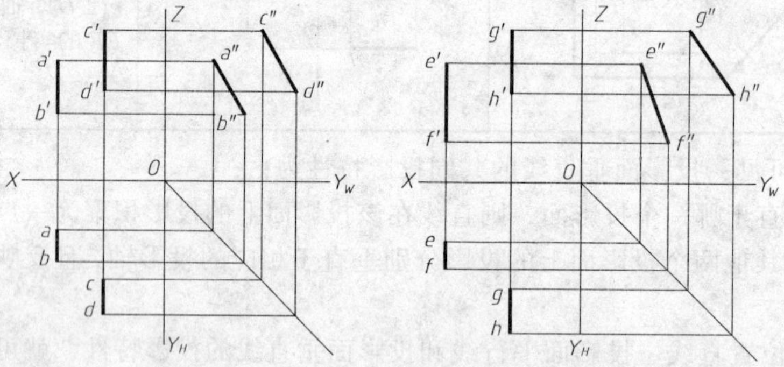

(a)两条侧平线互相平行 (b)两条侧平线不平行

图 3-9 两条侧平线互相平行的判别

(二)相交两直线

如果空间两直线相交，就必有一个共同的交点。根据正投影的投影特性，可以知道相交两直线的投影特性：如果空间两直线相交，则这两直线的同面投影必定相交，同时两直线交点的投影必定是两直线投影的交点，并且投影上交点的连线垂直于投影轴；反之，如果两直线的各同面投影相交，且交点的两面投影的连线垂直于投影轴，则这两直线必定在空间相交。如图 3-10 所示，在投影图中，直线 ab 与 cd、$a'b'$与 $c'd'$分别相交，同时 $mm' \perp OX$ 轴，因此空间两直线 AB 与 CD 相交。

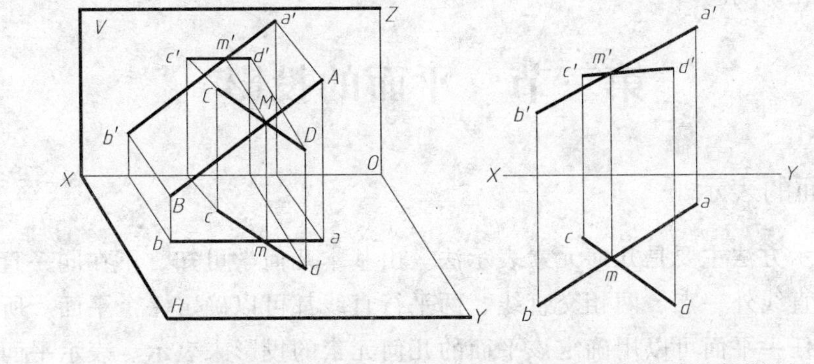

(a)相交两条直线投影的直观图　(b)相交两条直线的投影图

图 3-10　两条相交直线的投影

另外，需要注意的是，在投影图中，如果要判断空间两直线是否相交，一般只看两直线的水平投影和正面投影是否相交即可。但如果其中有一条直线是侧平线，则还应作出它们的侧面投影，根据正面投影和侧面投影的交点的连线是否垂直于 OZ 轴来判断。如图 3-11(a)所示，空间直线 AB 与 CD 的同面投影都相交，且 AB 是侧平线，交点 M 的投影符合点的投影规律(交点两面投影的连线垂直于相应的投影轴)，所以直线 AB 与 CD 相交；而在图 3-11(b)中，EF 与 GH 两直线的三面投影都相交，但交点 N 的投影不符合点的投影规律(交点两面投影的连线垂直于相应的投影轴)，所以直线 EF 与 GH 不相交。

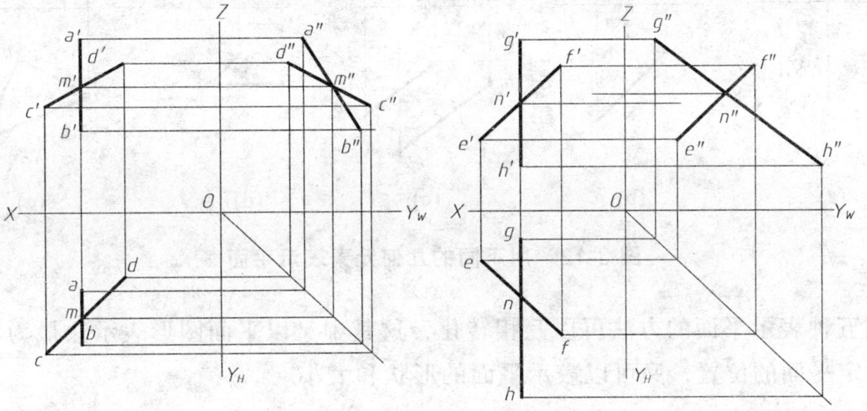

(a)两条直线相交（有一条是侧平线）　(b)两条直线不相交（有一条是侧平线）

图 3-11　两条直线相交(其中一条为侧平线)的判定

(三)异面(交叉)两直线

空间既不平行又不相交的两直线称为异面(交叉)两直线。异面两直线的同面投影既不符合平行两直线的投影特性，也不符合相交两直线的投影特性。但异面两直线可能有两组同面投影互相平行，却不能有三面投影都互相平行；异面两直线的三组同面投影可能相交，但其交点是重影点，而不是两直线的共有点的投影，其投影不符合点的投影规律，如图 3-11(b)所示。

第三节　平面的投影

一、平面的表示

平面的表示方法主要是几何元素表示法。由基本几何学可知，不在同一直线上的三个点、直线与直线外一点、两相交直线、两平行直线都可以确定一个平面。所以，在投影图中，空间任一平面可以用确定该平面的几何元素的投影来表示。表示平面最常见的五种方法是：

(1)不在同一直线上的三个点表示一个平面，如图 3-12(a)所示；

(2)一条直线和该直线外一点表示一个平面，如图 3-12(b)所示；

(3)两平行直线表示一个平面，如图 3-12(c)所示；

(4)两相交直线表示一个平面，如图 3-12(d)所示；

(5)一个平面图形表示一个平面，如图 3-12(e)所示。

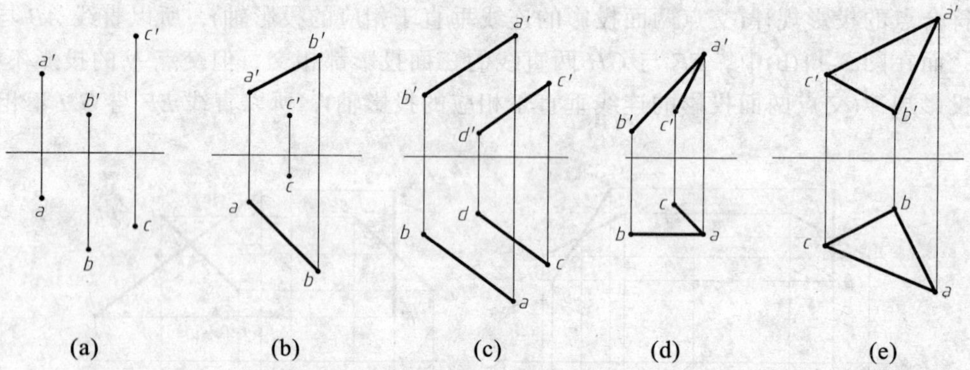

图 3-12　用不同的几何元素表示平面

以上五种表示平面的方法可以互相转化，这其中又以平面图形表示法最为常见，它既可以确定平面的位置，又可以表示平面的形状和大小。

二、平面的投影特性

平面在三面投影体系中与三个投影面的相对位置关系有倾斜、平行和垂直三种，分别称为一般位置平面和特殊位置平面(包括投影面平行面和投影面垂直面)。

(一)一般位置平面

与三个投影面都倾斜(既不平行也不垂直)的平面称为一般位置平面。

因为一般位置平面与三个投影面都倾斜，所以一般位置平面的投影特性为：一般位置平面在三个投影面上的投影与原图形类似，且面积缩小(类似性)，如图 3-13 所示。

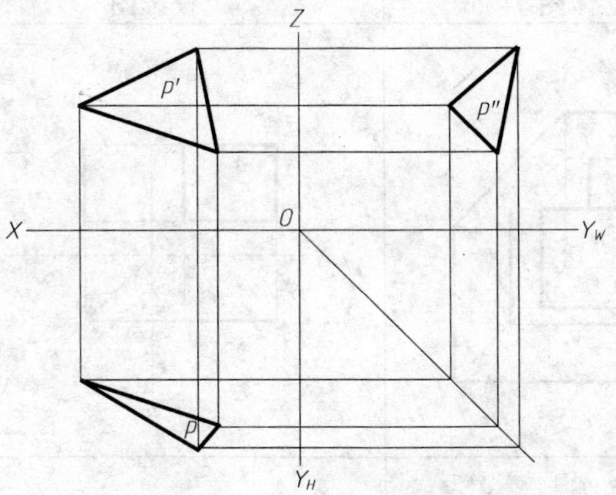

图 3-13　一般位置平面的投影

(二)特殊位置平面

与三个投影面中的某一投影面平行或垂直的平面称为特殊位置平面。根据平面与投影面的相对位置，特殊位置平面可分为投影面平行面和投影面垂直面两种。

1. 投影面平行面

平行于一个投影面，而垂直于另外两个投影面的平面称为投影面平行面。投影面平行面可分为三种：平行于 *H* 面，同时垂直于 *V* 面和 *W* 面的平面称为水平面；平行于 *V* 面，同时垂直于 *H* 面和 *W* 面的平面称为正平面；平行于 *W* 面，同时垂直于 *H* 面和 *V* 面的平面称为侧平面。

三种位置的投影面平行面的投影及其投影特性如表 3-3 所示。

由表 3-3 可见，投影面平行面共同的投影特性为：

(1)投影面平行面在它所平行的投影面上的投影反映平面的实形(实形性、真实性)。

(2)平面在另外两个投影面上的投影都积聚成一条直线并且分别平行于相应的投影轴(积聚性)。

2. 投影面垂直面

垂直于一个投影面而倾斜于另外两个投影面的平面称为投影面垂直面。投影面垂直面也分为三种：垂直于 *H* 面，倾斜于 *V* 面和 *W* 面的平面称为铅垂面；垂直于 *V* 面，倾斜于 *H* 面和 *W* 面的平面称为正垂面；垂直于 *W* 面，倾斜于 *H* 面和 *V* 面的平面称为侧垂面。

三种投影面垂直面的投影及其投影特性如表 3-4 所示。

由表 3-4 可见，投影面垂直面共同的投影特性为：

(1)投影面垂直面在它所垂直的投影面上的投影积聚成一条直线，该直线与投影轴的夹角分别反映平面对另外两个投影面的倾角(积聚性)。

(2)平面在另外两个投影面上的投影与原图形类似，且面积缩小(类似性)。

表 3-3　投影面平行面的投影及其投影特性

名称	直观立体图	投影图	投影特性
正平面（平面 $Q/\!/V$ 面）	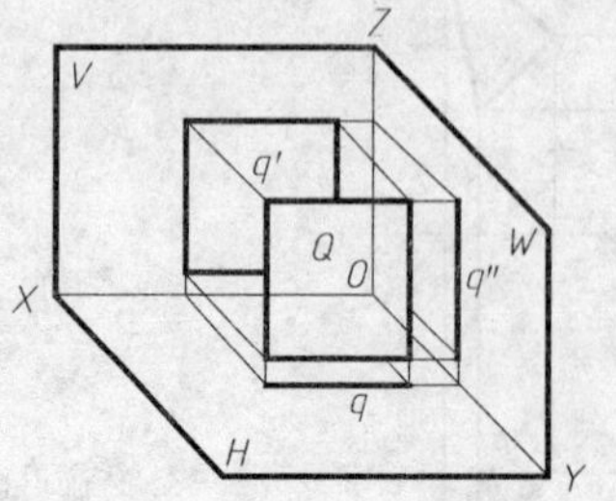	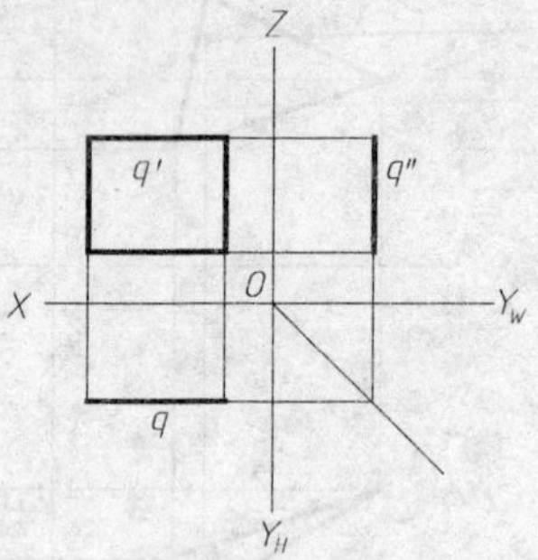	①正面投影 q' 反映实形；②水平投影 q 和侧面投影 q'' 都积聚为直线，并且 $q/\!/OX$ 轴，$q''/\!/OZ$ 轴
水平面（平面 $P/\!/H$ 面）	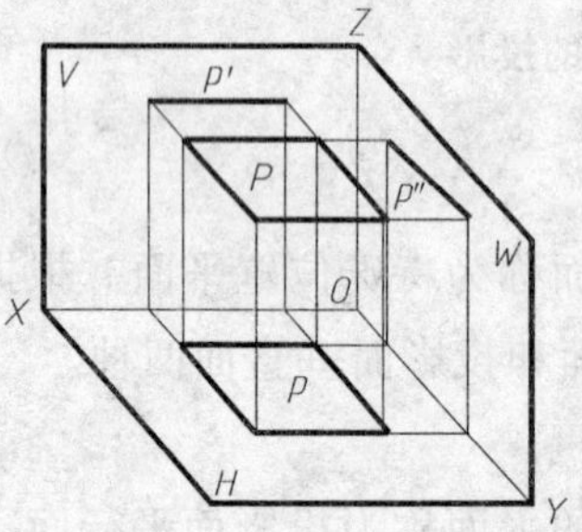	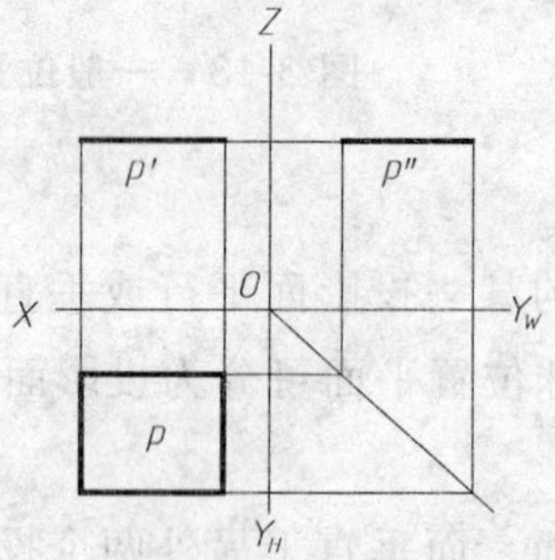	①水平投影 p 反映实形；②正面投影 p' 和侧面投影 p'' 都积聚为直线，并且 $p'/\!/OX$ 轴，$p''/\!/OY_W$ 轴
侧平面（平面 $R/\!/W$ 面）	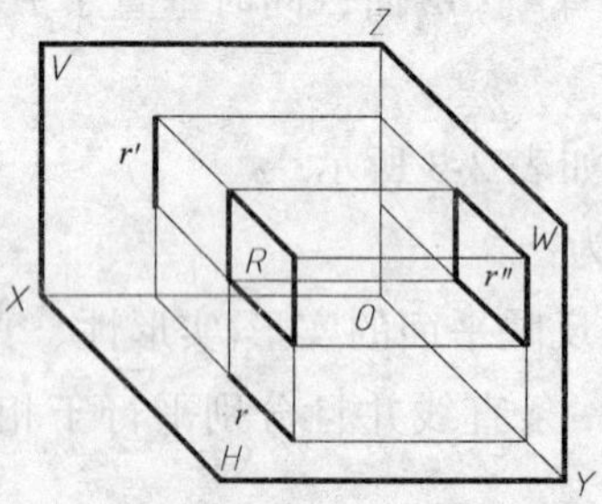	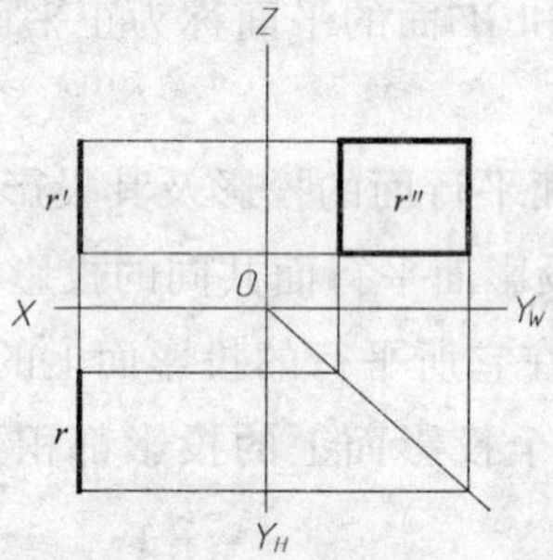	①侧面投影 r'' 反映实形；②正面投影 r' 和水平投影 r 都积聚为直线，并且 $r/\!/OY_H$ 轴，$r'/\!/OZ$ 轴

比较一般位置平面、投影面平行面和投影面垂直面的投影特性，就可以判断空间平面的相对位置关系：如果平面的三面投影都是与原图形相类似的图形，则可以判断该平面为一般位置平面；如果平面的某一投影积聚为一条直线，则要看该直线与投影轴是平行还是倾斜来判断这个平面是投影面平行面还是投影面垂直面，并且投影面平行面在所平行的投影面上的投影反映实形，而投影面垂直面在所垂直的投影面上的投影反映该平面与另外两个投影面的倾角，在另外两个投影面上的投影与原图形类似。

根据各种位置平面的投影特性，已知空间一个平面的两面投影，就可以求出该平面的第三面投影。

表 3-4　投影面垂直面的投影及其投影特性

名称	直观立体图	投影图	投影特性
正垂面 (平面 $Q \perp V$ 面)	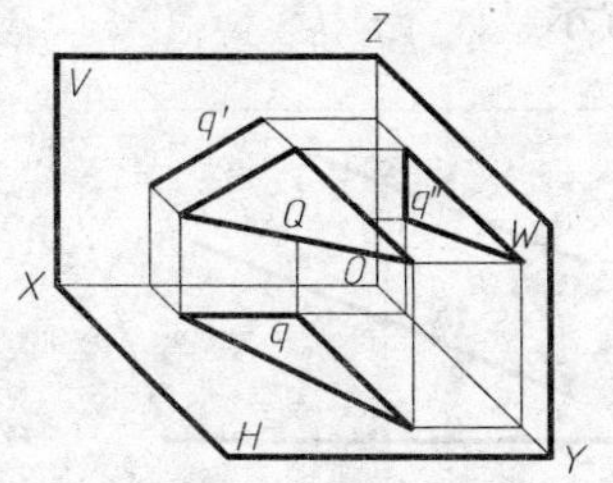	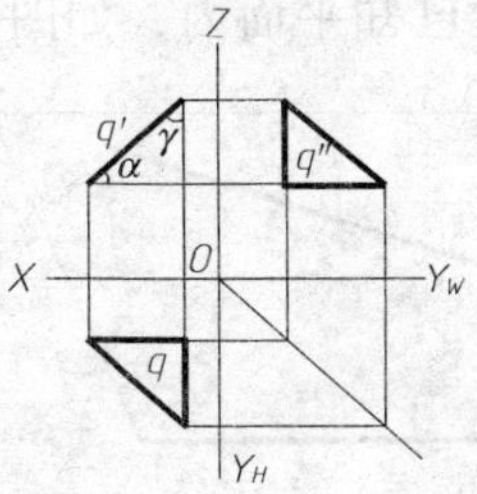	①正面投影 q' 积聚为一条直线并反映对 H 面和 W 面的倾角 α 和 γ；②水平投影 q 和侧面投影 q'' 与原图形类似
铅垂面 (平面 $P \perp H$ 面)	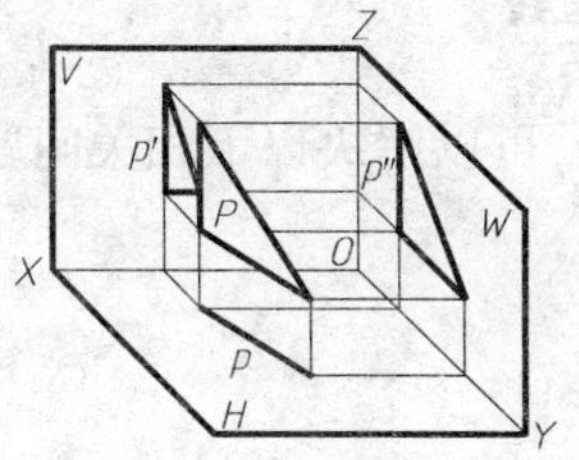	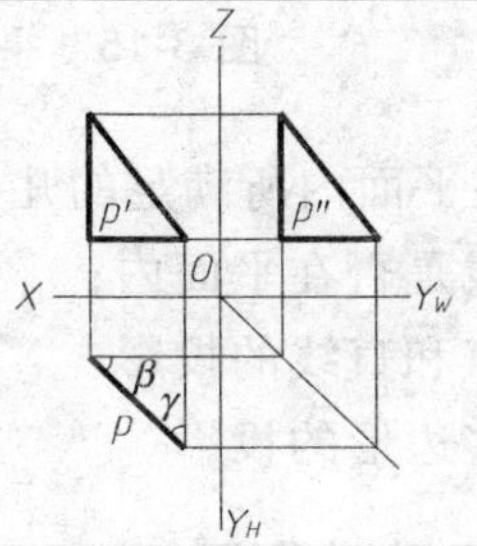	①水平投影 p 积聚为一条直线，并且反映对 V 面和 W 面的倾角 β 和 γ；②正面投影 p' 和侧面投影 q'' 与原图形类似
侧垂面 (平面 $R \perp W$ 面)	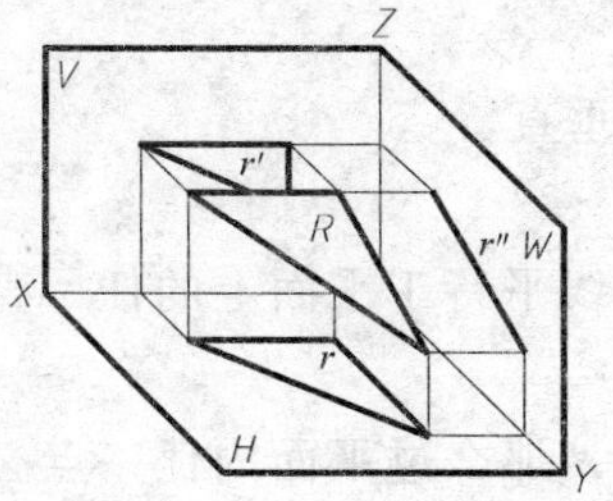	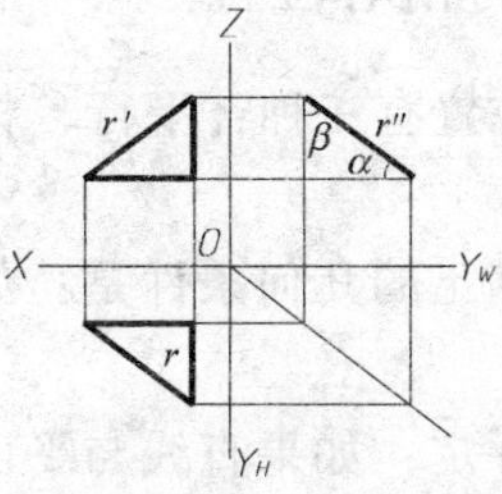	①侧面投影 r'' 积聚为一条直线，并且反映对 H 面和 V 面的倾角 α 和 β；②正面投影 r' 和水平投影 r 都与原图形类似

三、平面内的点和直线

判断点在平面内，应该满足的几何条件是：如果点在已知平面内的一条直线上，那么该点一定在平面上。所以，在平面内取点，应该在属于该平面内的已知直线上去取，如图 3-14 所示。

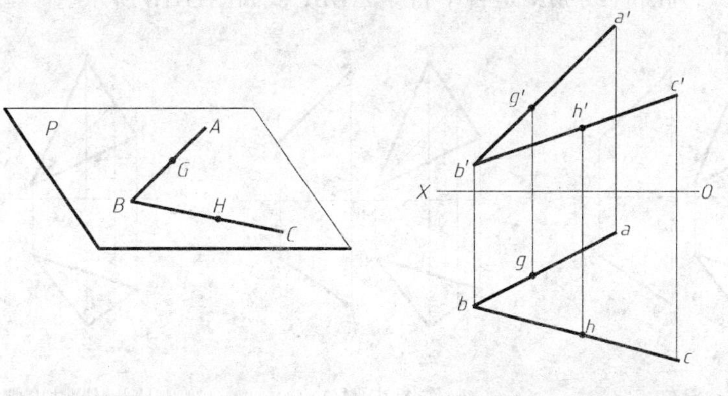

(a)平面上点的直观图　　(b)平面上点的投影图

图 3-14　点在平面内

判断直线在平面内，应该满足的几何条件是：如果直线通过已知平面内的两点，那么该直线必定在已知平面内；如果直线通过已知平面内一点，并且平行于已知平面内的一条直线，那么该直线在已知平面内，如图 3-15 所示。

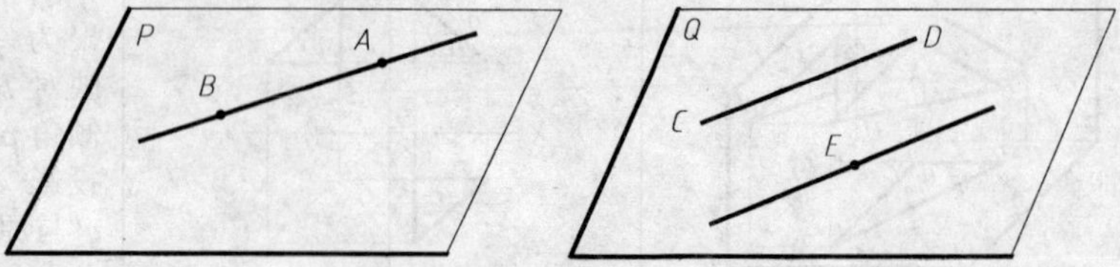

图 3-15　平面上的直线

根据以上点和直线在平面内所满足的几何条件，可以解决以下相关问题：

(1)判断已知点、直线是否在平面内；

(2)求出已知平面上点和直线的投影；

(3)在投影图上完成多边形的投影。

四、直线与平面的相对位置

直线与平面的相对位置有三种：平行、相交和垂直。

(一)平行

直线与平面平行所满足的几何条件是：如果直线平行于平面上的任一直线，那么直线与平面平行。

直线与平面平行的评定：如果直线与平面平行，那么过平面内任一点必能在平面内作一条直线平行于已知直线。

直线与平面平行所遇到的作图问题有：

(1)判断已知直线与平面是否平行；

(2)求作一条直线与已知平面平行；

(3)求作一个平面与已知直线平行。

【例 3-4】　判断直线 *MN* 是否平行于△*ABC*，如图 3-16 所示。

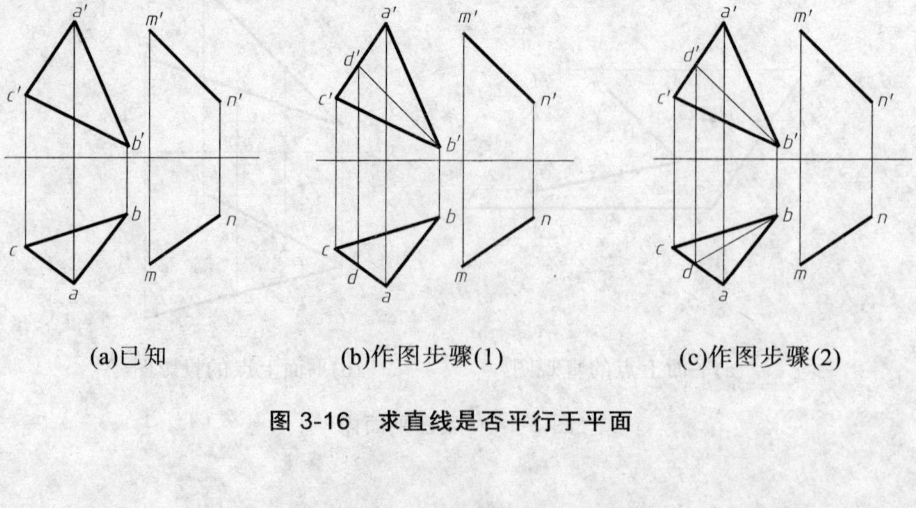

(a)已知　(b)作图步骤(1)　(c)作图步骤(2)

图 3-16　求直线是否平行于平面

【作图步骤】

(1)过 b'点作 $b'd' \parallel m'n'$交 $a'c'$于 d'点，过 d'点往下作 OX 轴的垂线交 ac 于 d 点；

(2)连接 bd，由图中可见，$bd \parallel mn$，所以直线 $MN \parallel \triangle ABC$。

(二)相交

直线与平面相交，必有一个交点。这个交点既是直线与平面的公共点，又是直线与平面可见与不可见的分界点，如图 3-17 所示。

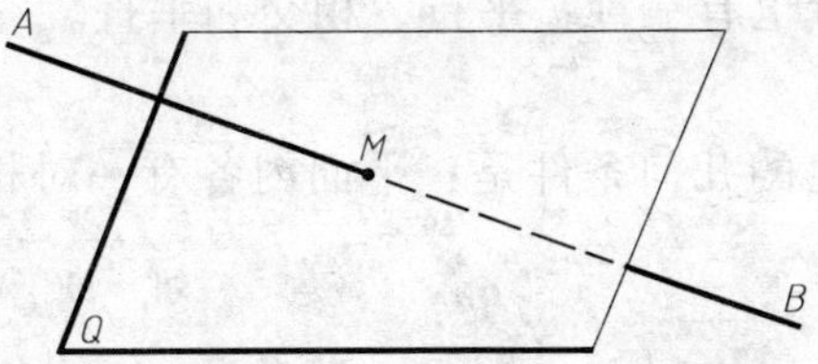

图 3-17　求直线与平面相交

直线与平面交点的求法有以下几种：

(1)积聚投影法：当直线或平面有积聚投影时，利用积聚投影来求交点；

(2)辅助平面法：当直线或平面有积聚投影时，利用辅助平面来求交点；

(3)辅助直线法：利用交点位于平面内的一条直线上来作图，该直线叫做辅助直线。

在判断直线与平面相交的重影部分的可见性时，须假设该平面是不透明的。重影部分的直线以交点为界，如果一段被平面所遮挡就是不可见的，不可见的直线的投影用虚线来表示。判断方法有：可以直接观察直线或平面投影的积聚性来判断重影部分可见与不可见，也可以利用直线或平面投影的重影点的可见性来判断。

(三)垂直

直线与平面垂直所满足的几何条件是：如果直线垂直于平面内的一对相交直线，那么直线垂直于平面；反之，如果直线垂直于平面，那么该直线必定垂直于平面内的一切直线。

【例 3-5】　过点 A 作水平线 AB 垂直于平面 Q，如图 3-18 所示。

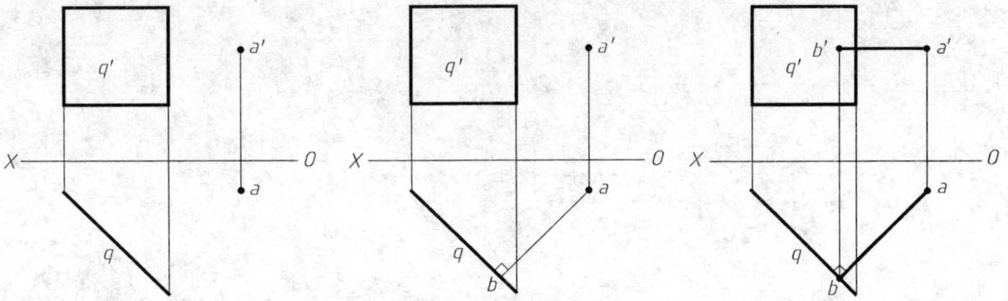

(a)已知　(b)作图步骤(1)　(c)作图步骤(2)

图 3-18　求直线与平面垂直

【作图步骤】

(1)过 a 点作 $ab \perp q$ 交 q 于 b 点，如图 3-18(b)所示；

(2)由 b 往上作 OX 轴的垂线交过 a'点所作 OX 轴的平行线 $a'b'$于 b'点，如图 3-18(c)所示，则 ab 和 $a'b'$就是所求作的直线。

五、平面与平面的相对位置

平面与平面的相对位置也有三种：平行、相交和垂直。

(一)平行

平面与平面平行所满足的几何条件是：平面内各有一对相交直线分别对应平行，则平面与平面平行。

(二)相交

两平面相交就有一条交线，两平面的交线是两平面共有的直线。求交线时，可以先求出交线上的两点，再连接而得交线；也可以求出一点后，再定出交线的方向，利用方向来定出交线的位置。具体两平面相交，交线的求法与直线与平面相交求交点的求法是一致的。

(三)垂直

平面与平面垂直所满足的几何条件是：如果一条直线垂直于一个平面，那么包含此直线的所有平面都垂直于该平面。

如果是两特殊位置的平面(投影面平行面或投影面垂直面)互相垂直，那么它们具有积聚性的同面投影应当互相垂直。

第四章　曲线和工程曲面

本章导读

本章介绍曲线及工程上常用曲面，如柱面、锥面、柱状面、锥状面、单叶回转双曲面、双曲抛物面、螺旋面的形成及其投影图的画法。通过本章的学习，为包含有曲线和曲面的工程形体的绘制和识图打好基础。

第一节　曲　线

一、曲线的形成和分类

曲线可以看做是一个动点在运动过程中连续改变其动力方向所形成的轨迹，如图 4-1(a)所示圆的渐开线。曲线也可以是两个面(平面与曲面或曲面与曲面)的交线，如图 4-1(b)所示。

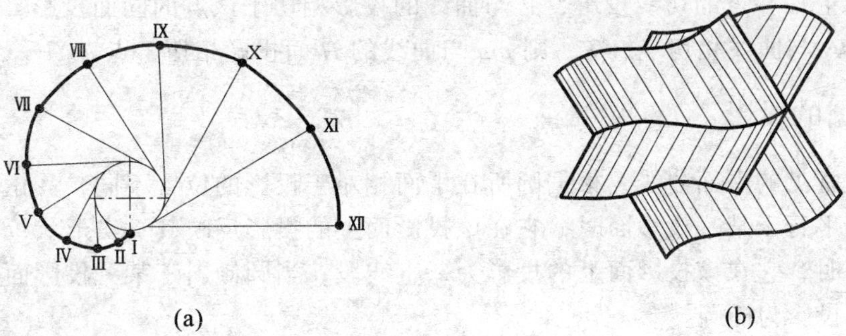

图 4-1　曲线的形成

根据曲线上各点的相对位置，曲线可分为平面曲线和空间曲线两大类。

(1)平面曲线：曲线上所有点都在同一平面内的曲线，如圆、椭圆、抛物线和双曲线。

(2)空间曲线：曲线上任意连续 4 个点不在同一平面内的曲线，如圆柱螺旋线。

二、曲线的投影特性

在一般情况下，曲线至少需要两个投影才能确定在空间的形状和位置。按照曲线形成的方法，依次求出曲线上一系列点的各面投影，这些一般选择曲线上特殊点(如极限点、分界点等)，然后把各点的投影用平滑曲线连接即得该曲线的投影。

(一)曲线的投影一般仍为曲线

因为通过曲线上各点的投射线形成一个垂直于投影面的曲面，该曲面与投影面的交线为曲线，如图 4-2(a)所示。

(二)平面曲线的投影一般仍为曲线

如椭圆的投影一般仍为椭圆，抛物线的投影一般仍为抛物线等。只有当平面曲线所在的平面垂直于某一投影面时，曲线在该投影面上的投影才积聚成一条直线，如图 4-2(b)所示。当平面曲线所在的平面平行于某一投影面时，曲线在该投影面上的投影反映其真实形状，如图 4-2(c)所示。

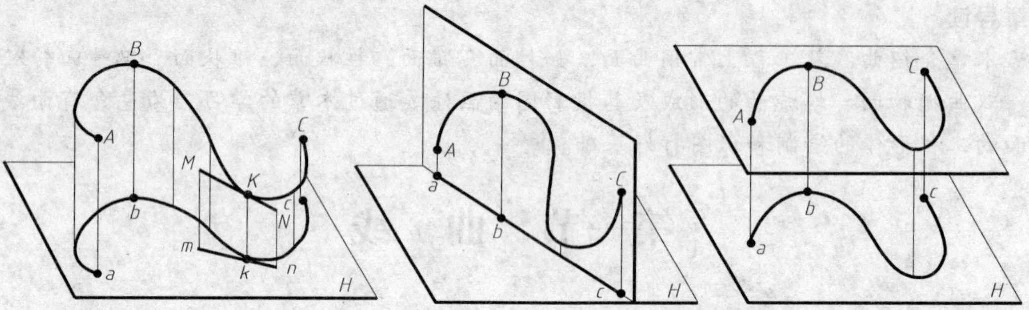

(a)　　(b)　　(c)

图 4-2　曲线的投影特性

(三)曲线上点的投影在曲线的同面投影上

过曲线上任一点的切线投影，必与曲线的投影相切于该点的同面投影，如图 4-2(a)中的直线 *MN* 与曲线相切于点 *K*，则 *mn* 与曲线的 *H* 面投影相切于点 *k*。

三、圆的投影

圆是最常见的平面曲线，根据圆所在平面相对于投影的位置不同，其正投影有三种情况：当圆平行于某一投影面时，它在该投影面上的投影反映其真实形状；当圆垂直于某一投影面时，它在该投影面上的投影为一直线段；当圆倾斜于某一投影面时，它在该投影面上的投影为椭圆。

在图 4-3(a)中，圆 *O* 所在的平面是一正垂面，对 *H* 面的倾角为 α，该圆在 *V* 面上的

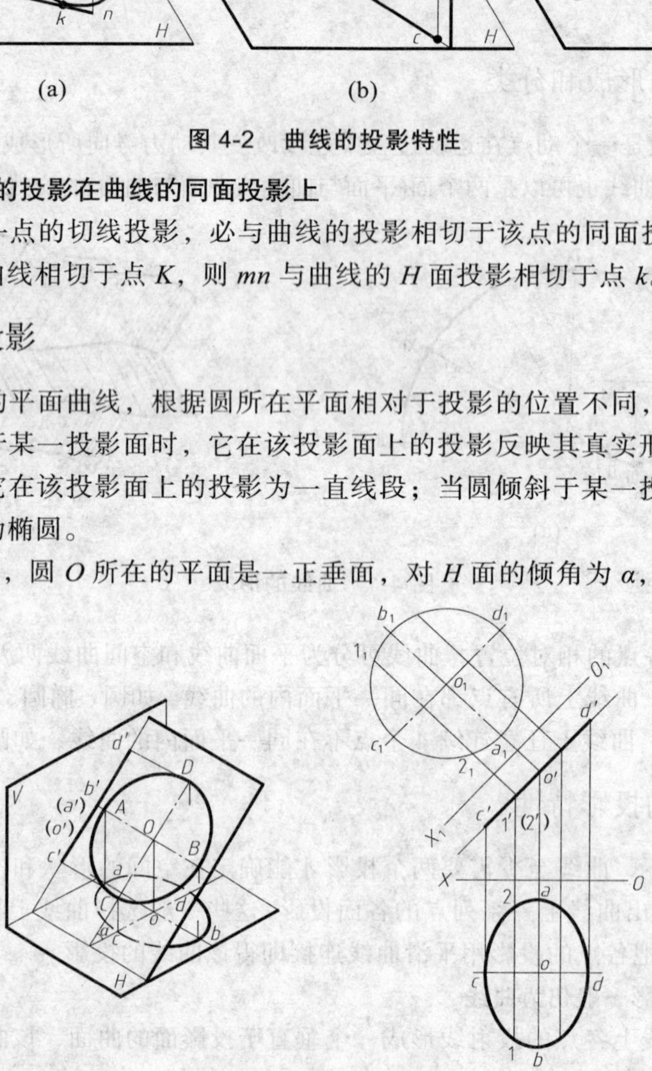

(a)　　(b)

图 4-3　圆的投影

投影为一直线段；在 H 面上的投影为椭圆。椭圆的中心为圆心 O 的水平投影；椭圆的长轴 ab 是圆内垂直于 V 面的直径 AB 的水平投影，所以 $ab=AB$；椭圆的短轴 $cd\perp ab$，是圆内平行于 V 面的直径 CD 的水平投影，因为 CD 为平面内对 H 面的一条最大斜度线，其水平投影 cd 比圆内所有其他直径的水平投影短。

由此可知，当圆在某一投影面上的投影为椭圆时，则椭圆的中心即为圆心在该投影面上的投影；椭圆的长轴是圆内平行于该投影面的直径的投影，其长度等于圆的直径；椭圆的短轴是圆内对该投影面的最大斜度线方向的直径的投影，长度由作图决定。

作图方法如图 4-3(b)所示：当正垂面上半径为 R 的圆 O，其圆心的两面投影及圆的正面投影作出之后，在作水平投影的椭圆时，先过圆心的水平投影 o 作一竖直线，它是圆内垂直于 V 面的直径 AB 的水平投影方向，在此竖直线上点 o 的两侧分别截取 $oa=ob=R$，ab 为椭圆的长轴；再过圆心 O 作水平线，它是圆内对 H 面的最大斜度线的水平投影方向，由 $c'd'$ 定出 cd，cd 为椭圆的短轴。

椭圆的长短轴作出以后，就可以利用几何作图方法作出椭圆，也可以利用辅助投影画出圆的实形，然后作出圆上一些点的水平投影，依次和长短轴的端点连成椭圆。

四、圆柱螺旋线

一动点在正圆柱表面上绕其轴线做等速回转运动，同时又沿轴向上做等速直线移动，该动点的轨迹称为圆柱螺旋线，如图 4-4 所示。圆柱面的轴线即为螺旋线的轴线，其直径即为螺旋线的直径。

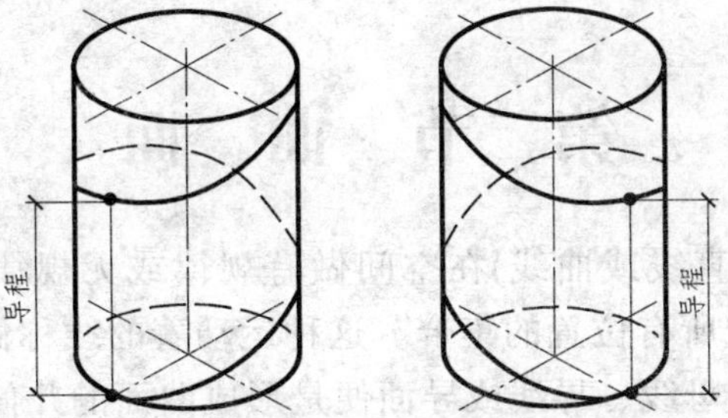

(a)右螺旋线　(b)左螺旋线

图 4-4　圆柱螺旋线的形成

动点旋转一周，其沿轴向上升的高度称为导程，用 S 表示。根据动点旋转方向，螺旋线可分为右螺旋线和左螺旋线两种。当圆柱轴线为铅垂线时，若螺旋线的可见部分自左向右上升，则称为右圆柱螺旋线，如图 4-4(a)所示；若自右向左上升，则称为左圆柱螺旋线，如图 4-4(b)所示。螺旋线的旋转方向称旋向。

圆柱螺旋线的直径、导程、旋向是决定其形状的基本要素。根据圆柱螺旋线的这些要素和点的运动规律，即可画出它的投影。如图 4-5 所示，设圆柱螺旋线的轴线垂直于 H 面，作直径为 D、导程为 S 的右旋圆柱螺旋线的两面投影，其步骤如下：

(1)作一轴线垂直于 H 面、直径为 D、高度为 S 的圆柱两面投影，如图 4-5(a)所示。

(2)将水平投影圆周和导程分为相等的等份(通常为 12 等份)，如图 4-5(b)所示。

(3)由圆周上各等分点向上作垂直线，与由导程上相应的各等分点所作的水平直线相交，得螺旋线上各点的 V 面投影 1′、2′、3′等。

(4)依次平滑地连接各点，即得到圆柱螺旋线的正面投影，其水平投影重合于圆周上，如图 4-5(c)所示。

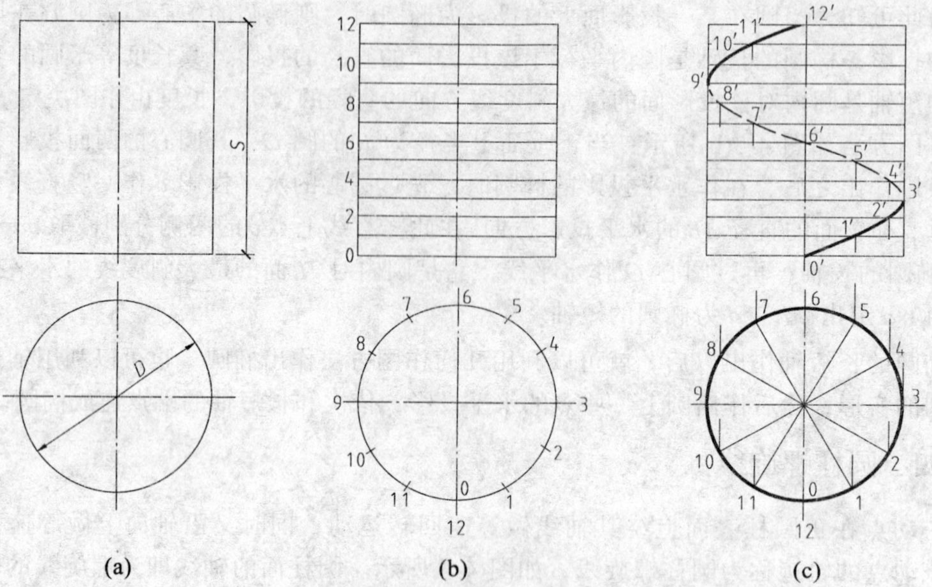

图 4-5　圆柱螺旋线的画法

第二节　曲　面

曲面可以看成是线(直线或曲线)在空间做有规律或无规律的连续运动所形成的轨迹，或者说曲面是运动线所有位置的集合。这种运动着的线称做母线，控制母线运动的线或面称为导线或导面，母线、导线或导面便是形成曲面的几何要素。

由直母线运动形成的曲面称为直纹曲面，由曲母线运动形成的曲面称为非直纹曲面。母线在运动过程中的每一个位置都是曲面上的线，曲面上任一位置的母线称曲面的素线。

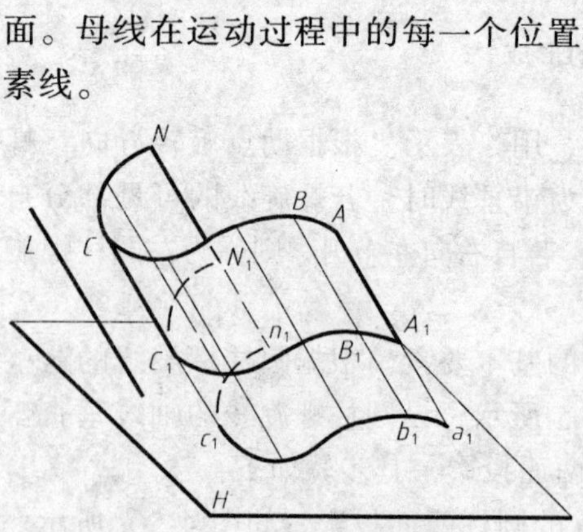

图 4-6　曲面形成与要素

如图4-6 所示，直母线 AA_1 沿着曲导线 $ABCN$ 滑动时，始终平行于直导线 L，即可形成一个直纹曲面。在这个直纹曲面上存在着许许多多的直线(直纹曲面的素线)。

同一个曲面可能由几种不同的运动形式形成，例如图 4-7 所示的正圆柱：图(a)是直线绕着与它平行的轴线做旋转运动，图(b)是铅垂线沿着水平圆滑动，图(c)是水平圆沿着铅垂方向平行移动。

曲面的种类繁多，下面主要介绍工程上常用

的直纹曲面的形成和它们的图示方法。

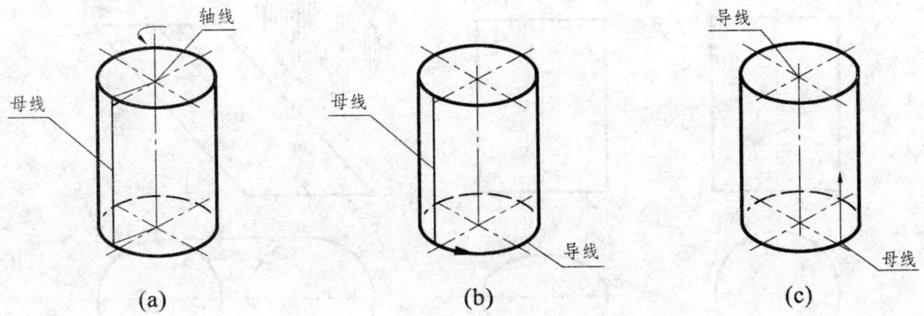

图 4-7　正圆柱形成的不同形式

一、柱面

由直母线 AA_1 沿着一曲导线 $ABCD$，且始终平行于另一直导线 L 运动而形成的曲面，称之为柱面，如图 4-8(a)所示。

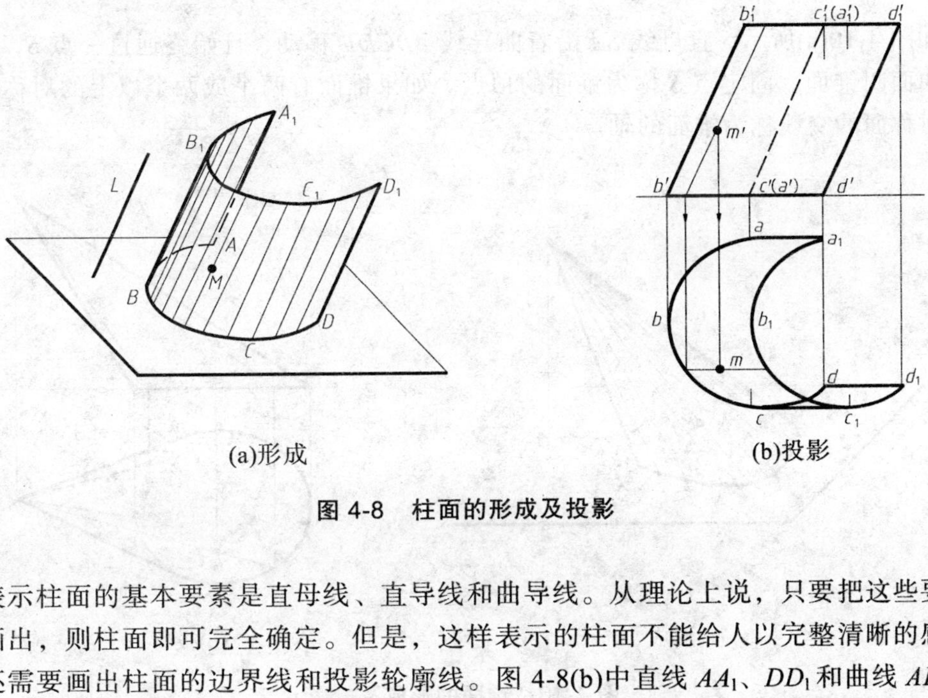

图 4-8　柱面的形成及投影

表示柱面的基本要素是直母线、直导线和曲导线。从理论上说，只要把这些要素的投影画出，则柱面即可完全确定。但是，这样表示的柱面不能给人以完整清晰的感觉，因此还需要画出柱面的边界线和投影轮廓线。图 4-8(b)中直线 AA_1、DD_1 和曲线 $ABCD$、$A_1B_1C_1D_1$ 都是柱面的边界线，需要画出全部投影；而 BB_1 是柱面正面投影的轮廓线，只需画出正面投影；CC_1 是柱面水平投影的轮廓线，只需画出水平投影。导线 L 的投影可以不画。

在图 4-8(b)中还表示了柱面上画点的作图方法。例如，已知柱面上点 M 的正面投影 m'，则利用柱面上的素线为辅助线可以求出它的水平投影 m。

图 4-9 给出了常见的 3 种柱体，它们的侧面都是柱面，底面是圆或椭圆。根据底面的形状分别称它们为正圆柱、正椭圆柱和斜圆柱(斜圆柱的正截面是椭圆)。

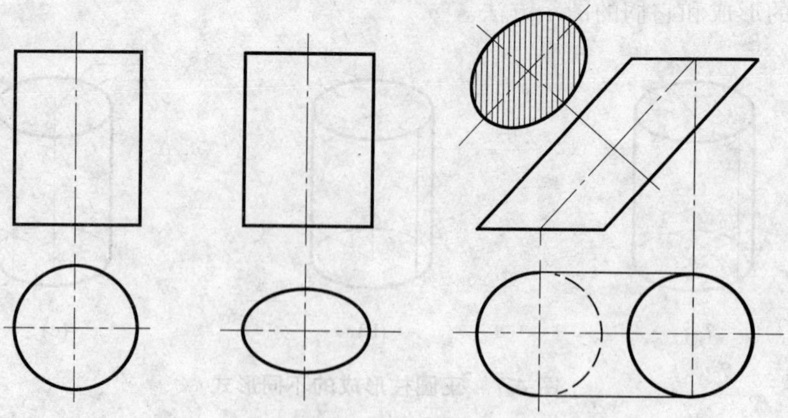

(a)正圆柱 (b)正椭圆柱 (c)斜圆柱

图 4-9 各种柱体

二、锥面

如图 4-10(a)所示，直母线 *SA* 沿着曲导线 *ABCDE* 移动，且始终通过一点 *S*，这样形成的曲面叫锥面。固定点 *S* 称为锥面的顶点。如果锥面有两个或两个以上的对称面，则两个对称面的交线称为锥面的轴。

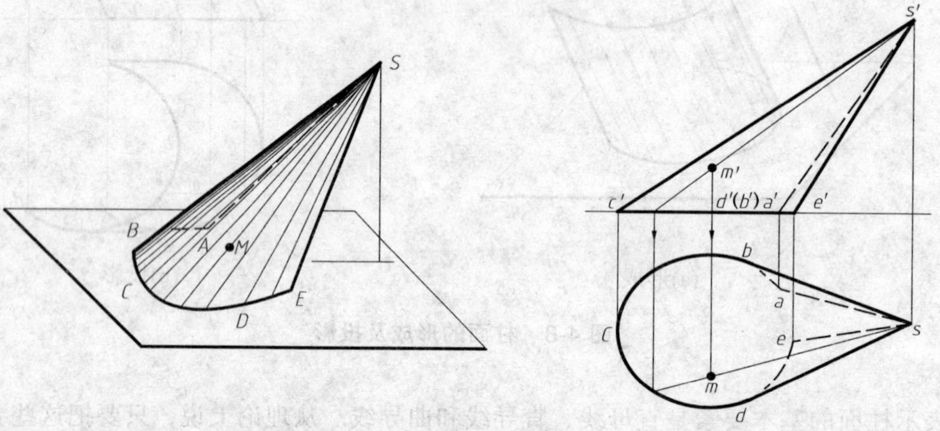

(a)形成 (b)投影

图 4-10 锥面的形成及投影

画锥面的投影时，必须画出锥顶 *S* 及导线 *ABCDE* 的投影，此外还需要画出锥面的边界线 *SA* 和 *SE* 的投影以及正面投影轮廓线 *SC* 的正面投影和水平投影轮廓线 *SB*、*SD* 的水平投影，如图 4-10(b)所示。图 4-10 中还表明了以素线(过锥顶的直线)为辅助线在锥面上画点的方法。

锥面导线一般为平面曲线，图 4-11 中给出了常见的 3 种锥体，根据底面的形状分别称它们为正圆锥、正椭圆锥和斜圆锥(斜圆锥的正截面是椭圆)。

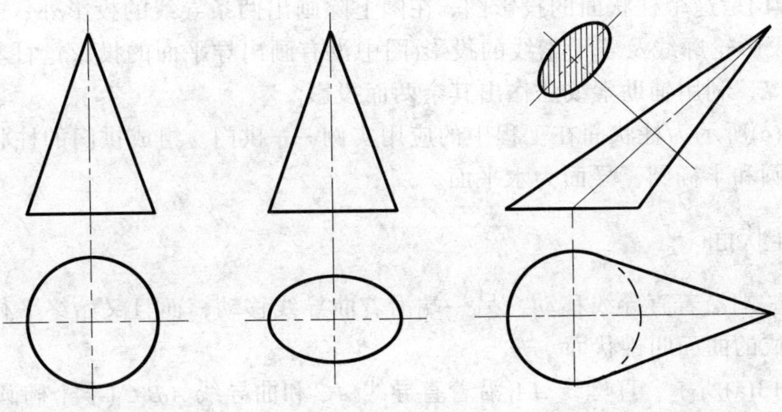

(a)正圆锥　(b)正椭圆锥　(c)斜圆锥

图 4-11　各种锥体

三、柱状面

如图 4-12(a)所示，直母线沿着两条曲导线移动，且又始终平行于一个导平面，这样形成的曲面叫柱状面。

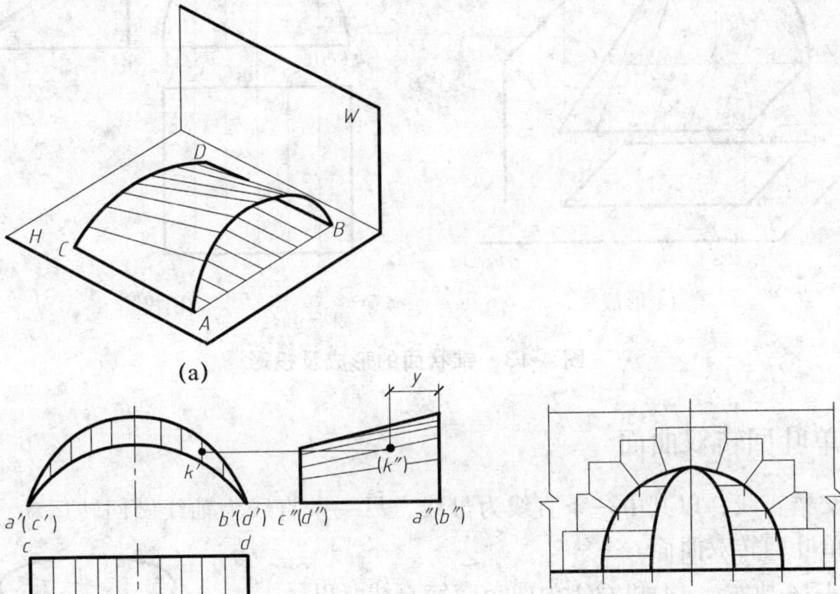

(a)　(b)　(c)

图 4-12　柱状面的形成及投影

可以看出，柱状面上相邻的素线都是交错直线，这些素线又都平行于侧平面，都是侧平线，因此它们的水平投影和正面投影都相互平行，侧面投影不平行。

图 4-12(b)是这个柱状面的投影图，在图上除画出两条导线的投影外，还画出了曲面的边界线、投影轮廓线及若干素线的投影(图中没有画出导平面的投影)。柱状面上一点 K 的 H 面投影 k，利用辅助素线法作出其余两面投影。

图 4-12(c)所示为柱状面在工程中的应用实例——拱门。组成拱门的柱状面的两曲导线分别是半圆和半椭圆，导面为水平面。

四、锥状面

直母线一端沿着直导线移动，另一端沿着曲导线移动，而且又始终平行于一个导平面，这样形成的曲面叫锥状面。

如图 4-13(a)所示，直母线 AA_1 沿着直导线 AC 和曲导线 $A_1B_1C_1$(半个椭圆)移动，且始终平行于导平面 P(侧平面)，即可形成一个锥状面。

在这个锥状面上，相邻的素线都是交错直线，所有的素线都是侧平线，它们的水平投影和正面投影都互相平行，侧面投影都相交。图 4-13(b)是这个锥状面的投影图，图中没有画出导平面。

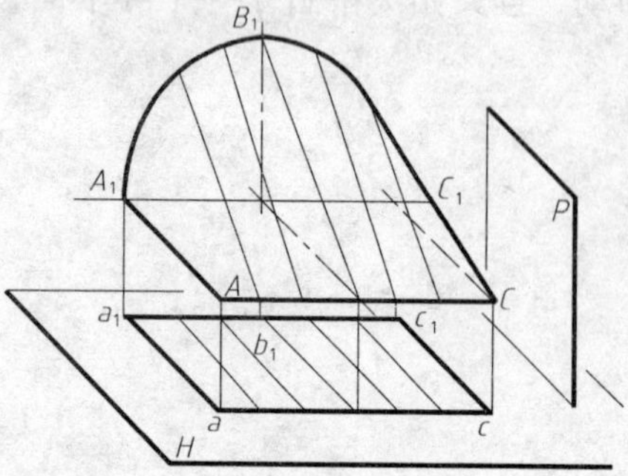

(a)形成

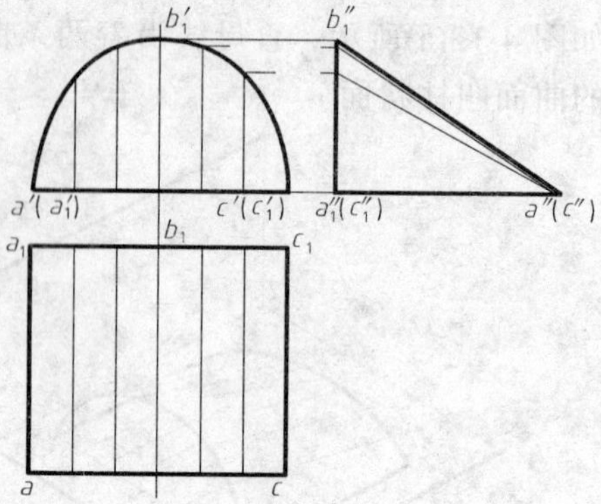

(b)投影

图 4-13　锥状面的形成及投影

五、单叶回转双曲面

两条交错直线，以其中一条直线为母线、另一条直线为轴线做回转运动，这样形成的曲面叫单叶回转双曲面。

如图 4-14 所示，AA_1 和 OO_1 为两条交错直线，以 AA_1 为母线、OO_1 为轴线做回转运动，即可形成一个单叶回转双曲面。

在回转过程中，母线上各点运动的轨迹都是纬圆(位于与轴线垂直的平面上)，纬圆的大小取决于母线上的点到轴线的距离。母线上距离轴线最近的点形成了曲面上最小的纬圆，称为喉圆。

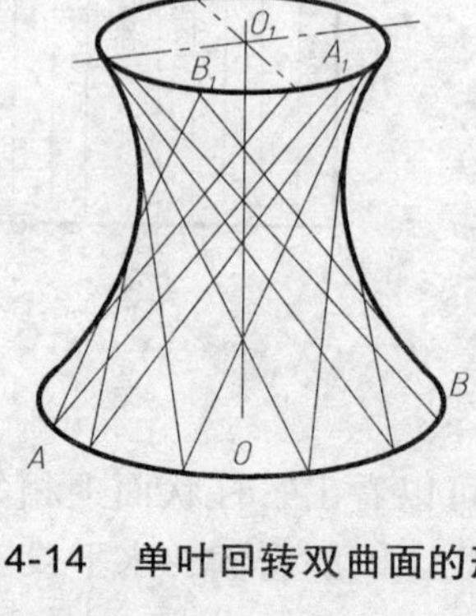

图 4-14　单叶回转双曲面的形成

从图 4-14 中可以看出，如果把母线 AA_1 换到对称的

BB_1位置上，那么这两个母线做回转运动时形成的是同一个单叶回转双曲面。可见，在单叶回转双曲面上存在着两族素线，同一族素线都是交错直线，不同族素线都是相交直线。

画单叶回转双曲面的投影，同样要求画出边界线的投影和轮廓线的投影。

图 4-15(a)给出了单叶回转双曲面的母线 AA_1 和轴线 OO_1。

图 4-15(b)表明了投影图的画法——素线法，作图步骤如下：

(1)作出母线 AA_1 和轴线 OO_1 的两面投影；

(2)作出母线 AA_1 的两端点绕轴线 OO_1 回转形成的两个边界圆的两面投影；

(3)在水平投影上，自点 a 和点 a_1 起把两个边界圆作相同等分(图中为 12 等分)，得等分点 1，2，…，12 和 1_1，2_1，…，12_1，向上引联系线，在正面投影上得等分点 1′，2′，…，12′和 $1_1'$，$2_1'$，…，$12_1'$；

(4)在水平投影上连素线 1 1_1，2 2_1，…，12 12_1，并以点 O 为圆心作圆与各素线相切，得喉圆的水平投影；

(5)在正面投影上连素线 1′ $1_1'$，2′ $2_1'$，…，12′ $12_1'$，并且画出与各素线相切的曲线(包络线)，得轮廓线的正面投影(为双曲线)。

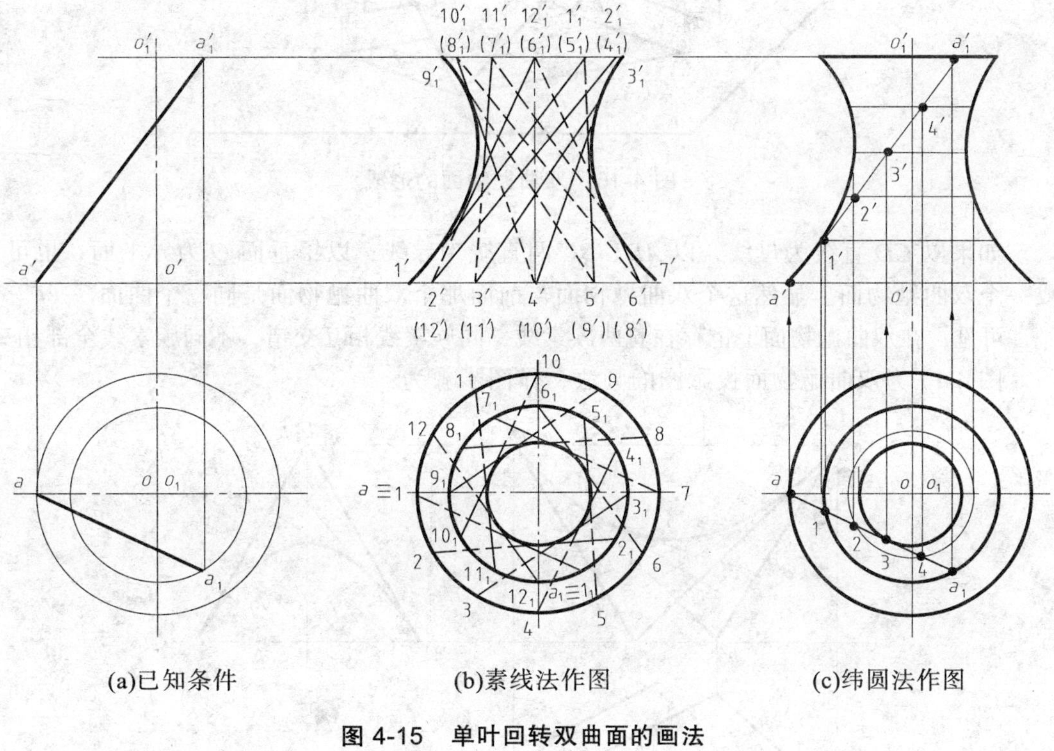

(a)已知条件　　(b)素线法作图　　(c)纬圆法作图

图 4-15　单叶回转双曲面的画法

图 4-15(c)表明了投影图的另一种画法——纬圆法，作图步骤如下：

(1)作出母线 AA_1 和轴线 OO_1 的两面投影；

(2)过点 a 和点 a_1 分别作出两个边界圆的水平投影，而后作出它们的正面投影；

(3)在母线 AA_1 上找出与轴线距离最近的点 3，并以点 O 为圆心、$O3$ 为半径画圆，得喉圆的水平投影，而后再作出喉圆的正面投影；

(4)在母线 aa_1 上适当地选定三个点 1、2 和 4，并且过这三个点分别作三个纬圆(先作水平投影再作正面投影)；

(5)根据各纬圆的正面投影作出单叶回转双曲面轮廓线的投影(为双曲线)。

六、双曲抛物面

直母线沿着两条交错的直导线移动，并且始终平行于一个导平面，这样形成的曲面叫双曲抛物面。

如图 4-16 所示，直母线 *AD* 沿着两条交错的直导线 *AB*、*CD* 移动，并且平行于一个导平面 *P*(图中 *P* 为铅垂面)，即可形成一个双曲抛物面。

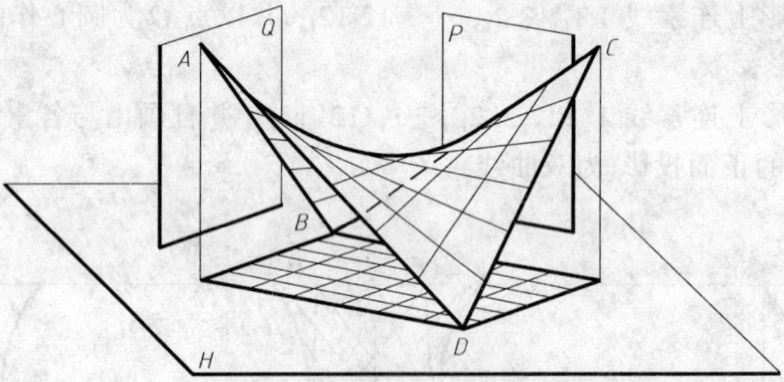

图 4-16　双曲抛物面的形成

如果以 *CD* 直线为母线，以 *AD*、*BC* 两直线为导线，以铅垂面 *Q* 为导平面，也可形成一个双曲抛物面。显然这个双曲抛物面与前面那个双曲抛物面是同一个曲面。

可见，在双曲抛物面上也存在着两族素线，同族素线相互交错，不同族素线全部相交。

图 4-17 为双曲抛物面投影图的画法，作图步骤为：

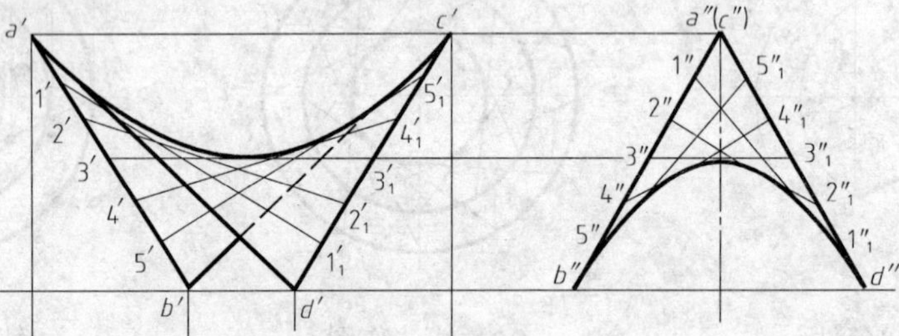

图 4-17　双曲抛物面投影图的画法

(1)画出导平面 P 的水平投影 P_H 以及母线 AD 的三面投影 ad、$a'd'$和 $a''d''$ ($ad /\!/ P_H$)；

(2)画出导线 AB、CD 的三面投影 ab、cd($ab /\!/ cd$、$ab=cd$)，$a'b'$、$c'd'$和 $a''b''$、$c''d''$；

(3)把两条导线作相同的等分(图中为 6 等分)，得等分点的各个投影 1, 2, …, 5, 1′, 2′, …, 5′和 1″，2″，…，5″以及 1_1，2_1，…，5_1，$1_1'$，$2_1'$，…，$5_1'$和 $1_1''$，$2_1''$，…，$5_1''$；

(4)连线 ad，1 1_1，2 2_1，…，5 5_1，bc 和 $a'd'$，$1'1_1'$，$2'2_1'$，…，$5'5_1'$，$b'c'$及 $a''d''$，$1''1_1''$，$2''2_1''$，…，$5''5_1''$，$b''c''$，作出边界线和素线的三面投影；

(5)在正面投影上和侧面投影上，分别作出与各素线都相切的包络线(均为抛物线)，完成曲面轮廓线的投影。

七、正螺旋面

(一)正螺旋面

正螺旋面是由直母线沿着两曲导线(均为圆柱螺旋线)连续运动，并始终平行于一与圆柱螺旋线轴线垂直的导平面所形成的曲面，如图 4-18(a)所示。

正螺旋面的投影作图方法如图 4-18(b)所示：先画出圆柱螺旋线的水平投影和其轴线的投影，再将圆柱螺旋线分成若干等份(本图分为 12 等份)，在每一等分处画出一条素线的水平投影和正面投影，最后用一条光滑的曲线把每一条素线远端点的正面投影顺序连接，从而完成正螺旋面的投影图。

图 4-18(c)为正螺旋面被一同轴的小圆柱所截后的投影图。

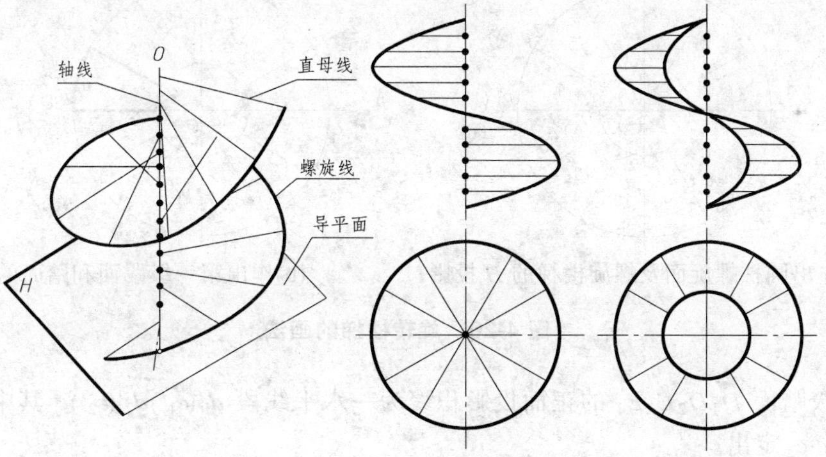

(a)形成　(b)投影　(c)投影

图 4-18　正螺旋面

(二)正螺旋面的应用

正螺旋面在工程中应用较多，如楼梯的设计。图 4-19 所示为旋转楼梯投影图的画法。

(1)根据内外圆柱的半径、螺距以及梯级数，画出正螺旋面的两面投影(见图 4-20(a))。把正螺旋面的水平投影圆分成 12 等份，每一等份就是旋转楼梯上一个踏面的水平投影。

如 $b_1b_2(c_2)(c_1)$为第一级踏面 $B_1B_2C_2C_1$ 的水平投影。

图 4-19　旋转楼梯

(2)画第一步级的正面投影(见图 4-20(b))。第一级踢面 $A_1A_2B_2B_1$ 的水平投影积聚为一水平线段 $b_2(a_2)b_1(a_1)$，踢面的底线 A_1A_2 是平螺旋面的一根素线，求出其正面投影 $a_1'a_2'$，过 a_1'和 a_2'分别向上画一竖直线，截取一个踢面的高度，得 b_1'和 b_2'。连 $b_1'b_2'$，矩形 $a_1'a_2'b_2'b_1'$就是第一级踢面的正面投影。

第一级踏面 $B_1B_2C_2C_1$ 的正面投影积聚为一水平线段 $b_1'(c_1')b_2'(c_2')$，其中 $c_1'c_2'$是第二级踢面 $D_1D_2C_2C_1$，底线 C_1C_2 的正面投影。

(3)画第二步级的正面投影(见图 4-20(c))。过点 c_1'和点 c_2'分别向上画一竖直线，截取一个踢面的高度，得点 d_1'和d_2'。矩形 $c_1'c_2'd_2'd_1'$就是第二级踢面 $C_1C_2D_2D_1$ 的正面投影。

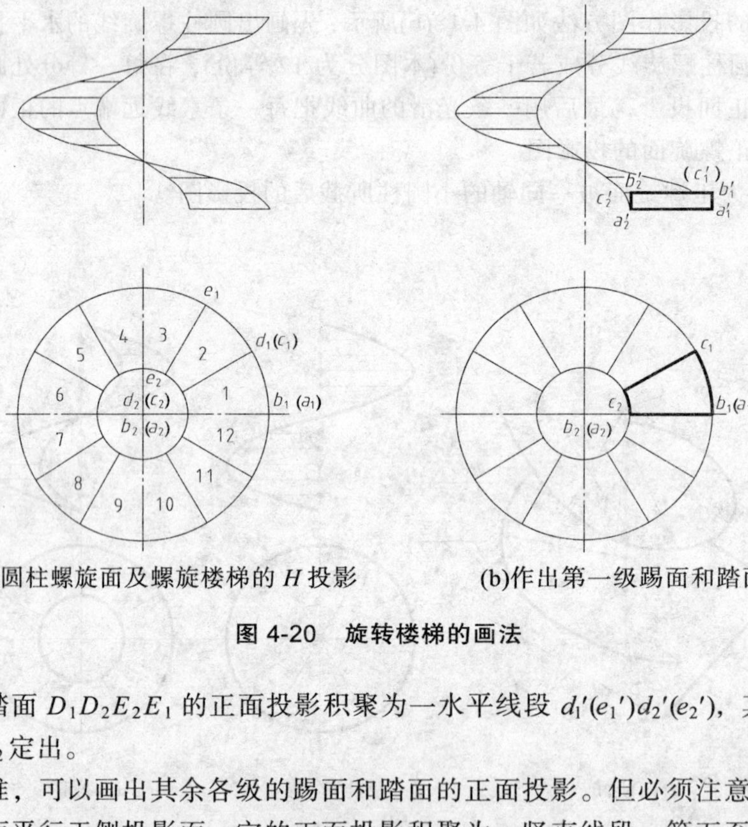

(a)作出圆柱螺旋面及螺旋楼梯的 H 投影　　(b)作出第一级踢面和踏面的投影

图 4-20　旋转楼梯的画法

第二级踏面 $D_1D_2E_2E_1$ 的正面投影积聚为一水平线段 $d_1'(e_1')d_2'(e_2')$，其中 $e_1'e_2'$可由水平投影 e_1e_2 定出。

如此类推，可以画出其余各级的踢面和踏面的正面投影。但必须注意的是，第四级和第十级踢面平行于侧投影面，它的正面投影积聚为一竖直线段。第五至第九的踢面，由于被旋转楼梯本身所遮挡，它们的正面投影不可见。

(4)画旋转楼梯底面的投影(见图 4-20(d))。梯板底面也是一个正螺旋面，其形状和大小与形成梯级的正螺旋面完全一样，只是在竖直方向上相差一梯板沿竖直方向的厚度。梯板底面的水平投影与各梯级的水平投影重合，正面投影将梯级螺旋面上各点沿竖直方向向下平移一个梯板的厚度即可。

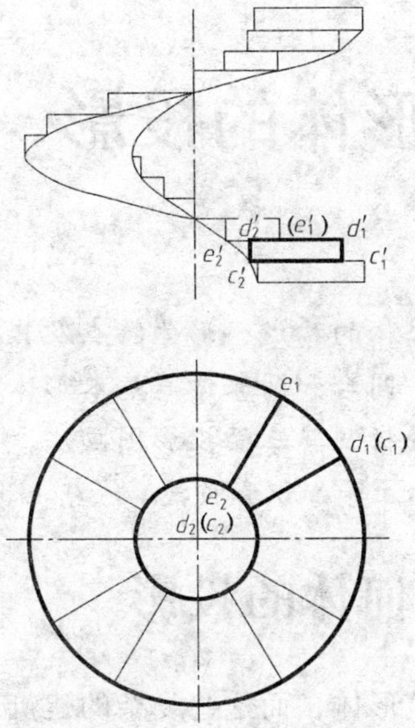

(c)作出第二级踢面和踏面的投影并完成其余各级

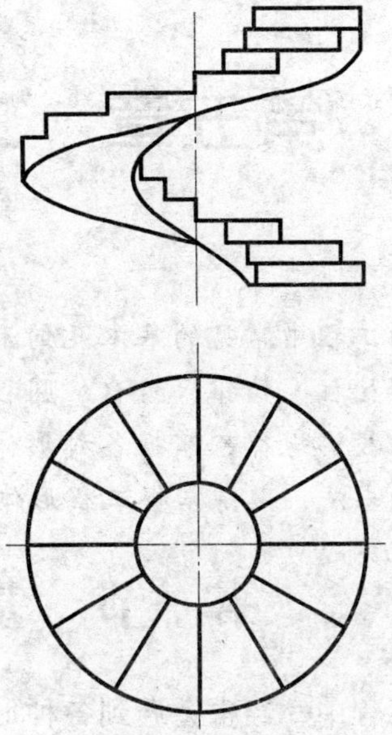

(d)完成螺旋楼梯的投影

续图 4-20

第五章　工程形体的投影

本章导读

本章介绍工程中常见的基本几何形体和组合体的构成、形体特点及其投影规律等。要求学生理解棱柱、棱锥、棱台、圆柱、圆锥、圆台和圆球体等基本形体及其变形或组合体的特点及投影规律，掌握各种形体的构成分析及其三面投影图画法，掌握形体表面点和线投影的求法，熟练掌握工程形体的尺寸标注等知识和技能。

第一节　基本几何体的投影

在建筑工程中，经常会遇到各种形状的建筑形体，而这些复杂的建筑形体都是由一些简单的基本几何体组合而成的(见图 5-1)。因此，首先要学习各种基本几何体的投影特点和分析方法。

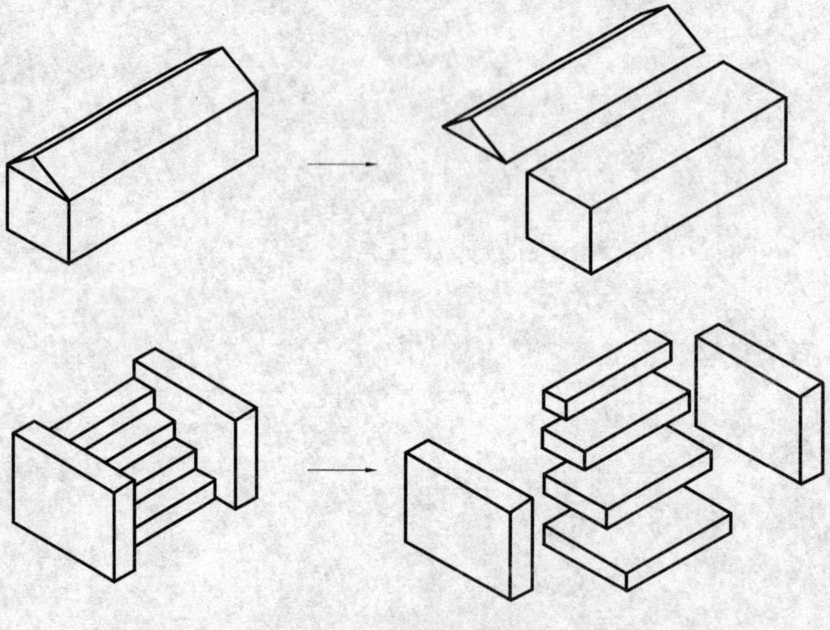

图 5-1　建筑形体分析

几何体按其表面性质的不同可分为平面体和曲面体两种类型。

一、平面体的投影

平面体由若干平面围成。构成平面体的各个平面称为表面，各表面间的交线称为棱线。常见的平面体有棱柱、棱锥和棱台等。棱柱的棱线彼此平行，棱锥的棱线相交于一点。

(一)棱柱

1. 形体特征

棱柱一般由上、下底面和侧面组成。如图 5-2 所示三棱柱，三角形的上、下底面为水平面，左侧面为侧平面，其余两个矩形的侧面为铅垂面。

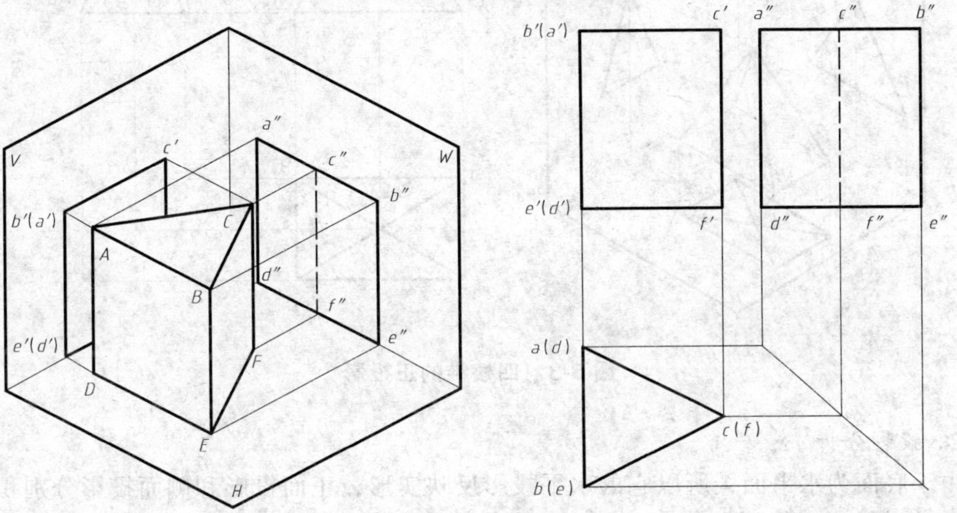

图 5-2　三棱柱的正投影

2. 投影分析

1)*H* 面投影

上、下底面平行于 *H* 面，因此反映实形即三角形。侧面 *ABED* 为侧平面，*BCFE* 和 *ACFD* 都为铅垂面，其 *H* 面投影积聚为直线 *ab*、*bc* 和 *ac*。

2)*V* 面投影

ABC 为水平面，积聚为投影线 *b′c′*。*ABED* 为侧平面，积聚为投影线 *b′e′*。*BCFE* 和 *ACFD* 重合投影形成 *b′c′f′e′*。

3)*W* 面投影

水平面 *ABC* 和 *DEF* 形成积聚性投影 *a″c″b″*和 *d″f″e″*。侧平面 *ABED* 的投影 *a″b″e″d″*反映实形，铅垂面 *BCFE* 和 *ACFD* 的 *W* 面投影为 *c″b″e″f″*和 *a″c″f″d″*。

3. 作图

(1)在 *H* 面上先画出反映棱柱底面实形的三角形。

(2)由点 *a*、*c* 向上作垂线，截得 *e′*(*d′*)*f′*为三棱柱的下底面正投影，并根据三棱柱的高画出三棱柱的 *V* 面投影为一矩形。

(3)在右下方作 45°斜线，由点 *a*、*c*、*b* 向右作水平线，与 45°斜线相交后向上作垂线，并根据高平齐作出三棱柱的 *W* 面投影。

(二)棱锥

1. 形体特征

以四棱锥为例，如图 5-3 所示，它的表面由一个矩形底面和四个侧棱面(等腰三角形)围成，底面与水平投影面平行。

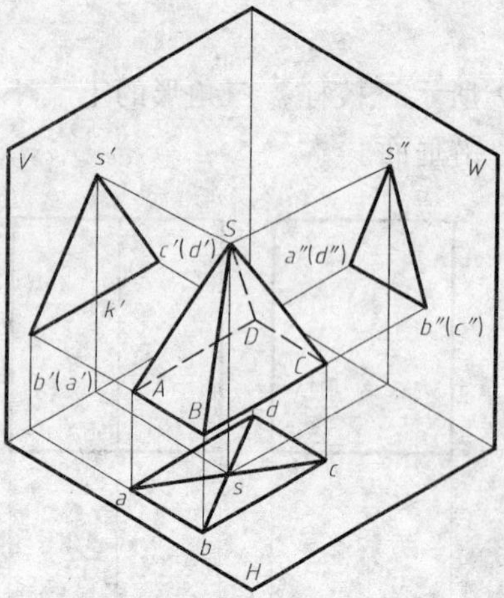

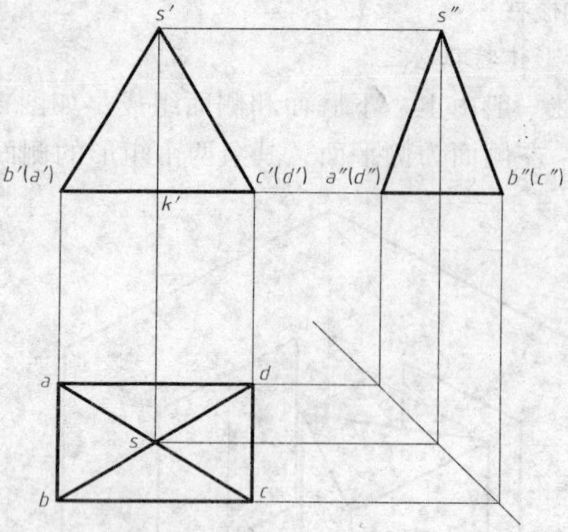

图 5-3　四棱锥的正投影

2. 投影分析

由于底面为水平面，所以它的水平投影反映实形，正面投影和侧面投影分别积聚为直线段 *b'c'* 和 *a"b"*。侧面 *SAD* 和 *SBC* 为侧垂面，它的侧面投影积聚为斜线段 *s"a"* 和 *s"b"*，水平投影分别为三角形 *sad* 和 *sbc*，正面投影二者重合为 *s'b'c'*。侧面 *SAB* 和 *SDC* 均为正垂面，它的正面投影积聚为斜线段 *s'b'* 和 *s'c'*，水平投影分别为三角形 *sba* 和 *scd*，侧面投影二者重合为 *s"b"a"*。

3. 作图

(1)在 *H* 面上先画出反映四棱锥底面实形的矩形，连接对角线 *ac* 和 *bd*，交点 *s* 为棱锥顶点 *S* 的 *H* 面投影。

(2)在 *V* 面上作水平线 *b'c'=ad*，由 *s* 向上作垂线，取 *s'k'* 为四棱锥的高，连 *s'b'* 和 *s'c'*，三角形 *s'b'c'* 即为四棱锥的 *V* 面投影。

(3)根据高平齐、宽相等求出四棱锥的 *W* 面投影为三角形 *s"a"b"*。

(三)平面体表面点和线的投影

1. 棱柱表面上点的投影

【例 5-1】 如图 5-4 所示，已知棱柱表面上点 *M* 的正面投影 *m'*，求作其他两面投影 *m*、*m"*。

【分析】

因为 *m'* 可见，所以点 *M* 必在面 *ABCD* 上。此棱面是铅垂面，其水平投影积聚成一条直线，故点 *M* 的水平投影 *m* 必在此直线上，再根据 *m*、*m'* 即可求出 *m"*。由于 *ABCD* 的侧面投影为可见，故 *m"* 也为可见。

【作图】

在 *H* 投影面上，由 *m'* 作垂线与 *ab* 交于 *m*，*m* 为 *M* 的水平投影；在 *W* 投影面上，由 *m'* 向右作水平线，过 *m* 作水平线交 45°斜线于一点，继续向上作垂线与 *m'* 向右所作的水平线交于 *m"*，*m"* 为 *M* 的侧面投影。

2. 棱锥表面上点的投影

【例 5-2】 如图 5-5 所示，已知正三棱锥表面上点 M 的正面投影 m'，求作 M 点的其余投影。

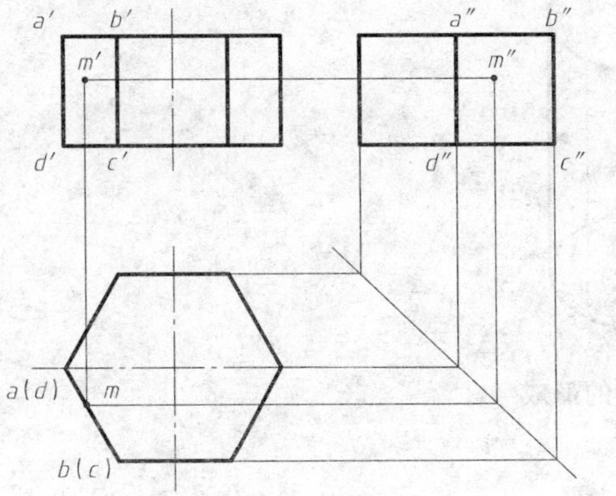

图 5-4　六棱柱表面上点的投影

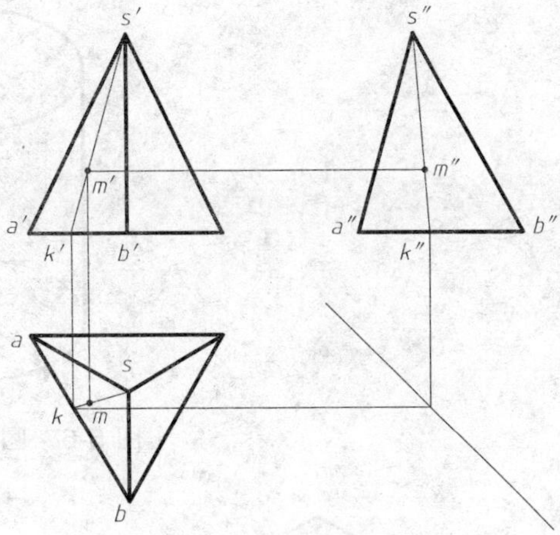

图 5-5　三棱锥表面上点的投影

【分析】

因为 m'所在平面为一般位置平面，没有积聚性可以利用，因此采用辅助线法求其投影。可以在三角形 SAB 中过点 M 及锥顶点 S 作一条直线 SK，使点 K 与三角形的各边发生关联，点 K 成为辅助线上的点，将求面上点的问题转化为求线上点的问题。

【作图】

在 V 投影面上，过点 m'和 s'作辅助线 $s'k'$交 $a'b'$于 k'；在 H 投影面上，过 k'作垂线与 ab 交于 k，连接 sk，直线 sk 为辅助线 SK 的水平投影；在 W 投影面上，过 k 作水平线交 45°斜线于一点，继续向上作垂线交 $a''b''$于 k''，连接 $s''k''$，直线 $s''k''$为辅助线 SK 的侧面投影；由 m'作垂线交 sk 于 m，由 m'向右作水平线交 $s''k''$于 m''，m 和 m''即为所求。

二、曲面体的投影

曲面体的表面由曲面构成或由曲面与平面构成。建筑中常见的曲面体有三种：圆柱体、圆锥体和圆球体。它们均由直线或曲线围绕轴线旋转而成，故称为旋转体。

(一)圆柱

1. 形体特征

圆柱表面由圆柱面和两底面所围成。圆柱面可看做一条直线 AB 围绕与它平行的轴线 OO_1 回转而成的曲面，称为圆柱面，轴线 OO_1 称为回转轴，直线 AB 称为母线。圆柱面上任意一条平行于轴线的直线，称为圆柱面的素线，如图 5-6 所示。

2. 投影分析

画图时，一般常使它的轴线垂直于某个投影面。如图 5-7 所示，圆柱的轴线垂直于水平面，圆柱面上所有素线都是铅垂线，因此圆柱面的水平面投影积聚成为一个圆。圆柱上下两个底面的投影反映实形并与该圆重合。圆柱面的正面投影是一个矩形，是圆柱面前半部与后半部的重合投影，其上下两边分别为上下两底面的积聚性投影，左右两边分别是圆柱最左、最右素线的投影。同理，可对侧面投影中的矩形进行类似的分析。

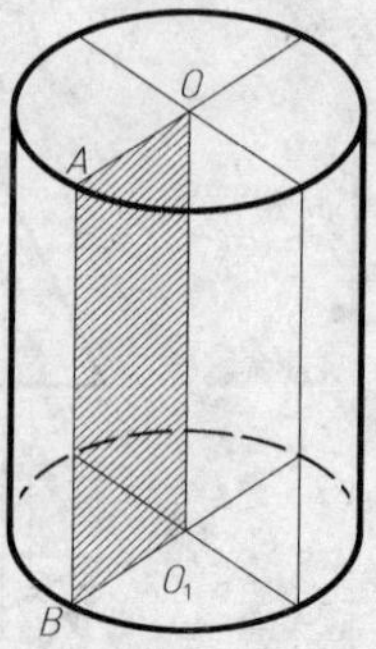

图 5-6　圆柱体的形成

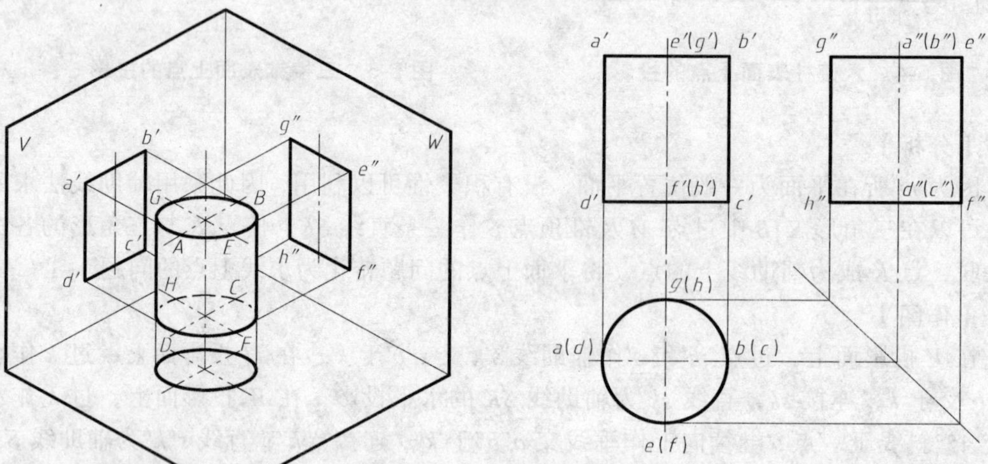

图 5-7　正圆柱体的投影

3. 投影作图

(1)画 H 面投影中心线、V 面和 H 面的投影轴线。

(2)在 H 面上按圆柱的直径画出反映上下底面实形投影的圆。

(3)按三等关系和柱高画出 V 面和 W 面投影，完成作图。

(二)圆锥

1. 形体特征

圆锥表面由圆锥面和底面所围成。如图 5-8 所示，圆锥面可看做是一条直母线 SA 围绕与它相交的轴线 SO 回转而成的。在圆锥面上通过锥顶的任一直线称为圆锥面的素线。

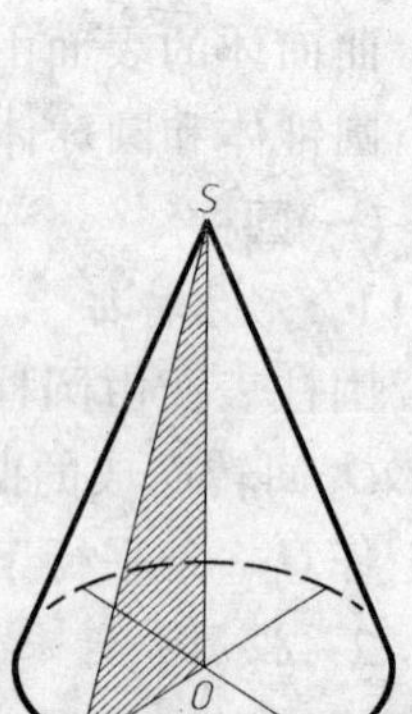

图 5-8　圆锥体的形成

2. 投影分析

画圆锥面的投影时，也常使它的轴线垂直于某一投影面。如图 5-9 所示圆锥的轴线是铅垂线，底面是水平面。圆锥的水平投影为一个圆，反映底面的实形，同时也表示圆锥面的投影。圆锥的正面、侧面投影均为等腰三角形，其底边均为圆锥底面的积聚投影。正面投影中三角形的两腰 $s'a'$、$s'b'$分别表示圆锥面最左、最右轮廓素线 SA、SB 的投影，它们是圆锥面正面投影可见与不可见的分界线。SA、SB 的水平投影 sa、sb 和横向中心线重合，侧面投影 $s''a''(b'')$与轴线重合。同理可对侧面投影中三角形的两腰进行类似的分析。

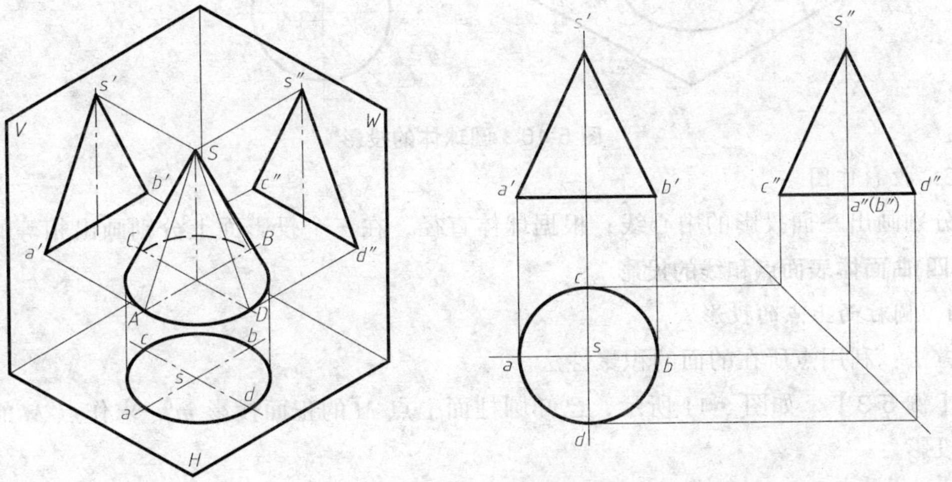

图 5-9　正圆锥体的投影

3. 投影作图

画出 H 面投影中心线、V 面和 W 面投影的轴线；在 H 面上画出与圆锥底面直径相等的圆，其圆心为锥顶的水平投影；分别在 V 面和 W 面上按长对正、宽相等画出圆锥底面的积聚投影，并在轴线上按圆锥高度确定顶点投影，然后分别连接成三角形，完成作图。

(三)圆球

1. 形体特征

圆球的表面是球面，圆球面可看做是一条圆母线绕通过其圆心的轴线回转而成的，如图 5-10 所示。

2. 投影分析

圆球在三个投影面上的投影都是直径相等的圆，但这三个圆分别表示三个不同方向的圆球面轮廓素线的投影。正面投影的圆是平行于 V 面的圆素线 A(它是前面可见半球与后面不可见半球的分界线)的投影。与此类似，侧面投影的圆是平行于 W 面的圆素线 C 的投影，水平投影的圆是平行于 H 面的圆素线 B 的投影。这三条圆素线的其他两面投影，都与相应圆的中心线重合，不应画出。

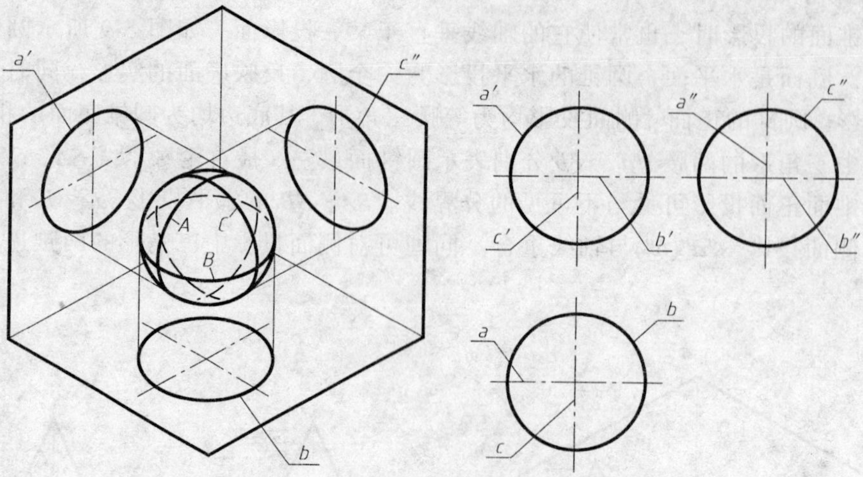

图 5-10　圆球体的投影

3. 投影作图

分别画出三面投影的中心线；根据球体直径，在三个投影面上分别画出相等的圆。

(四)曲面体表面点和线的投影

1. 圆柱面上点的投影

方法：利用点所在的面的积聚性法。

【例 5-3】　如图 5-11 所示，已知圆柱面上点 M 的正面投影 m'，求作点 M 的其余两面投影。

【分析】

因为圆柱面的投影具有积聚性，圆柱面上点的侧面投影一定重影在圆周上。又因为 m'可见，所以点 M 必在前半圆柱面的上边，由 m'求得 m''，再由 m'和 m''求得 m。

2. 棱锥表面上点的投影

方法：素线法和辅助圆法。

【例 5-4】如图 5-12 所示，已知圆锥表面上 M 的正面投影 m'，求作点 M 的其余两个投影。

【分析】

因为 m'可见，所以 M 必在前半个圆锥面的左边，故可判定点 M 的另两面投影均为可见。作图方法有两种。

作法一：素线法。如图 5-12 所示，过 m'作 $s'a'$，然后求出其水平投影 sa。由于点 M 在素线 SA 上，根据点在直线上的从属性质可知 m 必在 sa 上，求出水平投影 m，再根据 m、m'可求出 m''。

作法二：辅助圆法。如图 5-13 所示，过 m'作水平线 $a'b'$，此为辅助圆的正面投影积聚线。辅助圆的水平投影为一直径等于 $a'b'$的圆，圆心为 s，由 m'向下引垂线与此圆相交，且根据点 M 的可见性，即可求出 m，然后再由 m'和 m 可求出 m''。

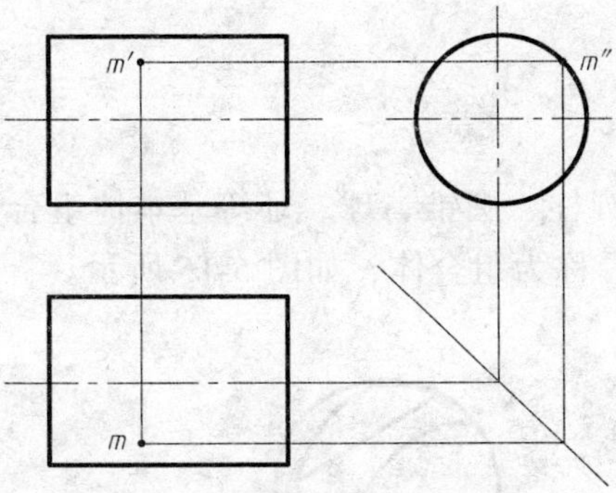

图 5-11　圆柱体表面点的投影

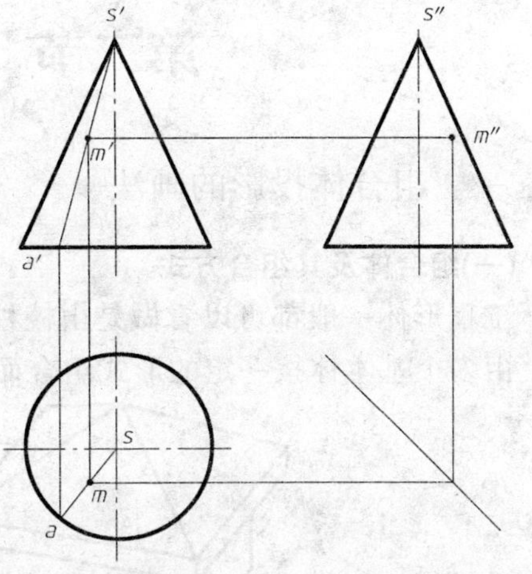

图 5-12　圆锥体表面点的投影(素线法)

3. 圆球面上点的投影

方法：辅助圆法。圆球面的投影没有积聚性，求作其表面上点的投影需采用辅助圆法，即过该点在球面上作一个平行于任一投影面的辅助圆。

【例 5-5】　如图 5-14 所示，已知球面上点 M 的水平投影，求作其余两面投影。

【分析】

过点 M 作一平行于正面的辅助圆，它的水平投影为过 m 的直线 ab，正面投影为直径等于 ab 长度的圆。自 m 向上引垂线，在正面投影上与辅助圆相交于两点。又由于 m 可见，故点 M 必在上半个圆周上，据此可确定位置偏上的点即为 m'，再由 m、m' 即可求出 m''。

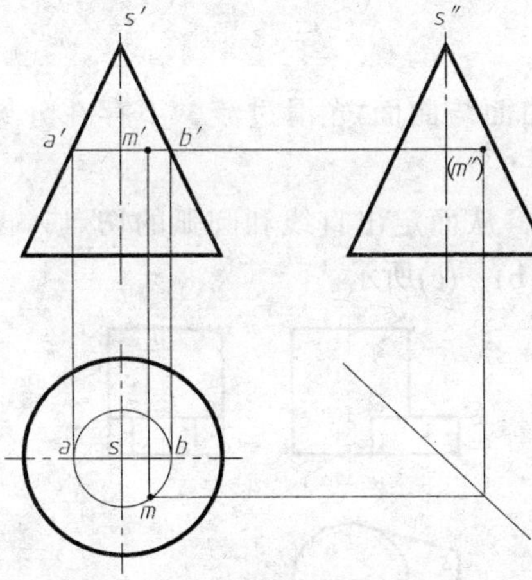

图 5-13　圆锥体表面点的投影(辅助圆法)

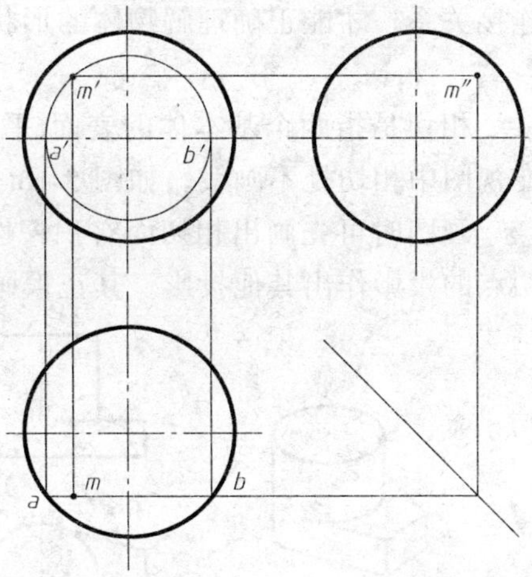

图 5-14　圆球体表面点的投影

第二节　组合体的投影

一、组合体投影的画法

(一)组合体及其组合方式

工程形体一般都可以看做是由棱柱、棱锥、圆柱、圆锥、球、环等基本体组合而成的。由多个基本体按一定的形式组合而成的形体，称为组合体，如图 5-15 所示。

图 5-15　组合体

为了便于分析，按形体组合特点，将它们的组合方式分为叠加型、切割型和综合型等三种基本方式。叠加型是指两基本体的表面叠合(互相重合)或相交，切割型是指一个基本体被平面或曲面截切，综合型既含有叠加又含有切割。

(二)组合体表面交线的画法及三面投影

基本形体之间的表面连接关系一般可分为相切、相交、平齐和不平齐四种情况。由基本体形成组合体时,不同几何体上原来有些表面将由于互相结合或被切割而不复存在,有些表面将连成一个平面，有些表面发生相切或相交等情况。在画组合体视图时，必须注意这些表面关系，才能不多画线，不漏画线。在读图时，必须看懂基本体之间的表面连接关系，才能正确理解物体的形状。

1. 相切

相切是指两个基本体的表面(平面与曲面或曲面与曲面)光滑过渡，不存在分界线。在视图中相切处不画线，如图 5-16(a)所示。

画图时可先画出相切面有积聚性的那个视图，从而定出直线和圆弧的切点，再根据切点的投影作出其他投影。其正误画法如图 5-16(b)、(c)所示。

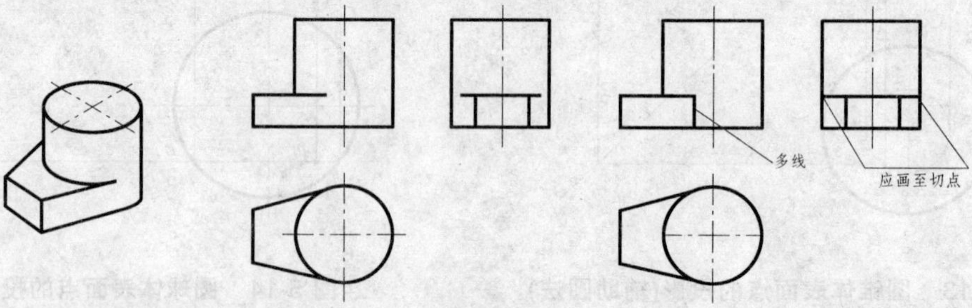

(a)立体图　　(b)正确　　(c)不正确

图 5-16　表面相切时投影图的画法

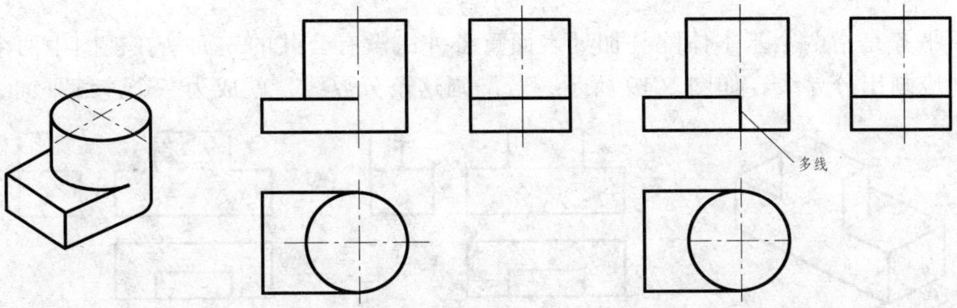

(a)立体图　(b)正确　(c)不正确

续图 5-16

2. 相交

两个基本体彼此相交时表面产生交线(截交线或相贯线)，表面交线是它们的分界线。在视图中相交处应该画出分界线，如图 5-17 所示。

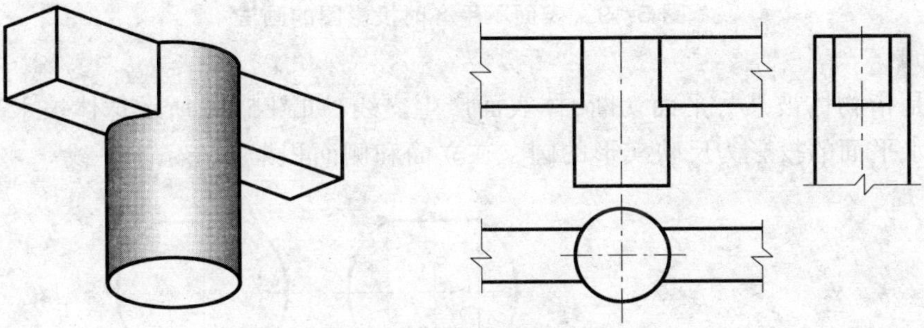

图 5-17　表面相交时投影图的画法

3. 平齐

平齐是指两基本体某方向的两个表面处于同一平面内，不存在分界线。在视图中平齐处不画线，如图 5-18 所示两叠加形体的前表面和后表面都分别处于同一平面内。

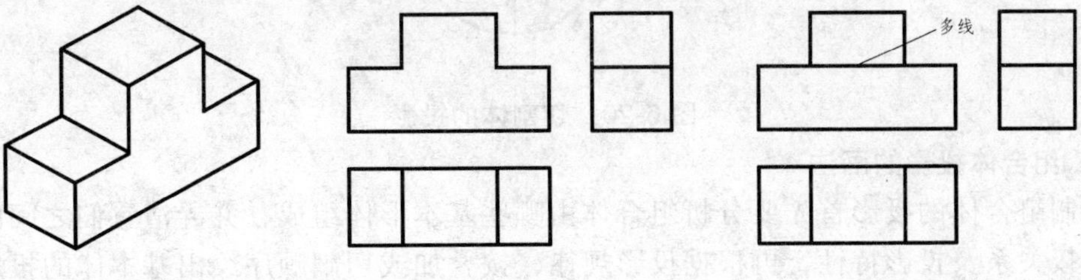

(a)立体图　(b)正确　(c)不正确

图 5-18　表面平齐时投影图的画法

必须指出，分析组合体的组合方式及基本形体之间的表面连接关系，是为了便于画图和读图的一种思考方法，整个组合体仍是一个不可分割的整体。因此，图 5-18 所示形体前后表面分别平齐，不可能有分界线。若主视图多画出这条分界线，就成为两个平面了。

4. 不平齐

不平齐是指两个基本体除叠加处表面重合外，没有公共的表面。在视图中两个基本体之间应画出分界线，如图 5-19 所示，若漏画这条分界线，就成为一个连续平面了。

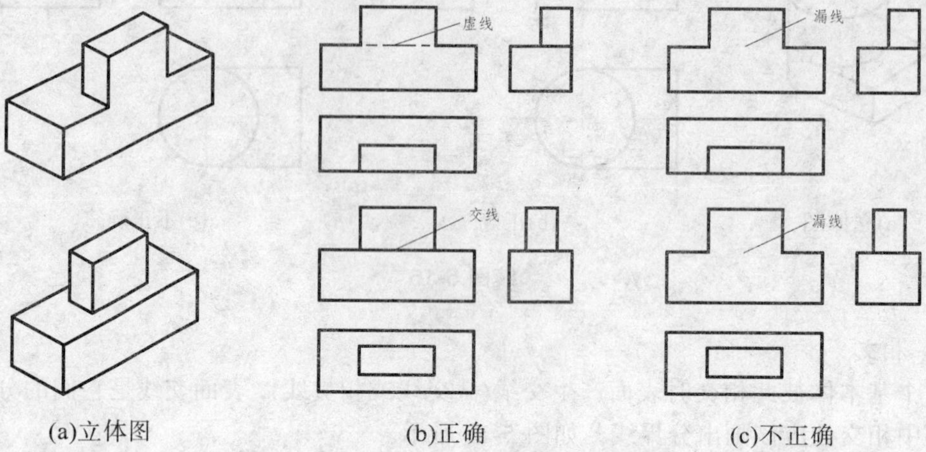

图 5-19　表面不平齐时投影图的画法

5. 切割

切割是指物体被某一平面切断，体表面产生交线。如图 5-20 所示球体被水平面切割，其切面在水平面的投影为反映实形的圆，在立面和侧面积聚为一条水平线。

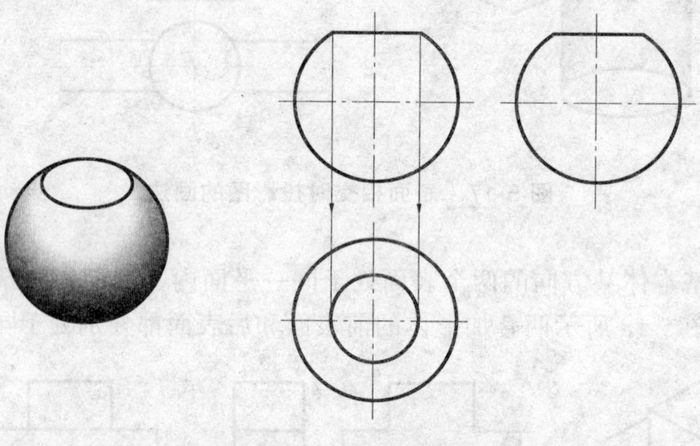

图 5-20　切割体的投影

(三)组合体投影的画法

绘制组合体的投影首先要分析组合体由哪些基本形体组成，并弄清它们之间的相互位置连接关系及投影特性，再根据投影规律，按叠加或切割顺序绘出基本体的投影，最后完成全部作图。下面用例 5-6 说明组合体投影的画法。

【例 5-6】　根据图 5-21 组合体图画投影图。

1. 形体分析

组合体由半球体切割而成，球表面的凹槽被两个侧平面和一个水平面切割，两个侧平面和球的交线为两段平行于侧面的圆弧，水平面与球的交线为前后两段水平圆弧，截平面之间的交线为正垂线。

2. 视图选择

画组合体视图时，一般应使其处于自然安放位置，然后将由前、后、左、右四个方向投影所得的视图进行比较，把充分反映组合体形状特征的视图作为主视图。

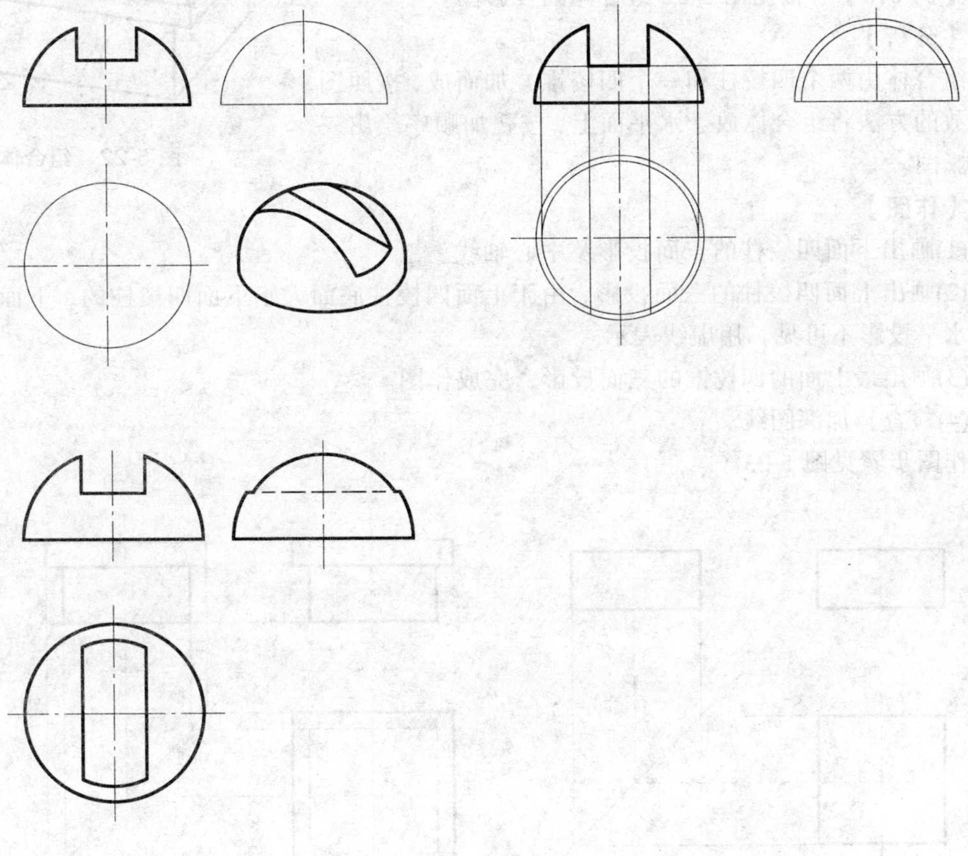

图 5-21　组合体投影的画法(1)

3. 布置视图

视图选定后，首先要根据实物的大小选择适当的比例，按图纸幅面布置视图的位置，即应先画出各视图的定位基准线、对称线以及主要形体的轴线和中心线。

4. 画底稿

按形体分析法分解各基本体并确定它们之间的相对位置，用细线逐个画出各基本体的视图。

画图时必须注意以下几点：

(1)画图顺序应是先画主要形体，后画次要形体；先画大形体，后画小形体；先画整体形状，后画细节形状。

(2)对每一个基本形体，应从具有形状特征的视图画起，而且要同时画出三个视图，以提高绘图速度和保证投影关系。

(3)要正确保持各形体之间的相对位置。

5. 画各形体细节，检查、加深

最后画各形体的细节形状，逐个完成各形体的底稿后，应按组合体是一个不可分割的整体仔细检查，修正错误，擦去多余图线，按规定线型加深，完成作图。

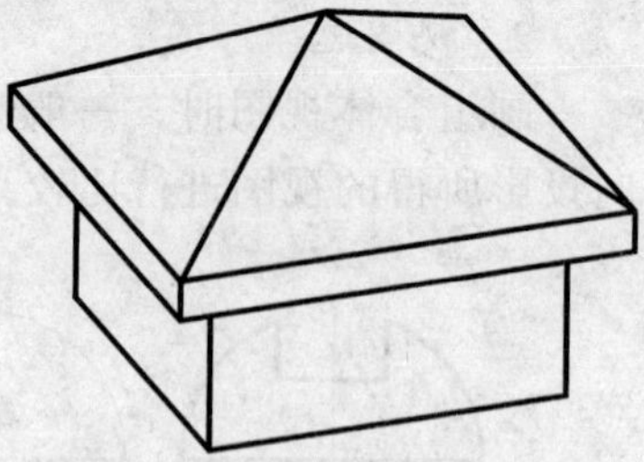

图 5-22　组合体

【例 5-7】　根据图 5-22 组合体画投影图。

【分析】

组合体由两个四棱柱和一个四棱锥叠加而成，按照图中摆放的方法将组合体放于水平面上，按叠加顺序绘出三面投影图。

【作图】

(1)画出下面四棱柱的三面投影及中心轴线。

(2)画出上面四棱柱的三面投影，由于上面四棱柱底面大于下面四棱柱的，下面四棱柱的水平投影不可见，用虚线表示。

(3)画出最上面的四棱锥的三面投影，完成作图。

(4)检查、加深图线。

作图步骤见图 5-23。

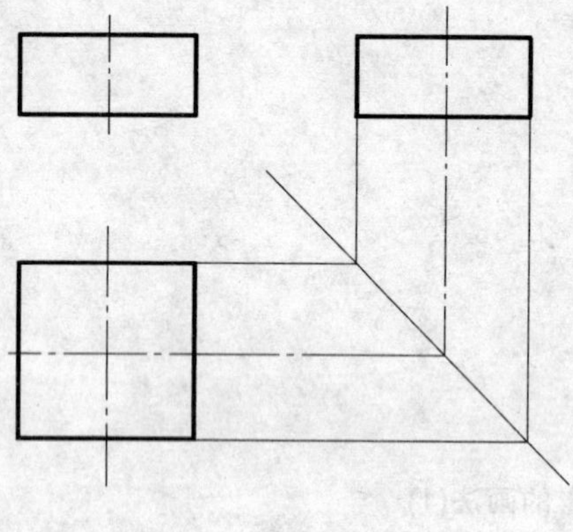

(a)步骤(1)

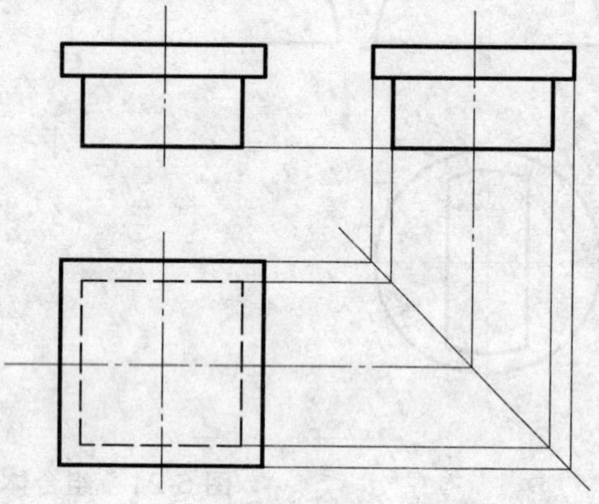

(b)步骤(2)

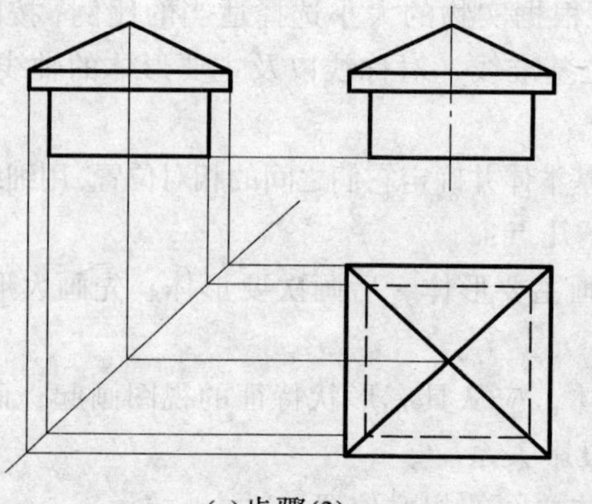

(c)步骤(3)

图 5-23　组合体投影的画法(2)

二、组合体的尺寸标注

投影图只能表达组合体的形状，而组合体各部分形体的真实大小及其相对位置则要通过标注尺寸来确定。因此，标注组合体的尺寸时应该做到正确、完整、清晰。所谓正确,是指要符合国家标准的规定；所谓完整，是指尺寸必须注写齐全，不遗漏，不重复；所谓清晰，是指尺寸的布局要整齐清晰，便于读图。

(一)组合体的尺寸组成

组合体的尺寸标注包括如下三种尺寸：

(1)定形尺寸——决定组合体各基本体形状及大小的尺寸。

(2)定位尺寸——决定基本体在组合体中相互位置的尺寸。

(3)总体尺寸——组合体外形的总长、总宽、总高尺寸。

(二)组合体尺寸标注步骤

形体分析是标注组合体尺寸的基本方法。要达到完整地标注尺寸，应首先按形体分析法将组合体分解为若干基本形体，标注定形尺寸，然后标注定位尺寸，最后标注总体尺寸。标注定位尺寸时，必须在长、宽、高方向上分别确定一个尺寸基准。标注尺寸的起点，称为尺寸基准。通常组合体的底面、重要端面、对称平面以及回转体的轴线等可作为尺寸基准。这里必须注意定位尺寸和总体尺寸的标注，不要出现多余或重复尺寸。图 5-24 为景墙的尺寸标注。

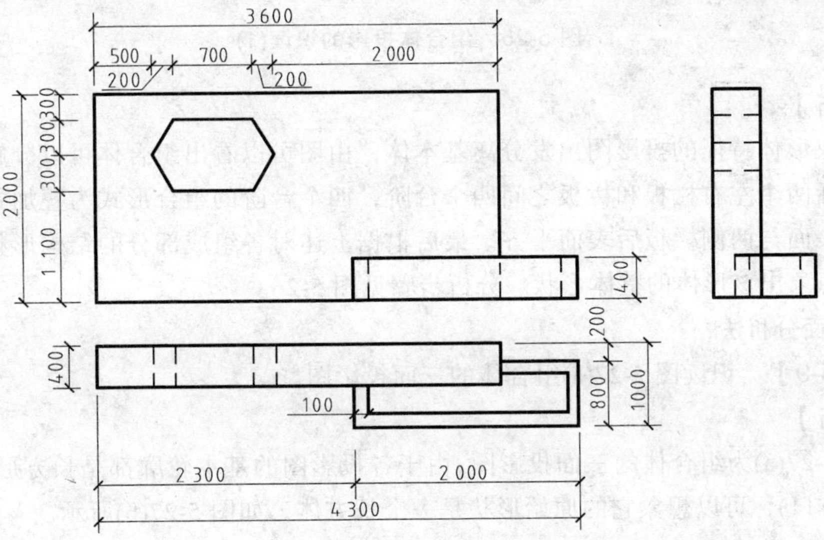

图 5-24 景墙的尺寸标注

三、组合体视图的阅读

根据形体的视图想象出它的空间形状，称为读图。组合体的读图和画图一样，仍然是形体分析法，有时也用线面分析法。要正确、迅速地读懂组合体视图，必须掌握读图的基本方法，通过不断实践，培养空间想象能力。通常读图的方法有形体分析法和线面分析法两种。

(一)形体分析法

用形体分析法读图时，一般是从反映组合体形状特征的主视图入手，对照其他的视图，初步分析该形体是由哪些基本体和通过什么组合方式形成的。再将特征视图(一般为主视图)划分成若干封闭线框，因为视图上的封闭线框表示了某一基本形体的轮廓投影。然后根据投影的“三等”对应关系逐个找出这些封闭线框对应的其他投影，想象出各基本体的形状。最后按各基本体之间的相对位置，综合想象出组合体的整体形状。

【例 5-8】 识读图 5-25 所示组合体的三面投影图。

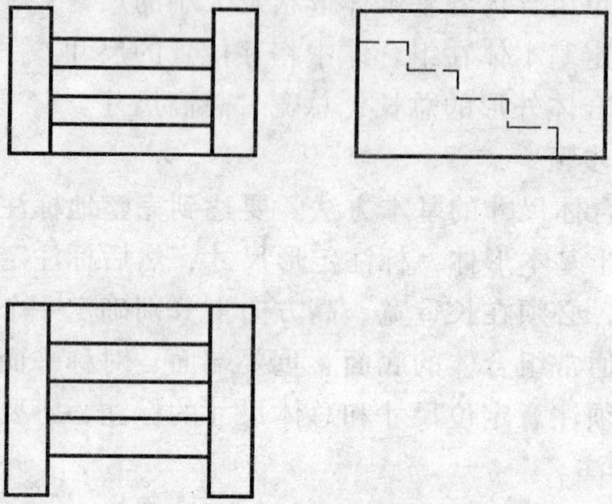

图 5-25　组合体投影的识读(1)

【分析】

从反映形体特征的投影图出发分离基本体，由图可以看出组合体可以分解成六个长方体。包括两个左右栏板和栏板之间四个台阶，四个台阶的组合形式为叠加式，且四个台阶的后表面与两侧栏板后表面平齐。最后根据上述对各组成部分的结构形状和相对位置的分析想象出该形体的整体形状。分析步骤见图 5-26。

(二)线面分析法

【例 5-9】 识读图 5-27(a)组合体的三面投影图。

【分析】

(1)图5-27(a)为组合体的三面投影图，由于各投影图的基本轮廓都是长方形(只缺几个角和一个方口)，可以想象它的原始形状是一个长方体，如图 5-27(b)所示。

(2)从图 5-27(a)中侧面投影的缺口，按投影关系，找正面投影和水平投影中的对应投影，可知它是从左至右切去了一个四棱柱体，如图 5-27(c)所示。

(3)从正面投影的缺角，按投影关系，找水平投影和侧面投影的对应投影，可知长方体被一平面切去了左上角，如图 5-27(d)所示。

(4)从水平投影左端前、后缺两角，按投影关系，找正面投影和侧面投影中的对应投影，可知长方体的左端被平面切去了两个角，如图 5-27(e)所示。

图 5-26　组合体投影的识读(2)

在上述形体分析的基础上，再进行线面分析来验证是否正确。从图 5-27(f)中水平投影的八边形线框 p，按投影关系，在正面投影中找不到与它对应的相仿形(八边形)，而与它对应的只能是斜线 p'，在侧面投影中与它对应的投影是八边形线框 p''。根据平面的投影特性，可知 P 平面是一个正垂面，长方体的左上角就是被这样一个正垂面切去的。

图 5-27(g)中正面投影的梯形线框 q'，在侧面投影中对应的投影是线框 q''，在水平投影中与它相对应的没有相仿的梯形，而是斜线 q，因此 Q 面是铅垂面，长方体左端的前

后两个角就是被这样两个前后对称的铅垂面切去的。综上所述，就可以想象出物体的形状，与图中立体图一致。

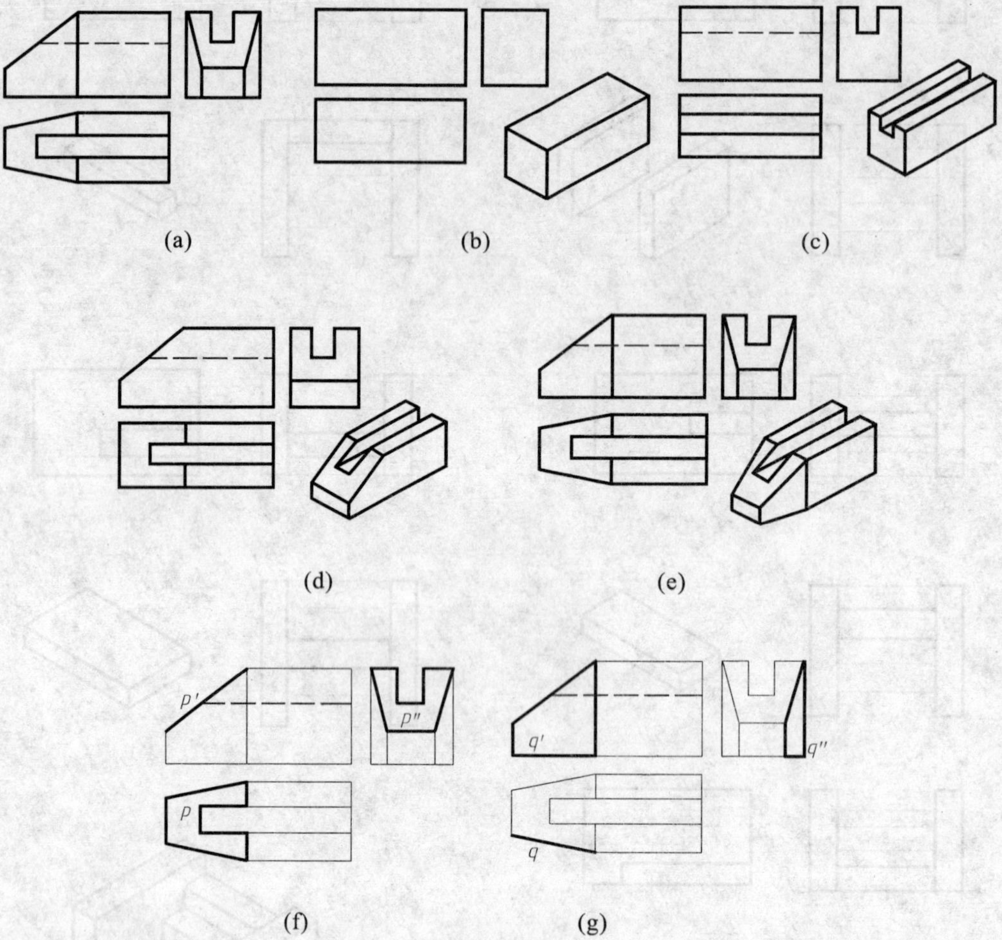

图 5-27　组合体投影的识读(3)

(三)补画投影图

在学习读图时，常采用给出两个视图，在想象出该形体空间形状的基础上，补画出第三视图，这是提高读图能力的一种重要学习手段。补画投影图，首先要根据线、面的投影特性，基本形体的投影特性，看懂两面投影图所示物体的形状，然后按投影规律补画第三面投影面，最后联系三个投影图检查投影关系是否正确，与想象物体的投影是否一致。

【例 5-10】　已知物体的 V 面和 W 面投影，补画 H 面投影，如图 5-28(a)所示。

【作图步骤】

(1)根据物体的 V 面和 W 面投影可以看出该物体是由一个长方体的挡板和散布台阶构成的，根据三面投影规律补画长方体挡板的水平投影，如图 5-28(b)所示。

(2)根据三面投影规律补画散布台阶的水平投影，如图 5-28(c)所示。

(3)根据三个投影图分析发现最高台阶与挡板高度平齐，擦去多余线，完成作图，如图 5-28(d)所示。

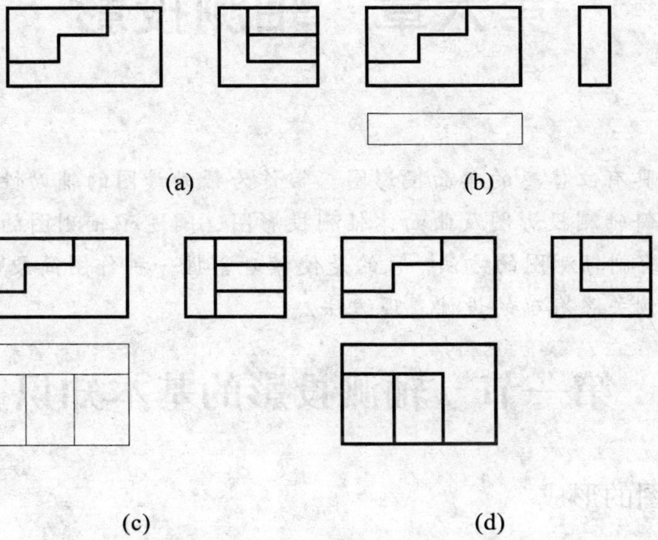

图 5-28　补画投影图

第六章　轴测投影

本章导读

轴测投影是具有立体感的单面投影图，常作为帮助读图的辅助性图样。本章介绍了正轴测投影图、斜轴测投影图及曲面体轴测投影图，阐述了轴测图的形成及选择轴测图的原则，明确了绘制轴测图的方法。目的是使读者掌握一种作图简便、形成视觉形象快、反映景物实际比例关系准确的设计表现方法。

第一节　轴测投影的基本知识

一、轴测图的形成

多面正投影图能较完整、准确地表达出形体各部分的形状和大小，而且作图简便、度量性好，所以常作为工程施工的依据。但是由于缺乏立体感，要有一定的读图能力才能看懂。如图 6-1(a)所示，如果单画出物体的三面投影，由于每个投影只反映出形体的长、宽、高三个向度中的两个，不易看出形体的形状。因此，这种投影图具有如下显著特点：能够准确地表达建筑形体一个方向面的形体和大小，但是它不能反映形体的空间形象，缺乏立体感。

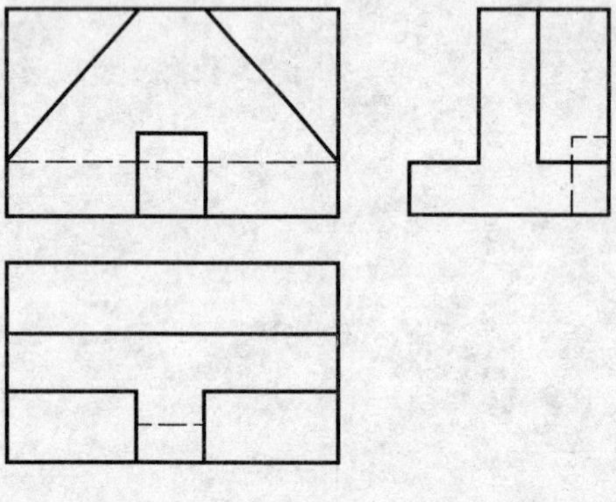

(a)三视图

(b)轴测图

图 6-1　三视图和轴测图

如果改变形体对投影的相对位置，或者改变投影线的方向，则都能得到富有立体感的平行投影，如图 6-1(b)所示，我们把这种利用平行投影绘制的、具有一定立体感的单面投影图称为轴测图。轴测图在工程中作为一种辅助图。

如图 6-2 所示，根据平行投影的原理，把形体连同确定其空间位置的直角坐标 OX、OY、OZ 一起，沿着不平行于任一坐标平面的方向 S_1(或 S_2)投影到新的投影面 P 上，所得到的投影称为轴测投影。将物体三个方向的面及其三个坐标轴都与投影面倾斜，投射线垂直投影面。用这种方法得到的图形称为正轴测投影，简称正轴测图，见图6-2(a)。将物体一个方向的面及其两个坐标轴都与投影面平行，投射线与投影面斜交，用这种方法得到的图形称为斜轴测图，见图 6-2(b)。

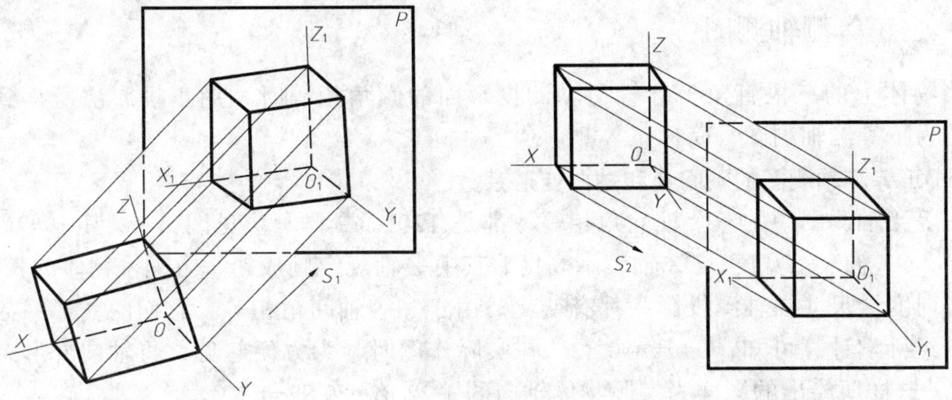

(a)正轴测投影　(b)正面斜轴测投影

图 6-2　轴测投影的形成

在轴测投影中，轴测投影所在的平面 P 称为轴测投影面。空间坐标轴 OX、OY、OZ 称为轴测投影轴，简称轴测轴。轴测轴之间的夹角 $\angle X_1O_1Y_1$、$\angle Y_1O_1Z_1$、$\angle Z_1O_1X_1$ 称为轴间角。轴测轴上某线长度与它的实长之比，称为该轴的轴向变形系数，简称变形系数。X、Y、Z 轴的变形系数分别为 p、q、r，即 $p=O_1X_1/OX$，$q=O_1Y_1/OY$，$r=O_1Z_1/OZ$。

在绘制轴测图时，先确定轴间角和轴向变形系数，再根据物体在坐标系中的位置，沿着平行于相应轴的方向测量物体上各边的尺寸或确定点的位置。

二、轴测投影图的特性

(1)由于轴测图采用平行投影法投影，所以物体上互相平行的线段，在轴测图中仍然互相平行。物体上平行于坐标轴的线段，在轴测图中平行于轴测轴。

(2)物体上与坐标轴互相平行的线段与其相应的轴测轴有着相同的轴向变化率。因此，在画轴测图时，只有沿轴测轴方向的线段按其相应的轴向变化率能够直接测量尺寸，凡是不平行于轴测轴的线段都不能直接测量尺寸。沿轴才能进行测量，这就是“轴测”两个字的意义。

三、轴测投影图的种类

根据轴测投影方向与轴测投影面所成的角度不同，可将轴测图分为正轴测图和斜轴测图两类：正轴测图的投影方向 S 与轴测投影面 P 垂直，斜轴测图的投影方向 S 与轴测投影面 P 倾斜。根据轴向变形系数不同，轴测图又可细分为：

(1)正(或斜)等测轴测图($p=q=r$)，简称正(或斜)等测；

(2)正(或斜)二等测轴测图($p=r\neq q$ 或 $p\neq q=r$ 或 $p=q\neq r$)，简称正(或斜)二测；

(3)正(或斜)三测轴测图($p\neq q\neq r$)，简称正(或斜)三测。

第二节　正等测轴测投影

一、正等测轴测图

当物体上的三根直角坐标轴与轴测投影面的倾角相等时，用正投影法所得到的图形，称为正等测轴测图，简称正等测。

(一)正等测轴测图的轴间角和轴向变形系数

正等测轴测图中的三个轴间角相等，都是 120°，具体画法见图 6-3，其中 *OX* 轴表示长度，*OY* 轴表示宽度，*OZ* 轴表示高度，其中 *Z* 轴规定画成铅垂方向。物体的长、宽、高三方向度量尺寸在轴测投影中都有变化。由于三个轴间角相等，它们的变形系数也就相等。经科学计算可知：$p=q=r=0.82$。在实际作图时，为方便起见，将轴向变形系数简化为 1，这样所绘出的图样为实际物体轴向的 1.22 倍(1/0.82=1.22)。

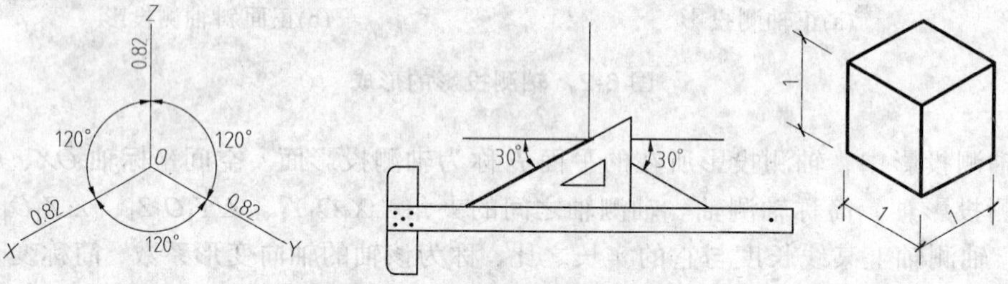

(a)正等测轴　　(b)轴测轴的画法　　(c)$p=q=r=1$

图 6-3　正等测轴测轴的画法

(二)正等测轴测图的画法

根据形体的正投影图画其轴测投影时，应遵循的一般步骤为：

(1)读懂正投影图，进行形体分析并确定形体上直角坐标系位置。

(2)选择合适的轴测图种类与观察方向，确定轴测轴和轴向变形系数。

(3)选择合适的作图比例。

(4)根据形体特征选择作图方法。

(5)绘制轴测图底稿线。

(6)检查底稿是否有误，然后加深图线，完成轴测图。不可见部分通常给予省略，而不绘虚线。

绘制平面立体轴测图的方法，常用的有坐标法、叠加法和切割法三种。

1. 坐标法

坐标法是绘制轴测图的基本方法。根据立体表面上各顶点的坐标，分别画出它们的轴测投影，然后依次连接成立体表面的轮廓线。

【例 6-1】　已知组合体的投影图，见图 6-4(a)，求作正等测轴测图。

【分析】

从投影图中可见，该形体为四坡屋顶的投影图，该投影图可分解为上下两部分，即下部分的四棱柱和上部分具有倾斜表面的屋顶。对于此类形体，常采用坐标法作图。

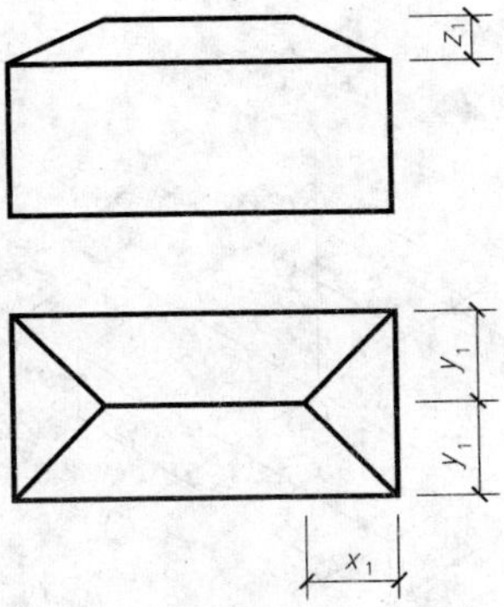

(a)投影图

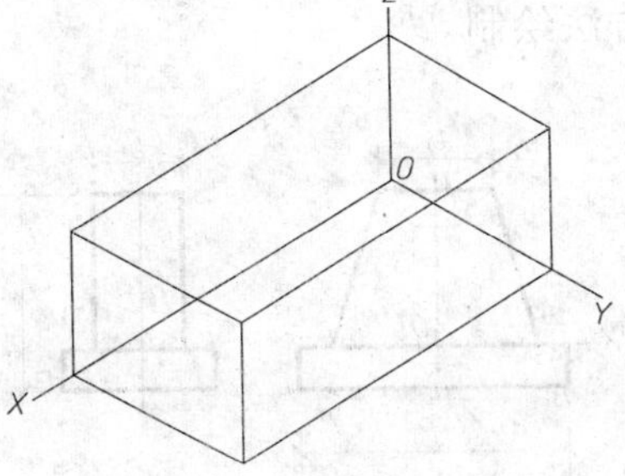

(b)画轴测轴，先画出下部四棱柱的轴测图

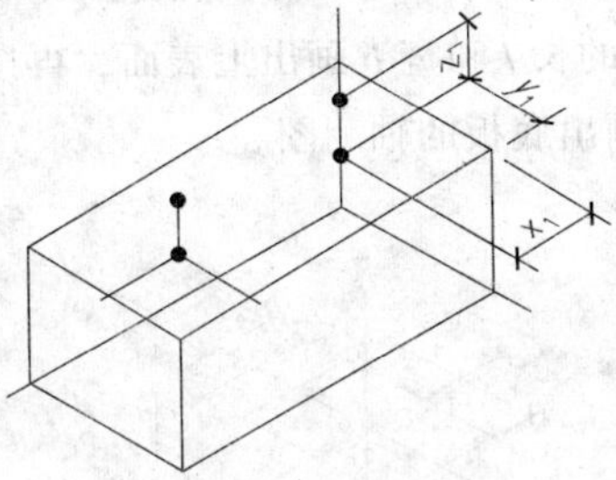

(c)在四棱柱表面，沿轴向分别量 x_1、y_1 得交点，过交点作垂线，在垂线上量取 z_1

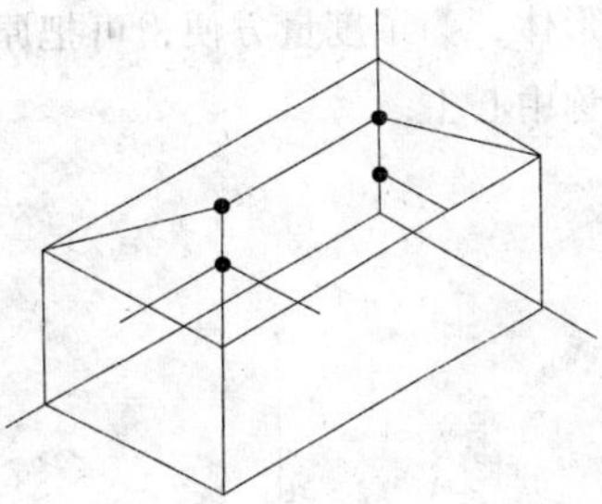

(d)连中央屋脊和四条斜脊线图

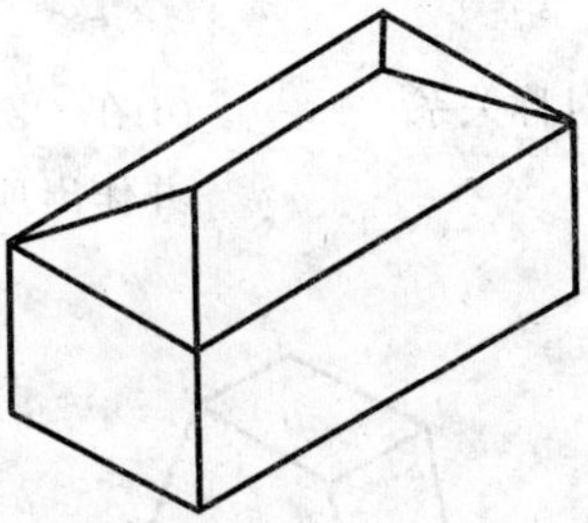

(e)擦去多余图线，加深可见线，完成轴测图

图 6-4 用坐标法画正等测轴测图

2. 叠加法

叠加法适用于叠加而形成的组合体，它依然以坐标法为基础，根据各基本体所在的位置，分别画出各立体的轴测图。

【例 6-2】 已知组合体的投影图，见图 6-5(a)，求作正等测轴测图。

【分析】

从投影图中可见，该形体是由矩形底板和四棱台叠加而成的。画轴测图时，也应采用叠加的方法绘制。

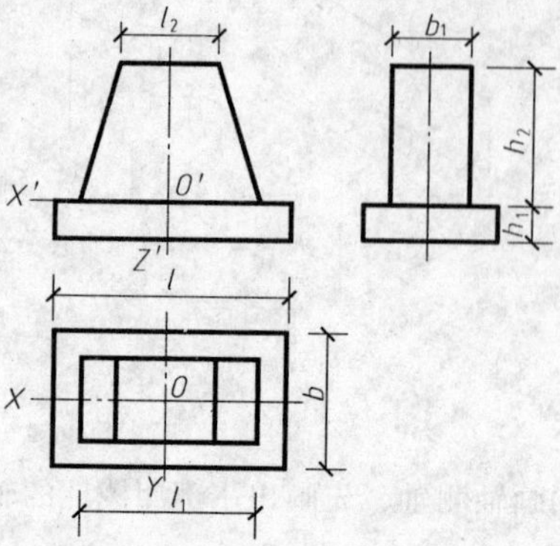

(a)在投影图上确定坐标轴的位置，因是对称形体，为了度量方便，可把原点定在对称中心上

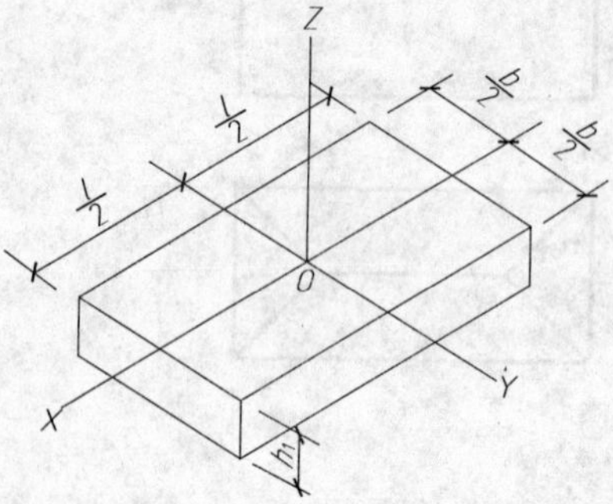

(b)画轴测轴，作矩形底板的轴测图，先按底板的长 l 和宽 b 画出上表面，再按厚度 h_1 画出底板的轴测图

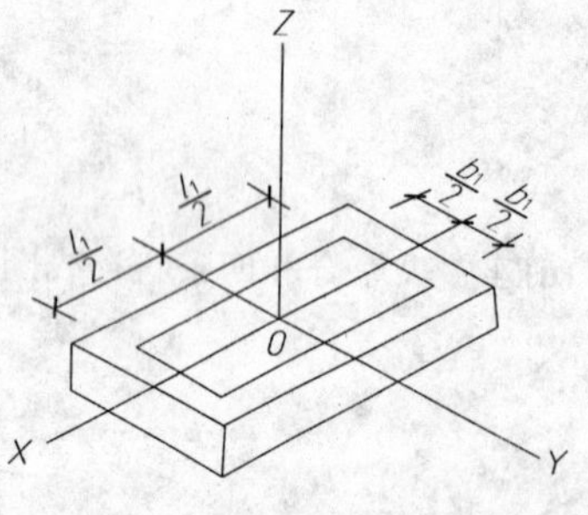

(c)在底板的上表面，按其对称关系确定四棱台底面的位置

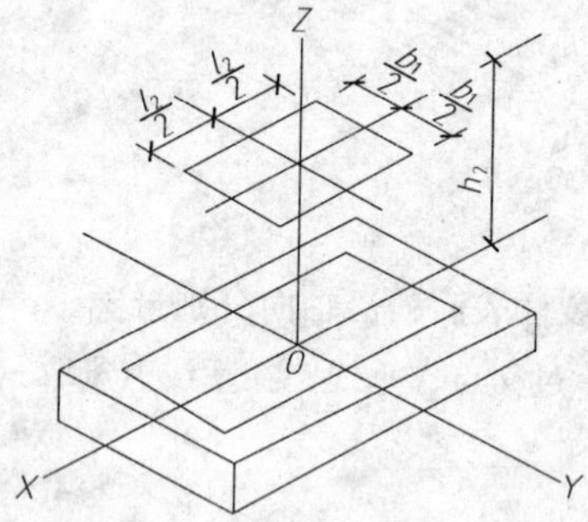

(d)在 OZ 轴上，量取四棱台高 h_2，并作出顶面的轴测图

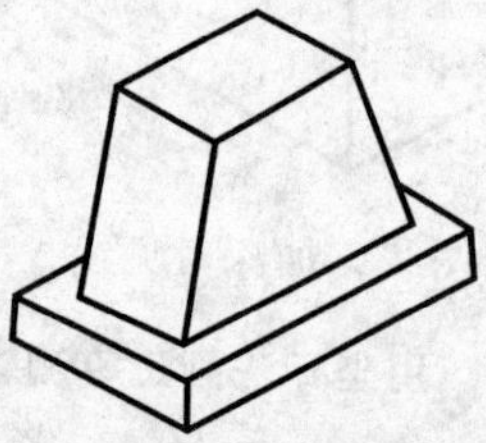

(e)连接四棱台的棱线，擦去多余图线，并加深线

图 6-5　用叠加法画正等测轴测图

3. 切割法

切割法适用于带切面的平面立体，它以坐标法为基础，先用坐标法画出完整平面立

体的轴测图，然后用挖切方法逐步画出各个切口部分。

【例 6-3】　已知组合体投影图，见图 6-6(a)，求作正等测轴测图。

【分析】

从投影图中可见，该形体是由一个长方体切去一角，左侧中部再切成通槽而成，画轴测图时，也应采取切割的方法绘制。

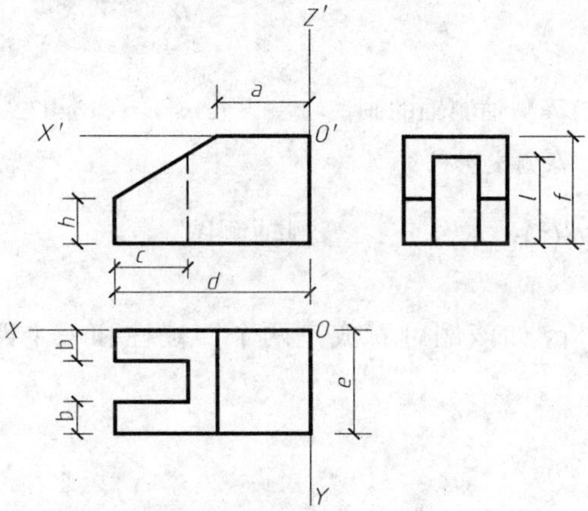

(a)在投影图上定出坐标轴的位置

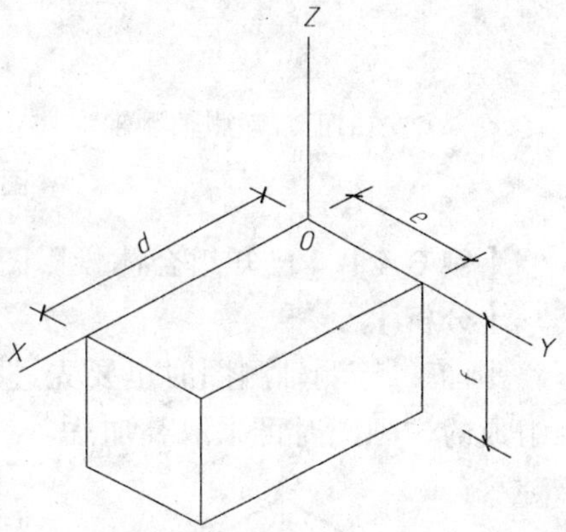

(b)画轴测轴，并画出长方体的轴测图

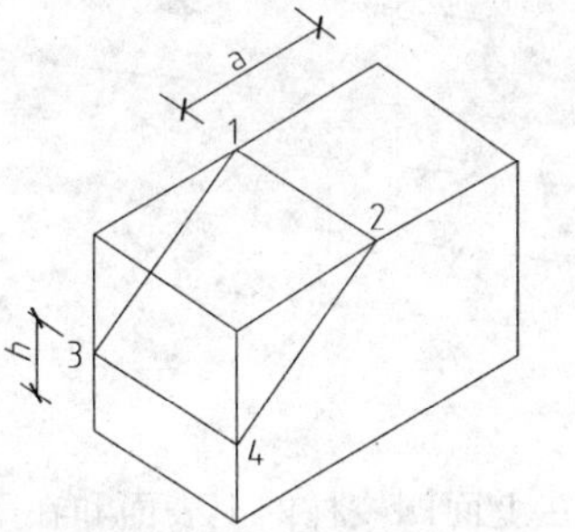

(c)在长方体的左上角画斜面

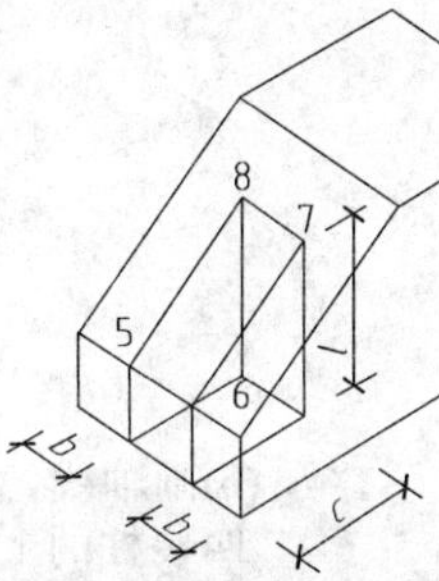

(d)在斜面上切槽

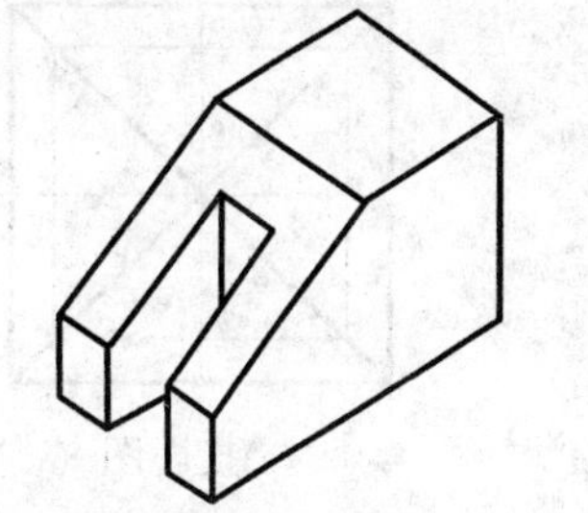

(e)擦去多余图线，加深线性

图 6-6　用切割法画正等测轴测图

二、正二等测轴测图

当三个坐标轴与轴测投影的倾角只有两个相等时，这两个轴向变形系数一样，有两个轴间角相等，这样得到的正轴测投影称为正二等测轴测投影，简称正二测。正二等测轴测图的轴测轴如图 6-7(a)所示，它有两个轴间角相等，有两个轴向变形系数相等。OZ 轴画成铅垂线，OX 轴与水平线夹角为 7°10′，OY 轴与水平线夹角为 41°25′，轴测轴的近似画法如图 6-7(b)所示，轴向变形系数 $p=r=1$，$q=0.47$，为方便起见，将 q 简化为 0.5，轴测图画法见图 6-7(c)，这样所画出的轴测图是原物体的 1.06 倍。

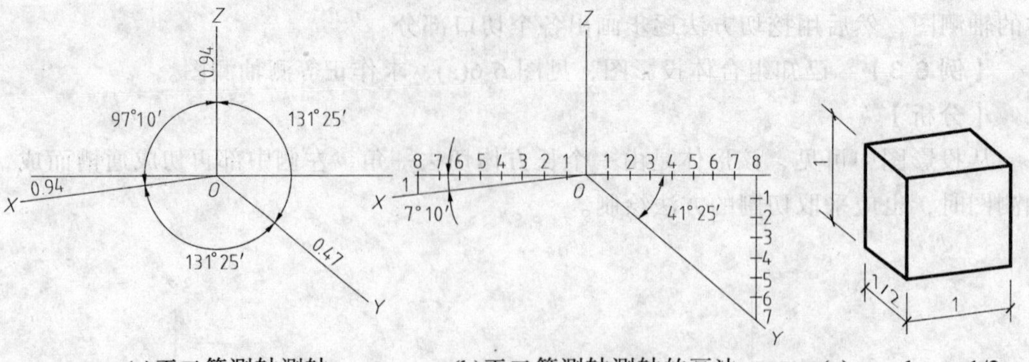

(a)正二等测轴测轴　　(b)正二等测轴测轴的画法　　(c)p=r=1，q=1/2

图 6-7　正二等测投影

【例 6-4】　已知组合体投影图，见图 6-8(a)，求作正二等测轴测图。

【分析】

画正二等测轴测图时也要先进行形体分析，如该例可看成是两个四棱柱和一个四棱锥组成的，画图时可采取叠加法。

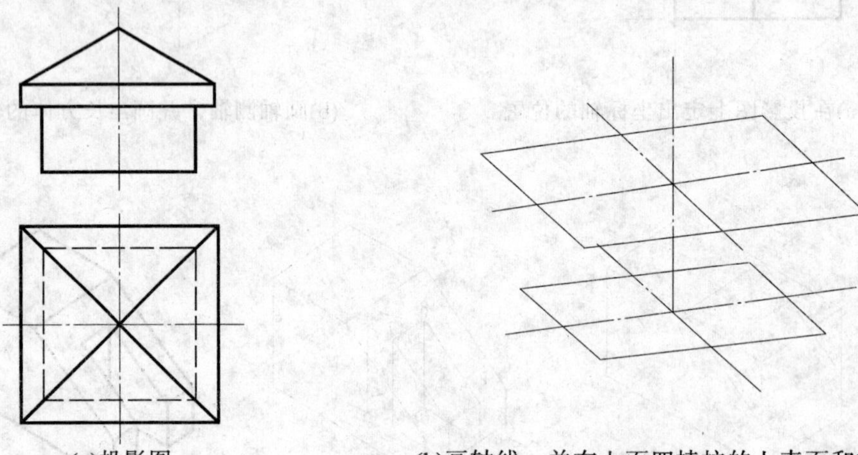

(a)投影图

(b)画轴线，并在上面四棱柱的上表面和在下面四棱柱的下表面处画出中心线(也就是轴测轴)，然后画出表面形状(注意宽度缩短 1/2)

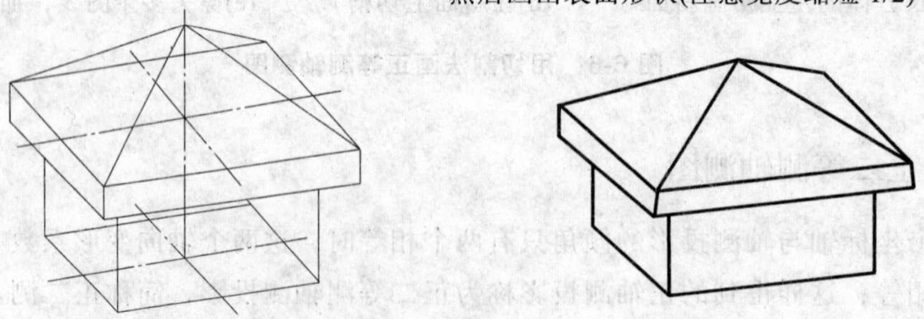

(c)由上表面的对称中心，沿轴线向上确定锥顶位置，画出四棱锥。由四棱锥向下确定上面四棱柱的高度，画出棱柱的可见部分。再画出下面四棱柱的可见部分

(d)最后擦去不可见轮廓和作图线，加深线，完成作图

图 6-8　正二等测轴测图的画法

【例 6-5】　已知组合体投影图，见图 6-9(a)，求作剖去形体 1/4 的正二测图。

【分析】

这是钢筋混凝土杯形基础的正投影图，由一个杯形基础切去 1/4 形体后所形成的，适合用切割法作图。

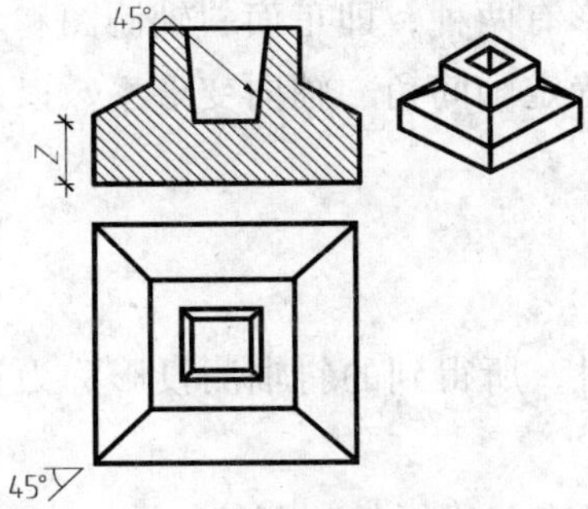

(a)投影图

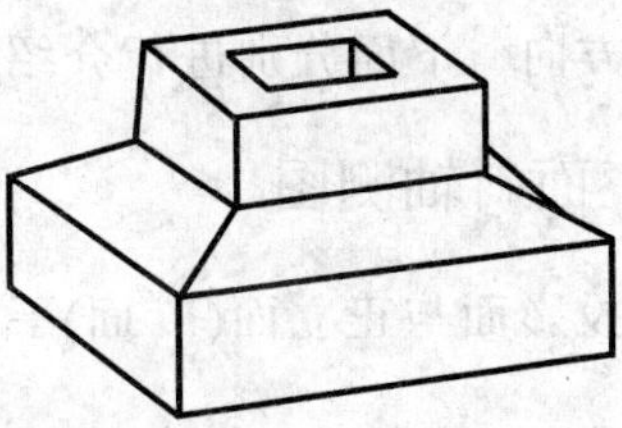

(b)作出未剖切前基础的正二测图

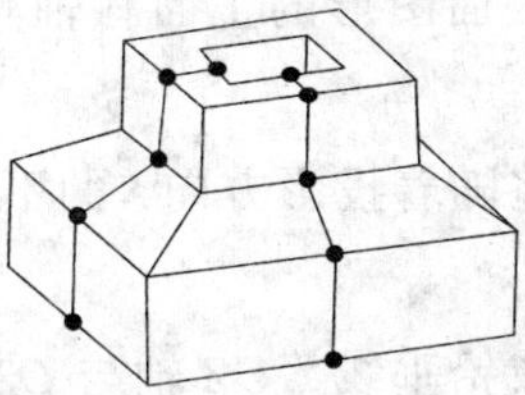

(c)作两剖切平面与基础表面的交线，即为各边中点的连线

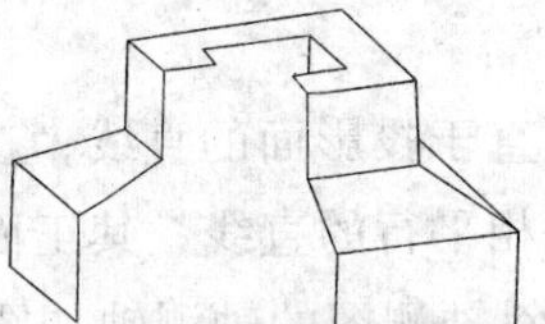

(d)擦去被剖切部分

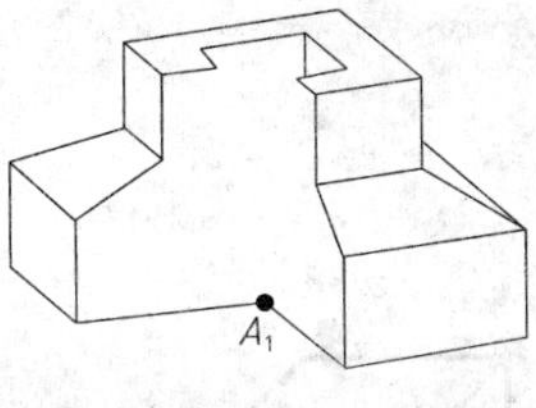

(e)作出基础底面与两剖切平面的交线它们对应平行于 O_1X_1 和 O_1Y_1 相交于 A_1

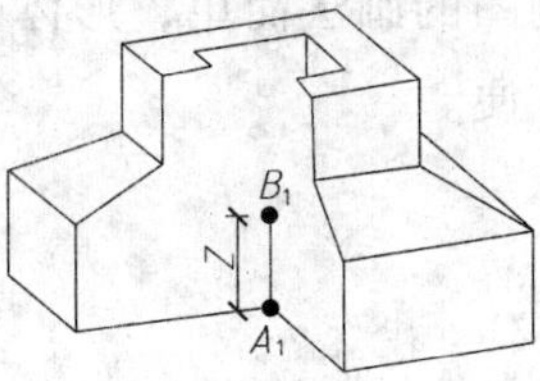

(f)作出两剖切面的交线 A_1B_1，它与 O_1Z_1 平行，等于基础底至杯口底的距离 Z

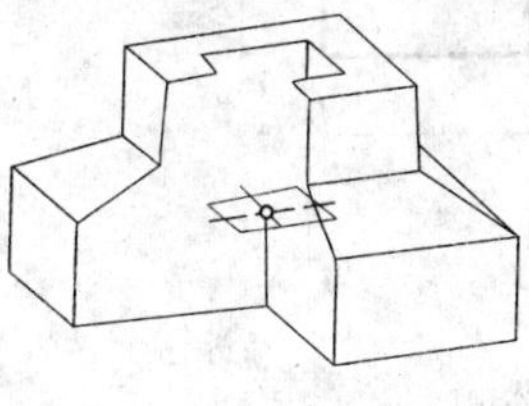

(g)以 B_1 为中心，作杯口的底面

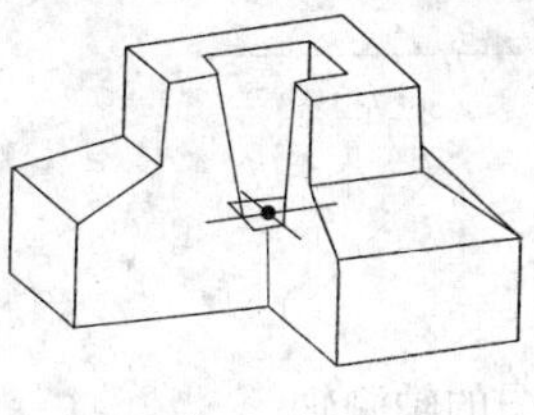

(h)连接杯口顶面与底面的对应顶点，再连侧面及与剖切平面的交线

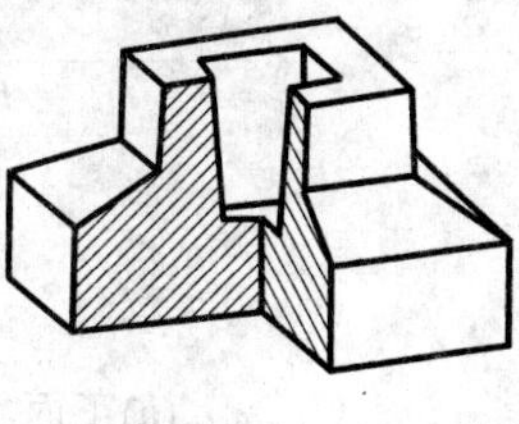

(i)加深图线，完成轴测图

图 6-9　带截面的正二测图作图步骤

第三节　斜轴测投影

空间形体的一个面与轴测投影面平行，而投影方向 S 是与轴测投影面倾斜的，这样的轴测图称为斜轴测投影图。常用的斜轴测投影有两种，即正面斜轴测图和水平面斜轴测图。画斜轴测图与画正轴测图一样，也要先确定轴间角、轴向变形系数以及选择轴测类型和投射方向，下面分别进行介绍。

一、正面斜轴测图

当轴测投影面与正立面(V 面)平行或重合时，所得到的斜轴测投影称为正面斜轴测投影。

正面斜轴测既然是斜投影的一种，它必然具有斜投影的如下特性：

(1)不管投影方向如何倾斜，平行于轴测投影面的平面图形的正面斜轴测图反映实形。

(2)垂直于投影面的直线，它的轴测投影方向和长度将随着投影方向 S 的不同而变化。

(3)互相平行的直线，其正面斜轴测图仍互相平行。

正面斜轴测图的轴测轴如图 6-10(a)所示，OZ 轴画成铅垂线，OZ 轴与 OX 轴的夹角为 90°，OY 轴与水平线的夹角可为 30°、45°、60°。斜等测的轴向变形系数为 $p=q=r=1$，斜二测的轴向变形系数为 $p=r=1$，$q=0.5$。斜二测轴测图的画法如图 6-10(b)所示。由于正面斜轴测图的画法简单，形体的正面不发生变形，所以画正面形状复杂及正面圆较多的形体较方便。

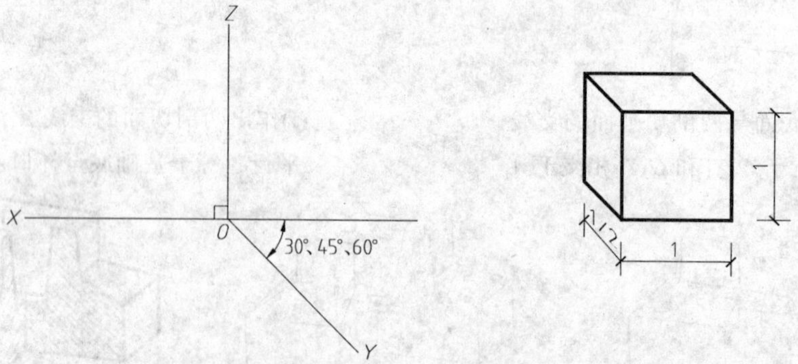

(a)正面斜轴测图的轴测轴　　(b)斜等测：$p=q=r=1$

斜二测：$p=r=1$，$q=0.5$

图 6-10　正面斜轴测图轴测轴画法

【例 6-6】　已知花窗的正投影图，见图 6-11(a)，求作斜二测轴测图。

(a)先画出与正面投影完全相同的图形

(b)将可见部分沿 Y 轴方向作平行线，并截取花窗宽度的 1/2，画后面可见部分，完成作图

图 6-11　花窗的斜二测轴测图

【例 6-7】　已知围栏的正投影图，见图 6-12(a)，求作斜二测轴测图。

(a)画出与正面投影完全相同的图形

(b)将底板的可见部分沿 Y 轴方向作平行线，并截取宽度的 1/2。同时将各圆心也沿 Y 轴方向平行移动围栏宽度的 1/2，确定后面各圆心位置，再按同样半径画圆。连接可见轮廓线，完成作图

图 6-12　围栏的斜二测轴测图

二、水平斜轴测图

当轴测投影面与水平面(H 面)平行或重合时，所得到的斜轴测投影称为水平斜轴测投影，简称水平斜轴测。

水平斜轴测图的轴测轴画法如图 6-13(a)所示，OZ 轴仍画成铅垂线，OY 轴与水平线

夹角可为 30°、45°、60°，OX 轴与 OY 轴夹角为 90°，轴向变形系数 $p=q=r=1$。水平斜轴测图画法如图 6-13(b)所示。

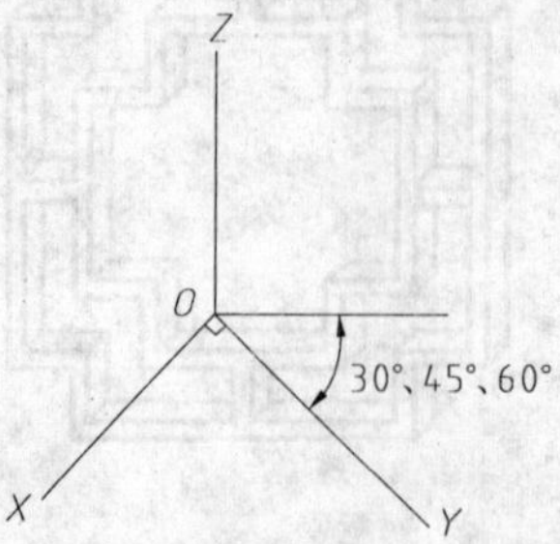

(a)水平斜轴测的轴测轴

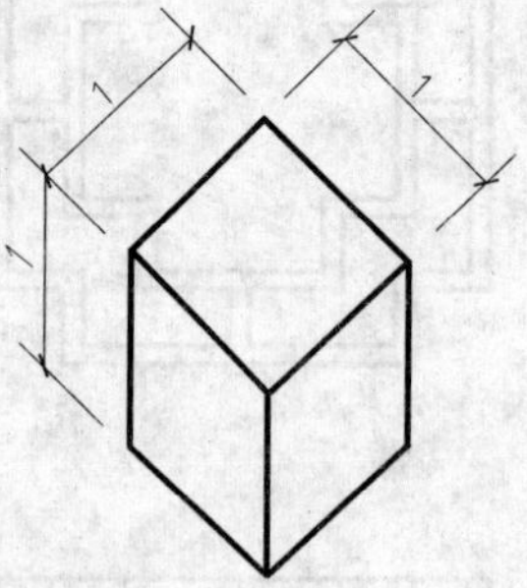

(b)$p=q=r=1$

图 6-13　水平斜轴测图轴测轴画法

由于水平斜轴测图中形体的水平投影不发生变形，故常用于绘制建筑小区的总体规划图。作图时只需将小区总平面图转动一个角度(如 30°)，然后在各建筑物平面图的转角处画垂线，并量取高度，即可画出水平斜轴测图。

水平轴测图的一般作图步骤为：

(1)画与水平投影完全相同的平面图，并将其逆时针旋转 30°；

(2)过平面图的各个顶点向下作垂线；

(3)在各垂线上取空间物体的高度，并连接；

(4)加深图线，完成轴测图。

【例 6-8】　正投影图如图 6-14(a)所示，作拱门的正面斜轴测图。

【分析】

该拱门由门身和顶板两部分组成，作轴测图时，必须注意各部分在 Y 方向的位置。

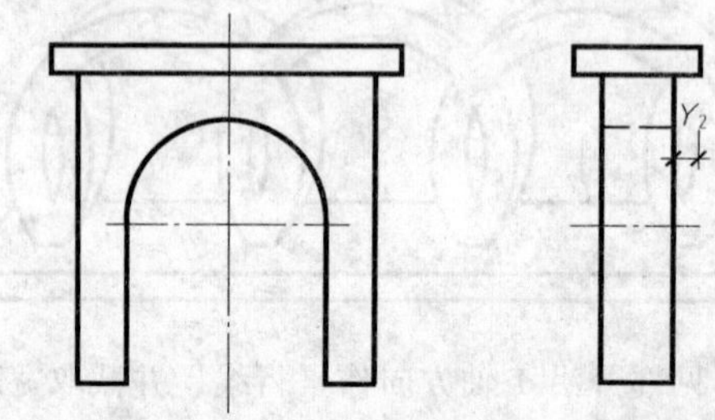

(a)按实形画出前墙面及 Y 轴方向线图

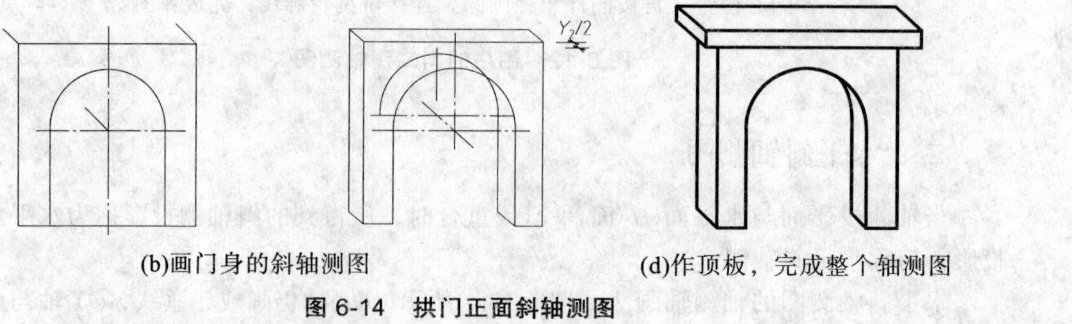

(b)画门身的斜轴测图　(d)作顶板，完成整个轴测图

图 6-14　拱门正面斜轴测图

【例 6-9】 根据总平面图，作总平面的水平斜轴测图(即小区规划图)，如图 6-15(a)所示。由于房屋的高度不一，作图时可在总平面图上向上作竖向高度。

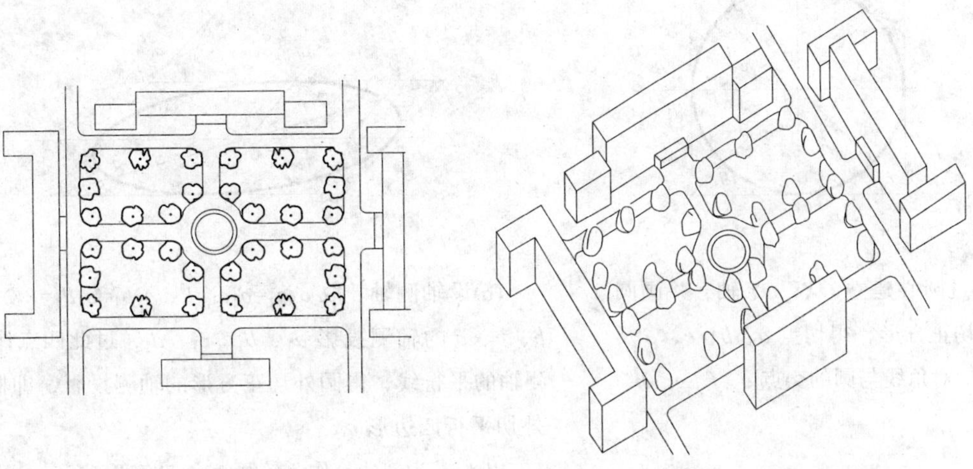

(a)总体平面图　(b)旋转 30°后，按每个房屋的实际高度作竖向高度连接各点，完成园林规划

图 6-15　小区规划图的水平斜轴测图

第四节　曲面体的轴测投影

一、圆周

(一)圆周轴测投影的一般特性

(1)当圆周平面垂直于投影面时，其轴测投影为一直线。

(2)当圆周平面平行于投影面时，其轴测投影仍然为一个等大的圆周。

(3)当圆周平面倾斜于投影面时，圆周的轴测投影为一椭圆。其中，椭圆心为圆心的轴测投影；椭圆的直径为圆周直径的轴测投影；圆周上任一对互相垂直的直径，其轴测投影则为椭圆的一对共轭轴。

(二)八点法作圆周的轴测椭圆

已知半径为 R 的圆周，作其正面斜轴测图。

如图 6-16 所示，作圆周轴测投影时，通常先作出圆的外切四边形，如果外切四边形是平行四边形，可用“八点法”。其作图步骤如图 6-16 所示。

(三)圆周的正等测投影(椭圆)的近似画法——四心圆法

当轴测椭圆的一对共轭轴的长度相等时，所作的外切四边形必成为菱形，因而可用四段圆弧近似画椭圆(见图 6-17)。其作图步骤如图 6-17(a)、(b)所示。同理，V、W 面上的圆的正等测图(椭圆)的画法分别如图 6-17(c)、(d)所示。

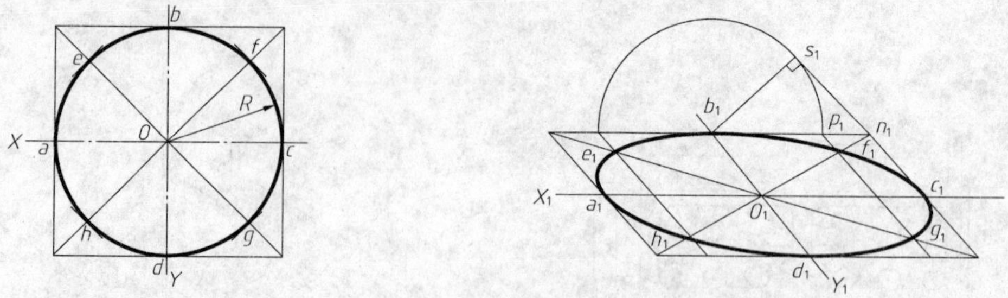

(a)过圆心建立 OX、OY 轴，并画圆的外切正方形，得切点 a、b、c、d 及正方形对角线与圆的交点 e、f、g、h

(b)设轴测轴，取 $o_1a_1=o_1c_1=R$，$o_1b_1=o_1d_1=R/2$ 得 a、b、c、d 的轴测投影 a_1、b_1、c_1、d_1，过此四点作轴测轴的平行线，得圆外切正方形的轴测投影，即椭圆外切平行四边形。

以 b_1n_1 为斜边，作一等腰直角三角形 $b_1n_1s_1$，以 b_1 为圆心、b_1s_1 为半径画圆交 b_1n_1 于 p_1，过 p_1 作 O_1Y_1 轴平行线与两对角线交于 f_1、g_1 两点。同理作 e_1、h_1。用曲线板连接 c_1、g_1、d_1、h_1 八点，即得椭圆

图 6-16　圆的轴测图作法——八点法

(a)画出圆的外切四边形并作出切点的正等测图 a_1、b_1、c_1、d_1

(b)确定正等测轴测轴，并作出外切四边形的轴测图(菱形)；再定四心：菱形短对角线端点 o_1、o_2 为两个圆心，连 b_1o_1、c_1o_1(必垂直于相应的菱形边)交菱形长对角线于 o_3、o_4，此为另两个圆心。分别以 o_1、o_2、o_3、o_4 为圆心，以 o_1b_1、o_2d_1、o_3b_1、o_4c_1 为半径作四段圆弧：b_1c_1、a_1d_1、a_1b_1、c_1d_1，即得近似椭圆

图 6-17　圆的正等测轴测图作法——四心圆法

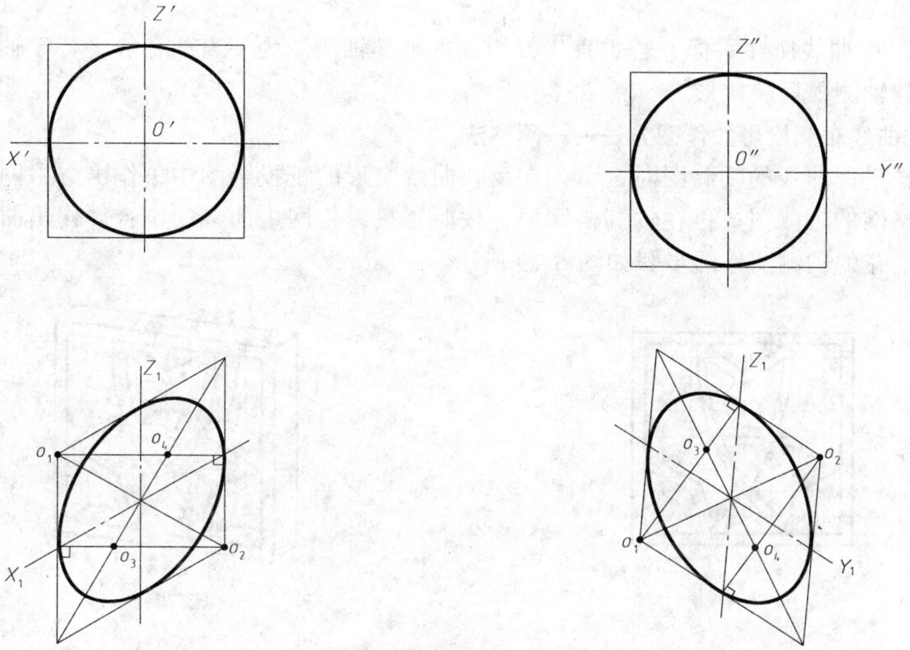

(c)*V* 面上椭圆画法　　(d)*W* 面上椭圆画法

续图 6-17

(四)圆角的正等测图

圆角的正等测图，也可按上述近似法求作(见图 6-18)，实际上为 1/4 椭圆，其作图步骤如图 6-18 所示。

(a)延长与圆角相切的两边线使其成直角图

(b)按直角作出它的正等测图，以角顶点为起点在两边量取半径 *r* 的长度得 a_1、d_1，过 a_1、d_1 作所在边投影的垂线，两垂线交于一点(圆心)，以交点为圆心作圆弧与两直线相切，即完成圆角的正等测投影

图 6-18　圆角的正等测图

二、曲线

(一)曲线轴测投影的一般特性

(1)曲线的轴测图，一般情况下仍是曲线，故只要作出曲线上足够数量的点的轴测图，

顺次连接起来即是。

(2)平面曲线所在平面：若垂直于投影面，则其轴测图为一直线；若平行于轴测投影面，则其轴测图反映实形。

(二)曲线轴测投影的作图方法——网格法

在作平面曲线的轴测图时，可先在反映曲线实形的正投影图中，作出方格网，然后画出方格网的轴测图。再在轴测格网中，按照正投影格网中曲线的位置，作出曲线的轴测图。空花的轴测图作图步骤如图 6-19 所示。

(a)正面形状　　(b)正二测图

图 6-19　空花的轴测图

空间曲线的轴测图，可在投影图作出曲线上一系列点的两面或三面投影后，逐点求作其轴测图，连接起来即是。

【例 6-10】　已知圆柱螺旋线的正投影图如图 6-20(a)所示，求其正等轴测图。

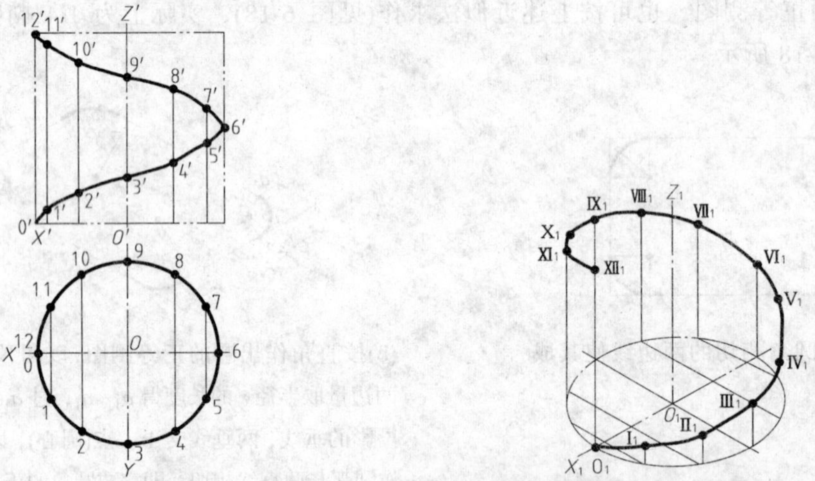

(a)投影图

(b)以 H 面投影圆周的相互垂直的中心线作 X 轴和 Y 轴，画出轴测轴，直接量取 H 面投影圆周中各点的坐标，作出各点的水平投影。由各点水平投影作 O_1Z_1 的平行线，并量出 V 面投影中相应点的高度，可得出曲线上各点的轴测图。连接所求各点，即为所求圆柱螺旋线的正等轴测图

图 6-20　圆柱螺旋线的正等轴测图

三、曲面立体

圆柱、圆锥和其他旋转面的轴测图，都可归结为画圆周的轴测图(见图 6-21)。

(1)圆柱如图 6-21(a)所示，在作出底圆和顶圆的轴测图后，再作两椭圆的公切线(平行于 O_1Z_1)，即为轴测图中的外形线。

(2)圆锥如图 6-21(b)所示,其轴测图的外形线为自锥顶的轴测图向底椭圆所作的两条切线。

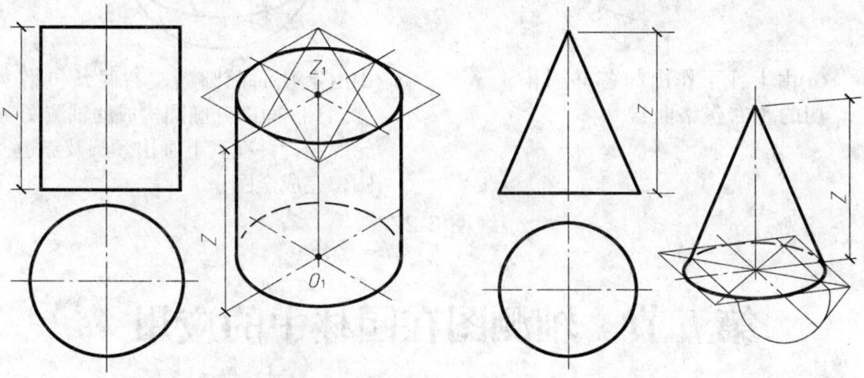

(a)圆柱正等轴测图　　(b)圆锥正二测图

图 6-21　曲面立体轴测投影图

【例 6-11】 已知回转面的正投影图如图 6-22(a)所示，求作正等测图。

【分析】

以对称轴建立直角坐标轴，并作上下底圆、颈圆和赤道圆及一个一般纬圆，共计 5 个纬圆。用包络线法作此正等测图。

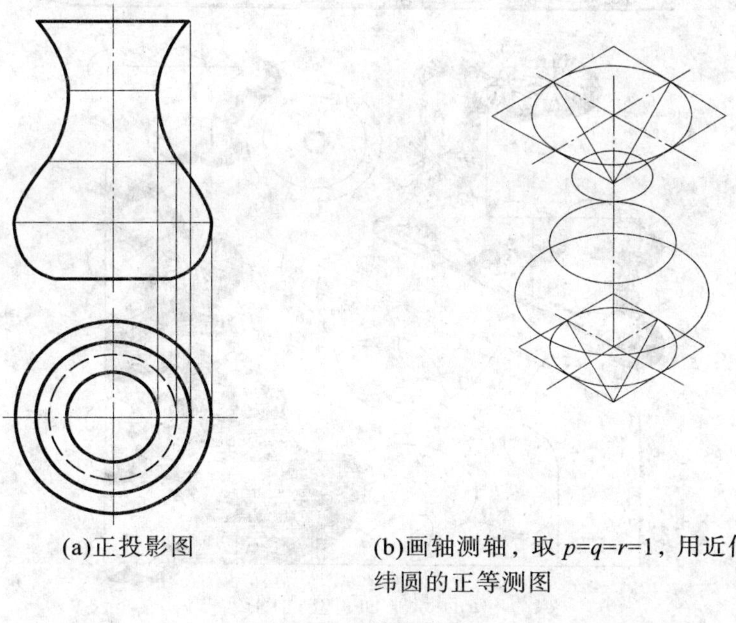

(a)正投影图　　(b)画轴测轴，取 $p=q=r=1$，用近似法作上述 5 个纬圆的正等测图

图 6-22　回转体轴测图

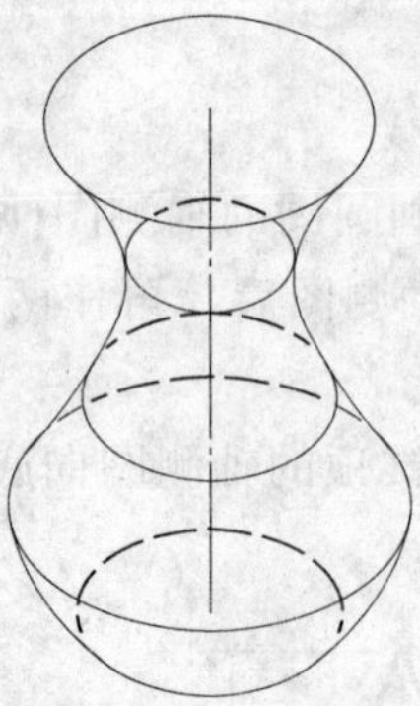

(c)由上往下作出与各椭圆相切的左右包络曲线

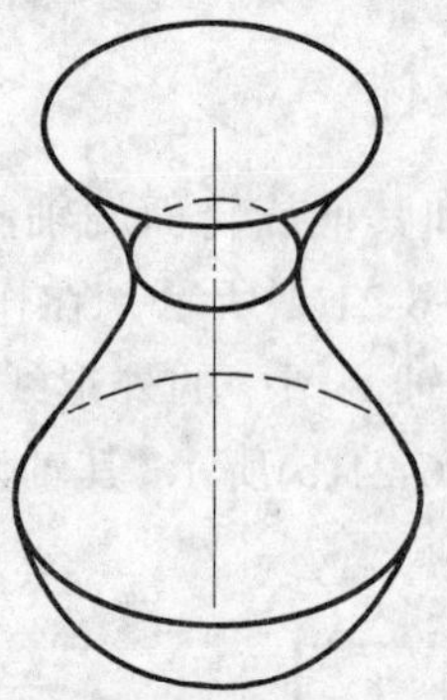

(d)由上顶面椭圆、左右两条包络线、下底面部分椭圆构成的轴测图轮廓线，并在其上画出颈圆及赤道圆，完成全图

续图 6-22

第五节　轴测图在园林中的应用

在园林设计中，轴测投影除可以表现某些小构件的立体效果外，还可以用于园林景观展示。在一幅图纸中往往有直线、曲线，这就需要绘图者根据图形的特征(形态特征复杂程度等)决定采用的方法。

【例 6-12】　用正等测轴测图表示图 6-23(a)所示的园景。

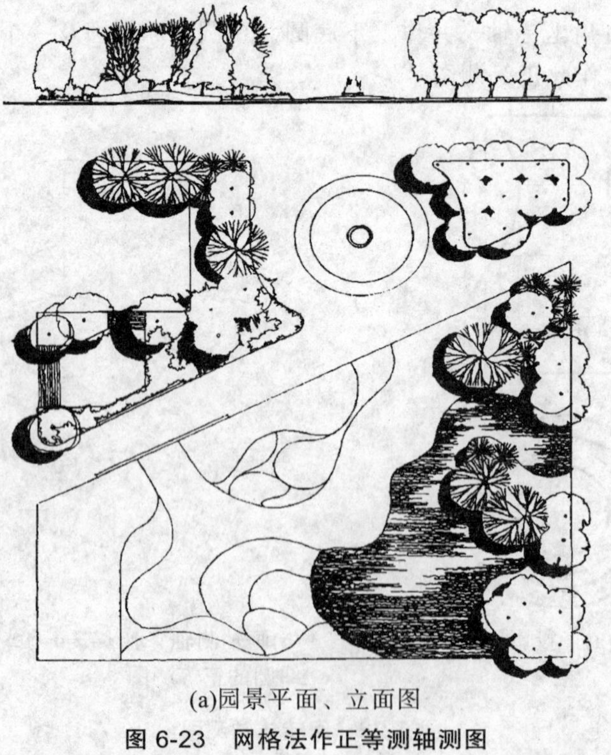

(a)园景平面、立面图

图 6-23　网格法作正等测轴测图

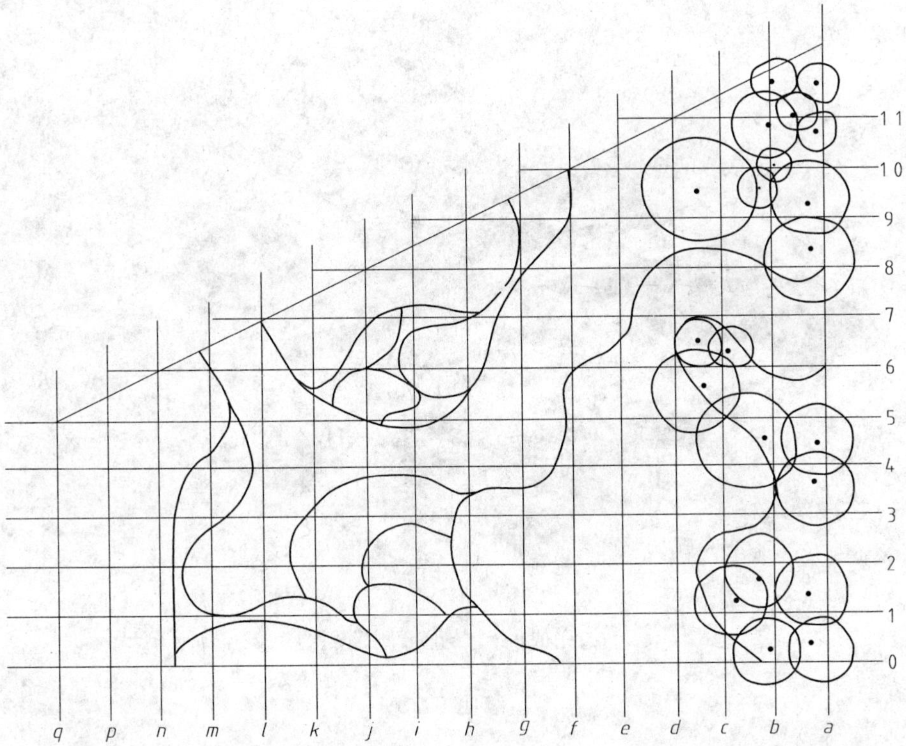

在作图中较复杂的平面曲线之前，可先作网格

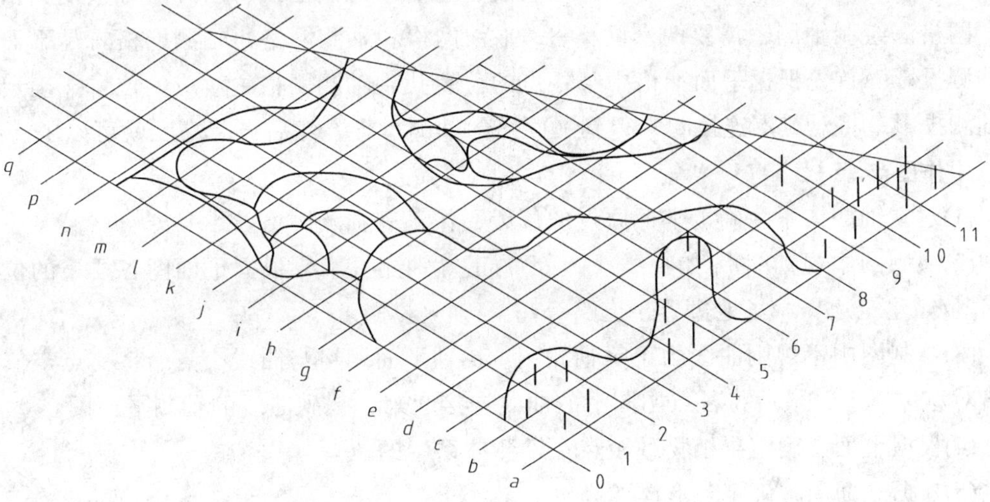

作网格的轴测图，然后再作平面曲线的轴测图，自然种植的树木位置也应结合网格轴测图来定圆的轴测图，可根据与轴向线平行的菱形来作

(b)复杂平面曲线的轴测图作法

续图 6-23

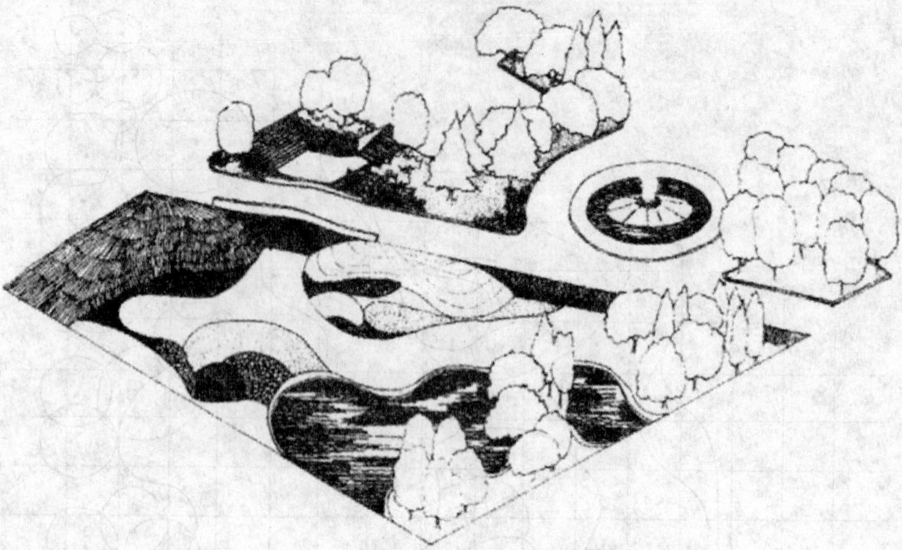

(c)完成的园景正等测轴测图

续图 6-23

【分析】

根据平面图可以看出园景中有规则直线，也有不规则曲线，所以最好采用网格法绘制。网格法绘制轴测图需要两套网格——平面网格和轴测网格，轴测网格就是平面网格的轴测投影。首先根据平面网格中某一点的位置找到轴测网格中对应的位置，确定出点的轴测投影，将对应点连接起来得到平面图的轴测投影，然后再起高度就可以了。

【作图步骤】

(1)建立轴测体系。确定坐标原点的位置，作正等轴测网格。

(2)绘制图中规则图形(如直线、圆等)的正等轴测投影。根据平面图各要素的位置绘制出其(如建筑边界、场地边界、道路等)正等轴测投影。

(3)绘制图中不规则曲线的正等轴测图。找到平面网格与曲线交点，将交点定位在轴测格对应位置上，最后将各点用圆滑的曲线连接起来，得到曲线的轴测平面图。

(4)根据平面图确定出植物种植点在轴测体系中的位置。

(5)根据立面图，确定各形体的高度。

(6)绘制出所有景物，并添加装饰配景完成轴测图绘制。

【例 6-13】　根据房屋的平面图和立面图(见图 6-24(a))作带水平截面的水平斜轴测图。

【分析】

本例实质上是用水平剖切平面剖切房屋后，将下半截房屋画成水平斜轴测图。

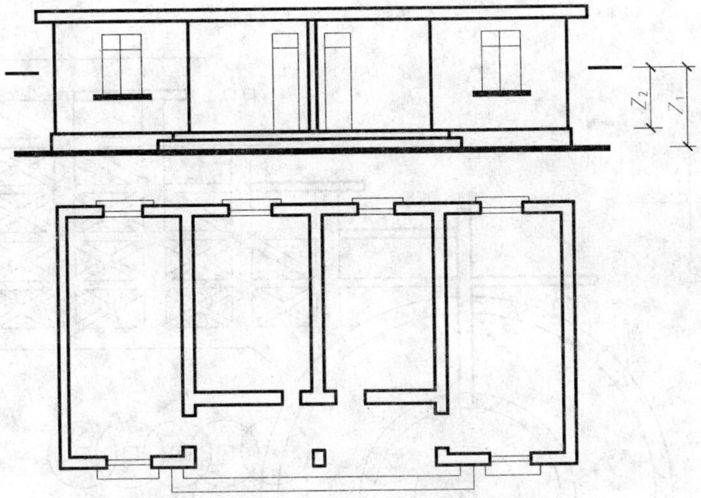

(a)房屋的立面图和平面图

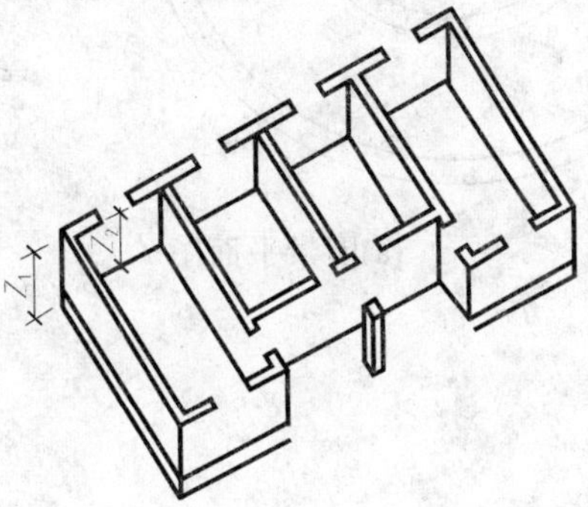

(b)作断面图，即把平面图旋转 30° 过各个角点往下画高度线，画出屋内外的墙脚线要注意室内外的地面标高的不同

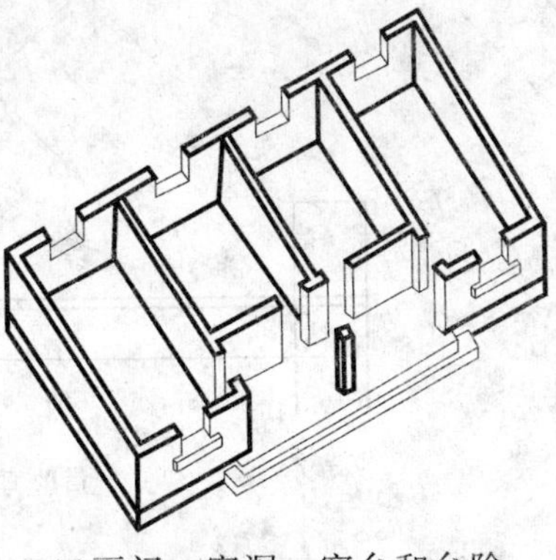

(c)画门、窗洞、窗台和台阶

图 6-24 带断面的房屋水平斜轴测图

【例 6-14】 用水平斜等测图表示图 6-25(a)所示的园景。

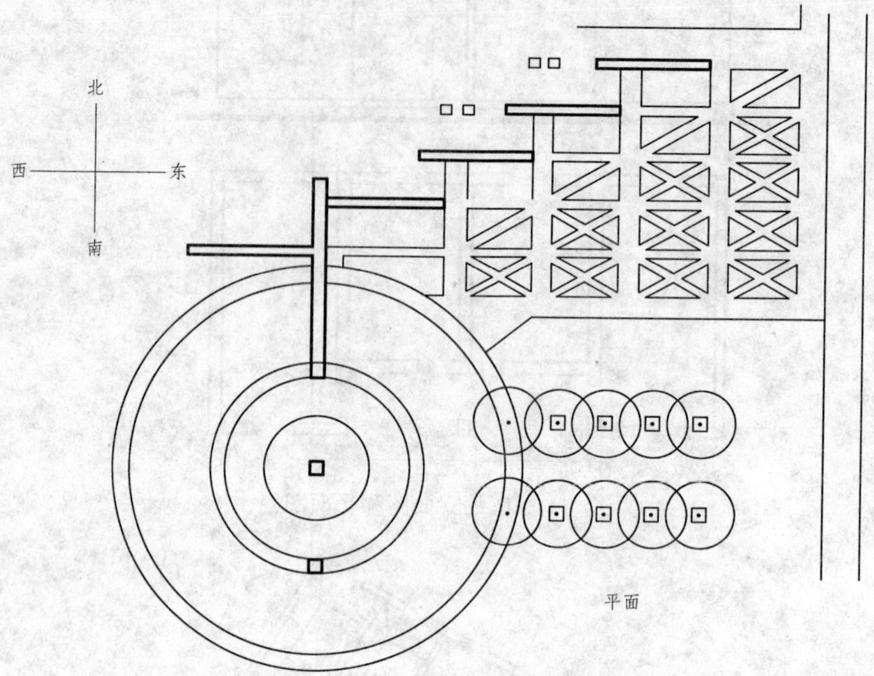

(a)园景平面图

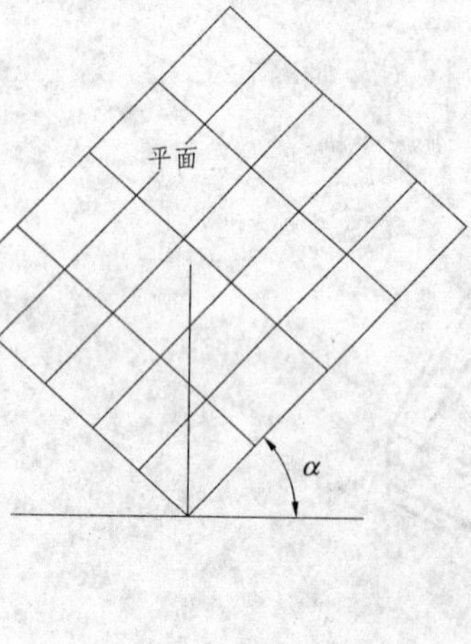

选定水平角，作平面

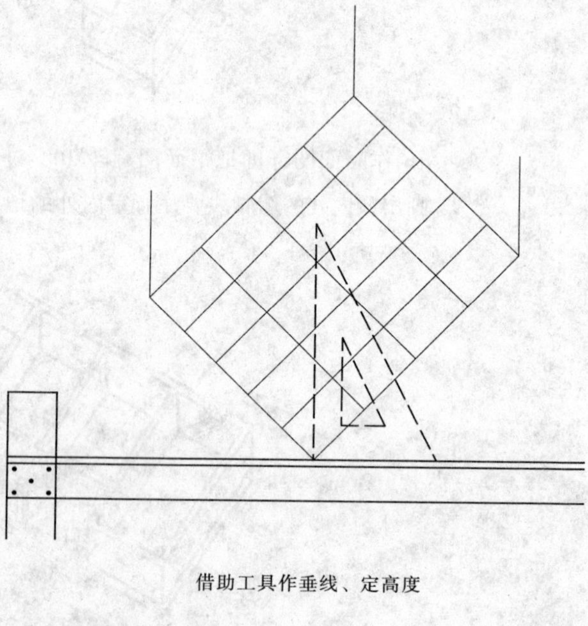

借助工具作垂线、定高度

图 6-25　水平斜等测图画园景

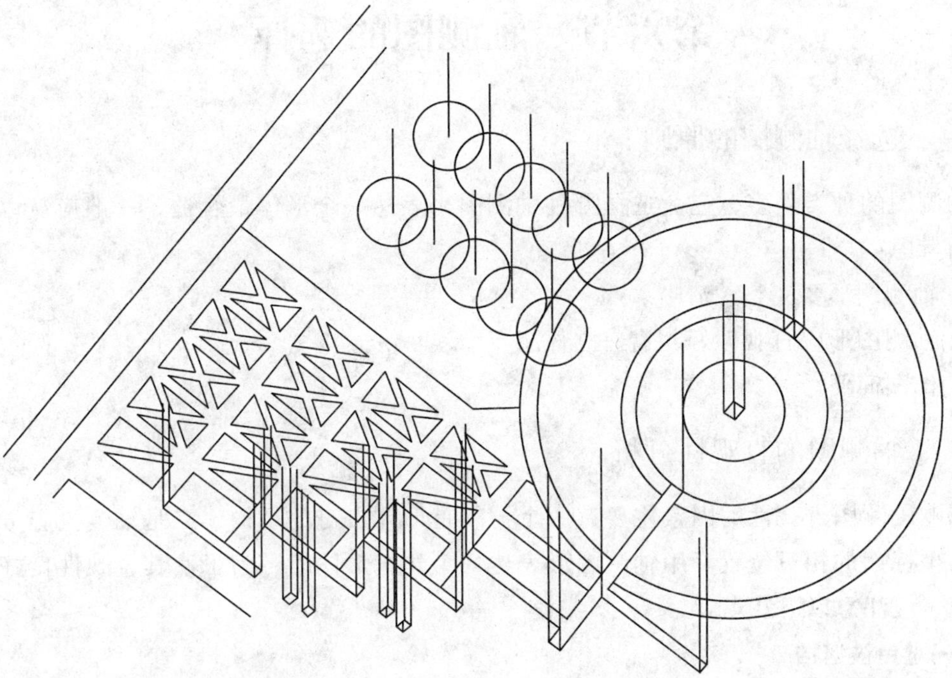

(b)作垂直方向线，并在其上按实际高度定出诸点，然后从这些点引水平轴测轴的平行线，完成轮廓的图形

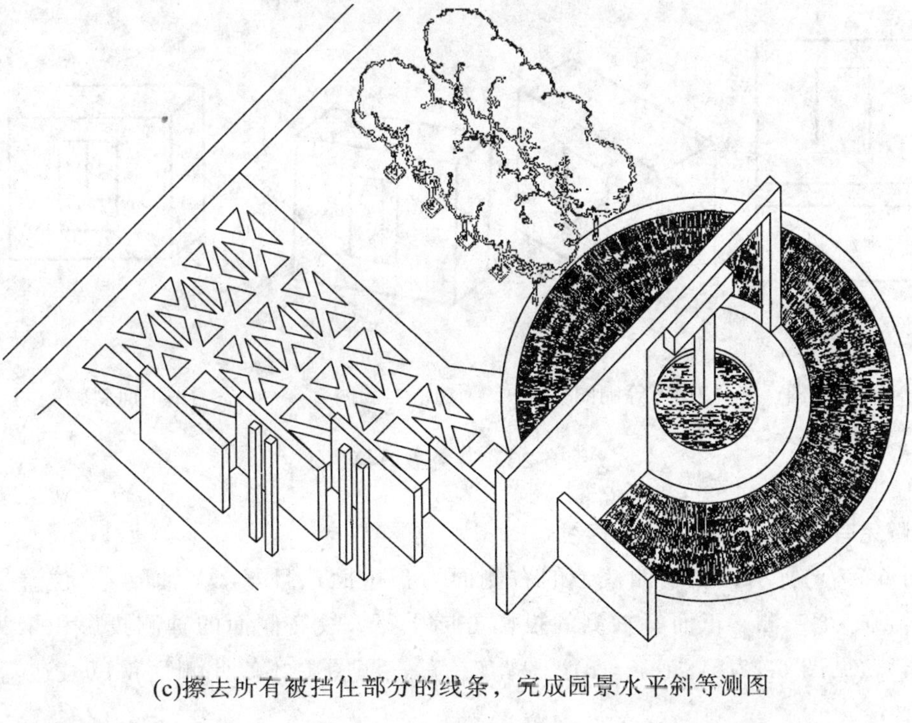

(c)擦去所有被挡住部分的线条，完成园景水平斜等测图

续图 6-25

第六节　轴测图的选择

一、选择轴测图的原则

轴测图的种类繁多，究竟选择哪种轴测图来表达一个形体最合适，一般应从以下三个方面考虑：

(1)轴测图形要完整、清晰。

(2)轴测图形应直观性好，富有立体感。

(3)作图简便。

二、轴测图的直观性分析

影响轴测图直观性的因素主要有两个：一是形体自身的结构，二是轴测投影方向与各直角坐标面的相对位置。用轴测图形表达一个建筑形体时，为了使其直观性良好，表达清楚，应注意以下几点。

(一)避免被遮挡

在轴测图中，应尽量将隐蔽部分(如孔、洞、槽)表达清楚。如图 6-26 所示，该形体中部的孔洞在正等测图中看不到底(被左前侧面遮挡)，而在正二测图和正面斜轴测图中能看到底，故直观性较好。

(a)正投影图　(b)正等测图　(c)正二测图　(d)正面斜轴测图

图 6-26　避免被遮挡

(二)避免有侧面的投影积聚为直线

如图 6-27(a)所示，由于四棱台的右侧面为正垂面，且与 *OX* 轴成 45°位置，这样就与正等测、正二测、正面斜轴测的投影方向平行，故右侧面的轴测投影积聚为一直线，不直观(见图 6-27(b)、(c)、(d))。只有在正三测图中才使此侧面得以表达清楚(见图 6-27(e))。

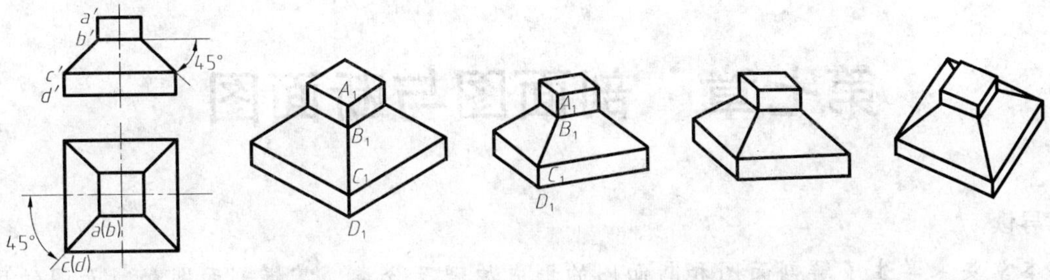

(a)正投影图　(b)正等测图　(c)正二测图　(d)正面斜轴测图　(e)正三测图

图 6-27　正投影及四种轴测图

(三)避免转角处交线投影成一直线

如图 6-27 所示，在正等测图中，由于形体左前方转角处的交线 *AB*、*BC*、*CD* 均处在与 *V* 面成 45°角的同一平面上，与投影方向平行，必然投影成一直线，故直观性不如图 6-27(c)、(d)、(e)。

(四)避免平面体投影成左右对称的图形

如图 6-27 所示，正等测投影方向恰好与形体的对角线平面平行，故轴测图左右对称。而图 6-27(c)、(d)、(e)则不是这样的，直观性相对较好。

(五)合理选择投影方向

如图 6-28 所示，反映出轴测图四种不同投影方向及其图示效果。显然，该形体不适合作仰视轴测图(见图 6-28(e))，而适合作俯视轴测图(图 6-28(c))，且图 6-28(b)的表达效果又好于图 6-28(c)。究竟从哪个方向投影才能清楚地表达建筑形体，应根据具体情况而选择。

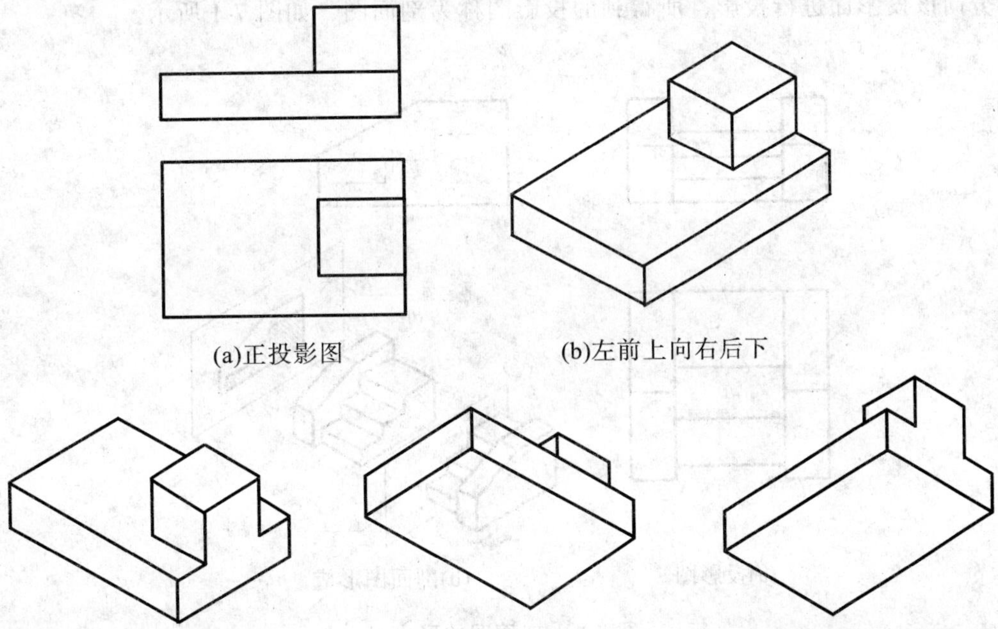

(a)正投影图　(b)左前上向右后下

(c)右前上向左后下　(d)左前下向右后上　(e)右前下向左后上

图 6-28　轴测图的四种投影方向及图示效果

第七章　剖面图与断面图

本章导读

本章要求学生了解剖面图和断面图的形成原理及分类，掌握剖面图和断面图的区别、作图及识读方法，为专业识图和绘图打好基础。

在工程图中，投影图中实线表示可见轮廓，虚线表示不可见轮廓。对于内部形状复杂的物体，其投影图中将会出现很多虚线，虚线、实线交错，难以识读，不便于标注尺寸，容易产生差错。为了更加清楚地表达物体的内部形状，我们假想将形体剖开，用剖面图和断面图让它的内部构造显露出来。

第一节　剖面图

一、剖面图的形成

为了清楚地表达物体的内部结构和构造，用一个假想的平行于某一投影面的剖切平面，在适当部位将物体切成两部分，并将观察者与剖切平面之间部分移去，将剩下的另一部分向该投影面进行投影，所得到的投影图称为剖面图，如图 7-1 所示。

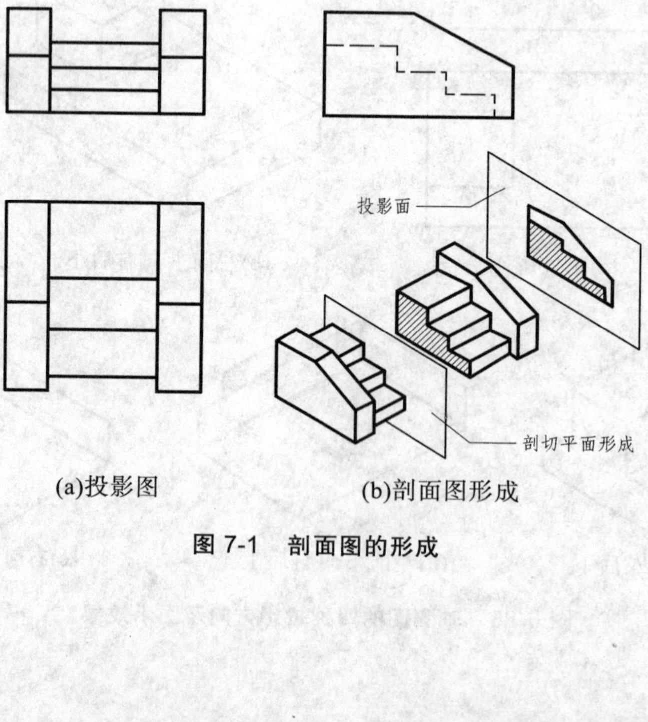

(a)投影图　(b)剖面图形成

图 7-1　剖面图的形成

二、剖面剖切符号

在画剖面图之前，应先确定剖切位置，用剖切符号表示剖切位置。剖切符号由剖切位置线和剖视方向线组成，可综合表现剖切平面位置、投影方向及剖面图的编号。

剖面剖切符号如图 7-2 所示，其由剖切位置线及剖视方向线组成，均应以粗实线绘制。剖切位置线的长度为 6 ~ 10 mm；剖视方向线垂于剖切位置线，长度为 4 ~ 6 mm，表示投影面所在的一侧。绘图时，剖面剖切符号不宜与图面上的图线相接触。

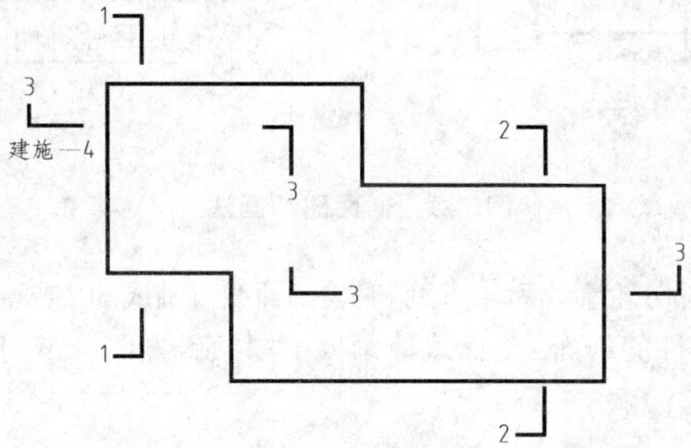

图 7-2　剖面剖切符号

剖面剖切符号的编号，宜采用阿拉伯数字，按顺序由左至右、由下至上连续编排并应注写在剖视方向的端部。

需要转折的剖切位置线，应在转角的外侧加注与该符号相同的编号，以免与其他图线发生混淆。

三、剖面图的画法

(一)剖切平面的设置

所设置的剖切平面，需根据物体的具体形状，使剖面图能充分表示出物体的内部特征，且数量最少，并应平行于某一投影面，以便能反映剖面的实形。同时，所设剖切平面不得与轮廓线重合。

(二)剖面图的画法

形体被剖切后的断面轮廓线画为粗实线，剖面图中没剖切到的可见轮廓用中实线绘制，以示区别。同时，在断面轮廓范围内画上间距相等的倾斜的细实线，若指明了材料类别则应画出建筑材料图例，不需指明材料时，可用等间距、同方向的 45°细实线画出剖面线，如图 7-3 所示。

在画剖面图时，同时应注意以下几点：

(1)剖切是假想的，除剖面图、断面图外，其余投影图均按物体的完整轮廓画出。

(2)在剖面图中已表达清楚的内部形状，在其他投影图可略虚线。

(3)表示不同材料的构件时，应在剖(断)面上画出材料分界线，如图 7-4 所示。

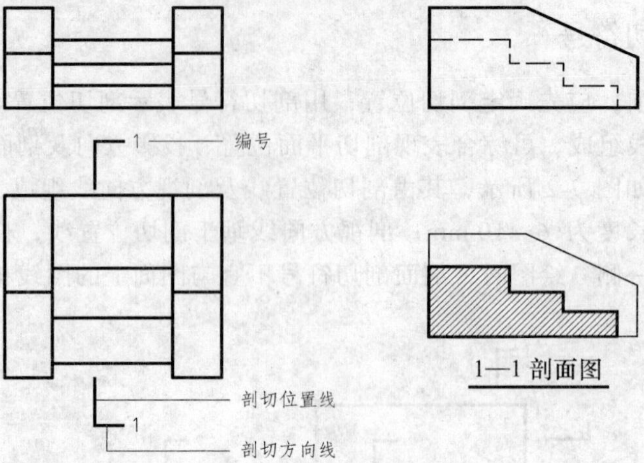

图 7-3　剖面图的画法

(4)当剖(断)面图有部分轮廓线为 45°倾斜时，剖面线可画成 30°或 60°，以便区别，对相邻两个或两个以上不同构件的剖面，剖面线应画成不同倾斜方向或不同间隔，如图 7-5 所示。

图 7-4　材料分界线

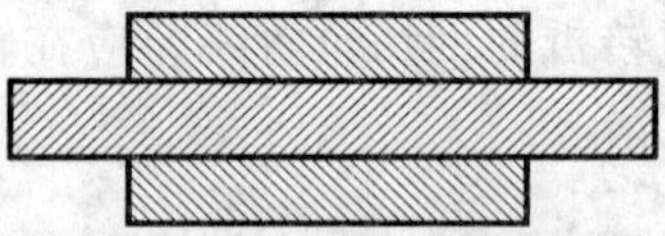

图 7-5　相邻物体剖面线的画法

(5)对于房屋建筑图中的剖面图(详图除外)一般不画材料图例，而且水平剖面图，习惯上沿门窗洞位置剖切，可不画剖切线。

四、剖面图的类型

(一)全剖面图

对于不对称且外形比较简单，但内部结构复杂的形体，可假想用一个剖切平面将形体全剖开，然后画出形体的剖面图，这种剖面图称为全剖面图。如图 7-6 所示，为了表示建筑的内部布置，假想用一水平的剖切平面，通过门、窗洞将整幢房屋剖开，然后画出其整体的剖面图。

在园林规划中，常用全剖面图来反映地形或构成园景各要素在竖向上的关系。园景剖面图是指某园景被一假想的铅垂面剖切后，沿某一剖切方向投影所得到的视图，如图 7-7 所示。

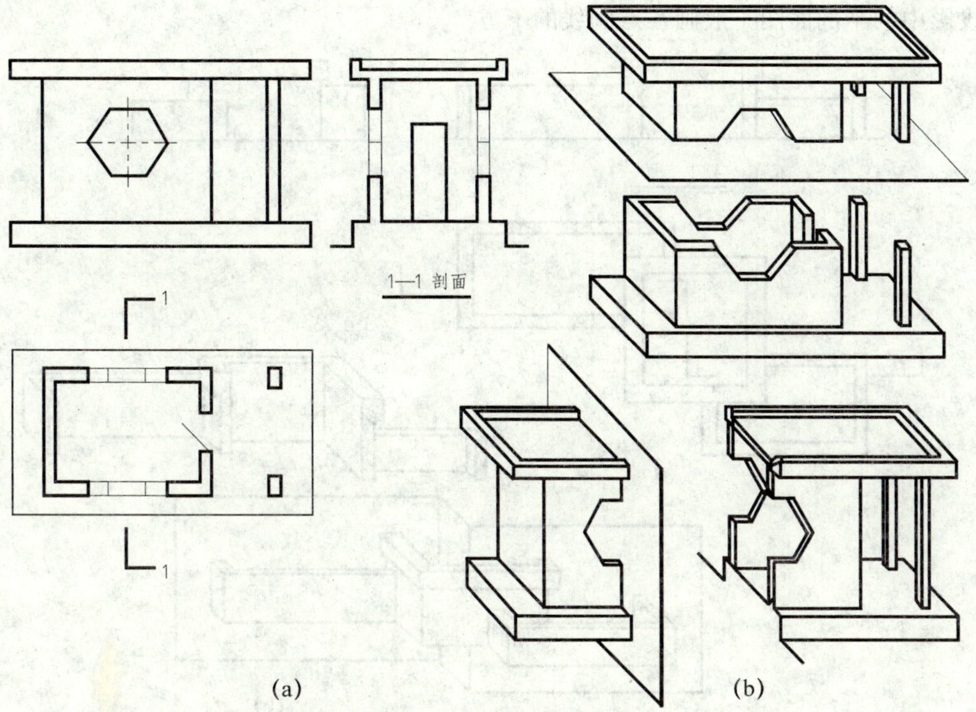

(a)　(b)

图 7-6　房屋全剖面图

图 7-7　园景全剖面图(引自董南，2005)

(二)阶梯剖面图

当采用一个剖切平面不能把物体内剖形状全部表示清楚时，可采用两个或两个以上相互平行的剖切平面来剖切，如图 7-8 所示。

(三)半剖面图

形体对称，且外形复杂时，为了表达形体的外形和内部构造，可用两个或两个以上相交的剖切面剖切，画出半个外形的正投影和半个剖面图组成的图形，这样可同时反映物体内、外形状。半剖面图如按投影关系配置，习惯上不标注，如图 7-9 所示。外形图与半剖面图的分界线应画成点画线，*V*、*W* 面投影中的半剖面图一般画在点画线的右方，

H 面投影中的半剖面图一般画在点画线的下方。

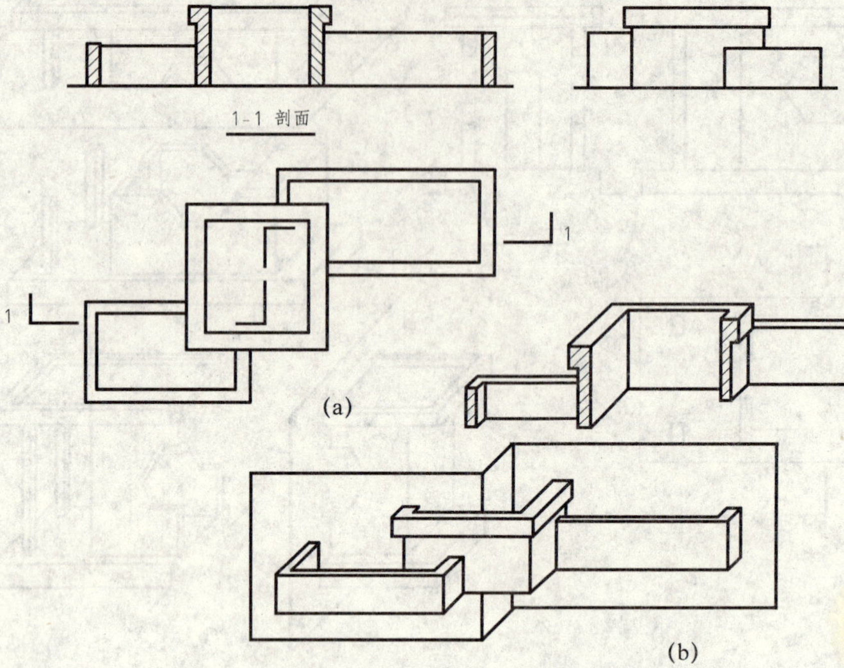

图 7-8　房屋阶梯剖面图

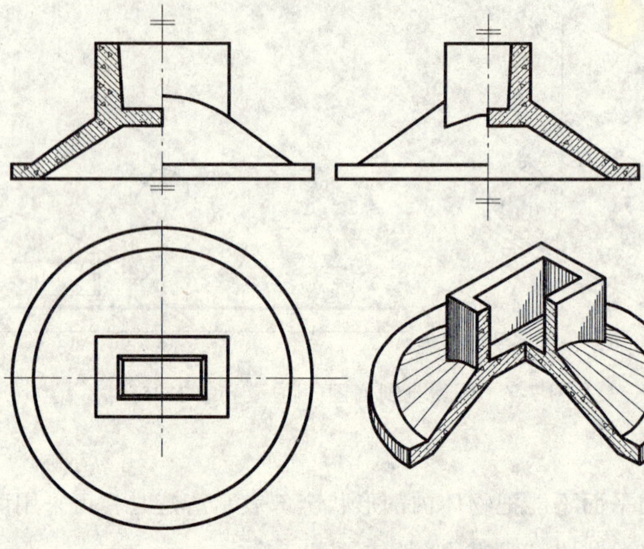

图 7-9　正锥壳基础的半剖面图

(四)分层剖面图

在没有必要作全部剖切的情况下，可采用分层剖切，表示物体局部内形，如图 7-10 所示。分层剖切是一种比较灵活的表示方法，其剖切位置和范围可由需要确定，剖切范围用徒手按层次以波浪线将各层隔开，波浪线不应与任何图线重合。

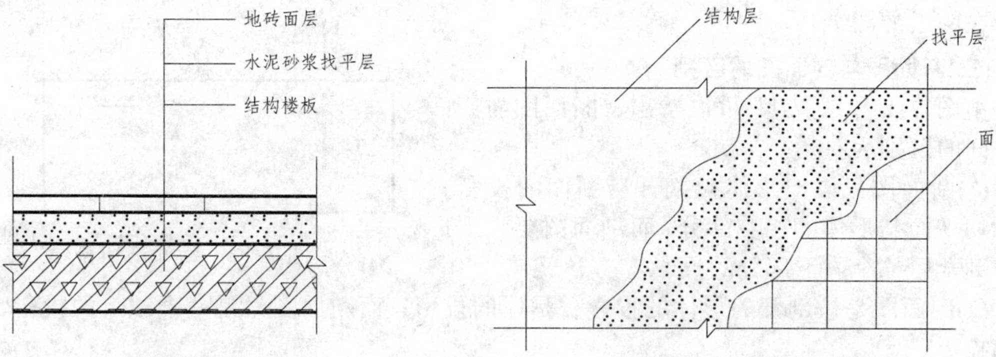

(a)楼面构造　(b)楼面分层剖面图

图 7-10　分层剖面图

第二节　断面图

一、断面图的形成与断面剖切符号

(一)断面图的形成

如第一节所述，用一个假想剖切平面将物体剖开，并将观察者与剖切平面之间的部分移去，只画出剖切平面与形体接触部分的图形，这种图形称为断面图，如图 7-11 所示。

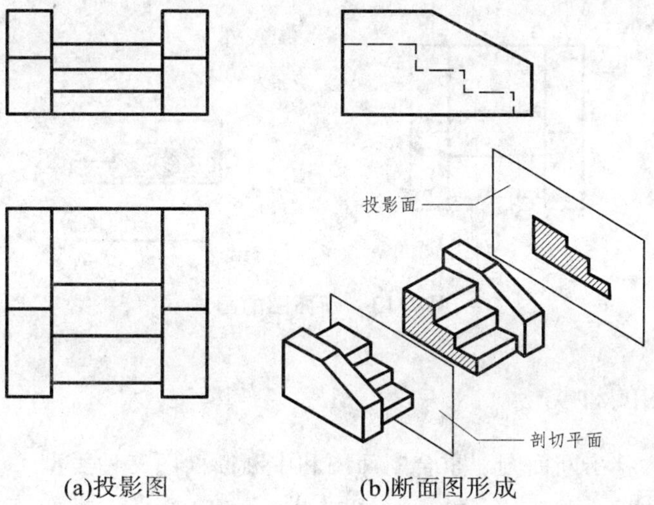

(a)投影图　(b)断面图形成

图 7-11　断面图的形成

(二)断面剖切符号

断面剖切符号，如图 7-12 所示只应用剖切位置线表示，绘制同剖面图。

断面剖切符号的编号，宜采用阿拉伯数字，按顺序连续编排，同时应注写在剖切位置线的一侧，编号所在的一侧应为该断面的剖视方向。

剖面图或断面图若与被剖切图样不在同一张图纸内，可在剖切位置线的另一侧注明其所在图纸的图纸号。

(三)断面图与剖面图的区别

由图 7-1 和图 7-11 可以看出，断面图与剖面图之间的区别为：

(1)断面图只画出形体被剖开后断面的投影，即剖切平面与形体的相交部分；而剖面图要画出形体被剖开后整个剩下部分的投影。

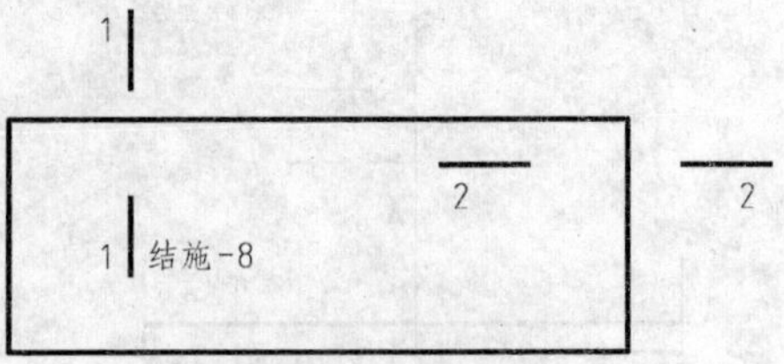

图 7-12　断面剖切符号

(2)剖面图是被剖开的形体的投影，是体的投影；而断面图只是一个截口的投影，是面的投影。

(3)剖切符号的标注不同。断面图的剖切符号只画剖切位置线，不画剖视方向线，编号所在的一侧应为该断面的剖视方向。若编号写在剖切位置上侧，表示向上投影；若注写在右侧，表示向右投影。

(4)剖面图中的剖切平面可转折，而断面图中的剖切平面不可转折。

二、断面图的画法

在断面图中，剖切平面位置的确定及图线的应用和剖面图的相同，如图 7-13 所示。

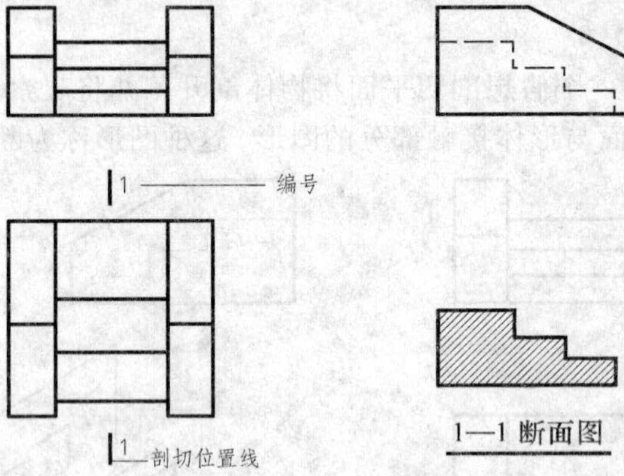

图 7-13　断面图的画法

三、断面图的种类

断面图可分为移出断面图、重合断面图和中断断面图三种类型。

(一)移出断面图

移出断面图是将断面图画在投影图之外。当一个形体有多个断面时，可将其整齐地排列在投影图的四周，并且往往用较大的比例画出，如图 7-14 所示。

(二)重合断面图

重合断面图是将断面图直接画在投影图内。重合断面图的比例与投影图相同，但图线应与投影图有所区别。如投影图的轮廓线为粗实线，重合断面图的轮廓线应为细实线，如图 7-15 所示；反之，若投影图的轮廓线为细实线，重合断面图的轮廓线则为粗实线。重合断面图的轮廓线不闭合时，应在断面轮廓线的内侧边缘加画剖面线，如图 7-16 所示。

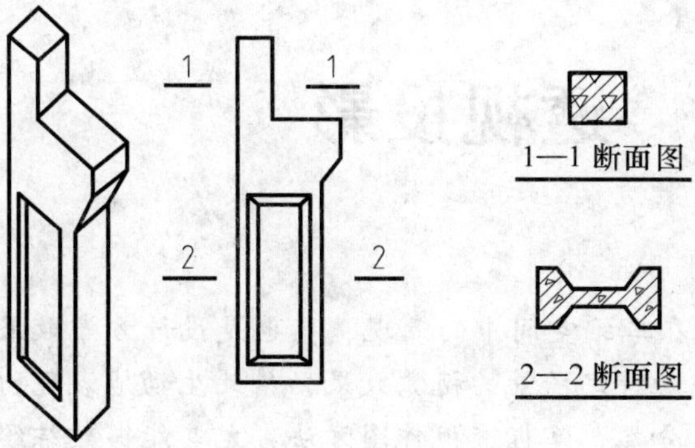

图 7-14　移出断面图

图 7-15　挡土墙重合断面图

(三) 中断断面图

对于较长的构件，断面图可画在投影图的中断处，如图 7-17 所示。重合断面图和中断断面图不标注剖切位置及编号。

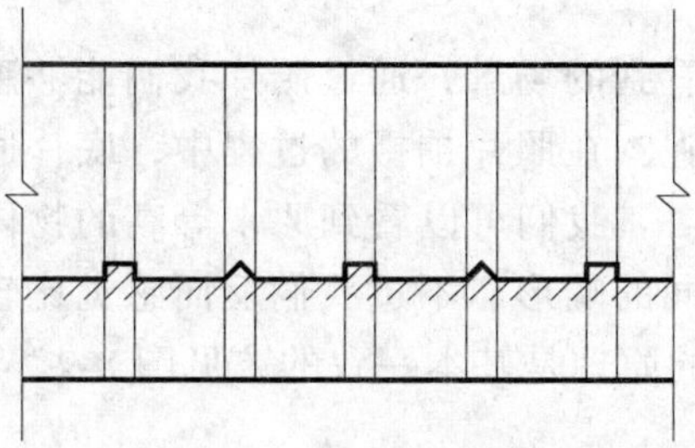

图 7-16　墙壁装饰重合断面图

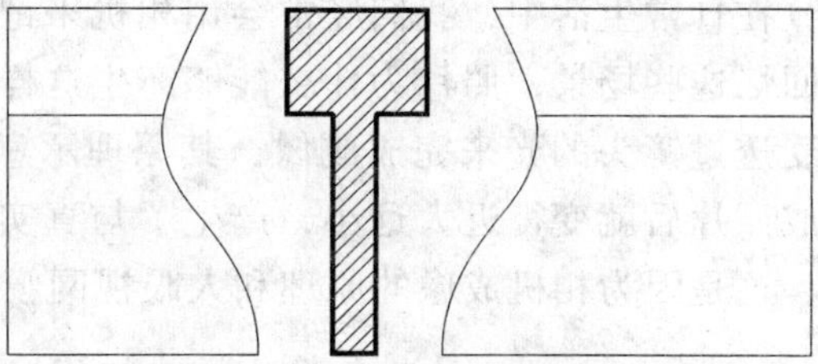

图 7-17　中断断面图

第八章 透视投影

本章导读

透视图(透视投影)是三维空间实体在二维空间中的表现，其也是设计方案效果表现的重要形式，借助于透视图我们可以查看特定场景的视觉效果，借此生动地表现出设计方案。在学习中，要了解透视的形成、分类，掌握透视作图方法，尤其能够熟练绘制出某一形体或场景的一点、两点透视图。

第一节 透视的基本知识

一、透视图的形成

在日常生活中，我们经常会用相机来记录我们看到的场景，通过照片我们能够感受和回忆这些场景，照片为什么能够产生这样的作用呢？在照片拍摄的过程中，底片通过感受透过镜头的光来完成成像，其原理示意见图 8-1。我们可以看到原来等高的物体，拍成照片后就变得近大远小，产生了与真实情况不同的畸形，不过我们反而感觉比较真实，这是因为相机成像的原理和人眼视网膜上成像的原理是基本一致的，见图 8-2。

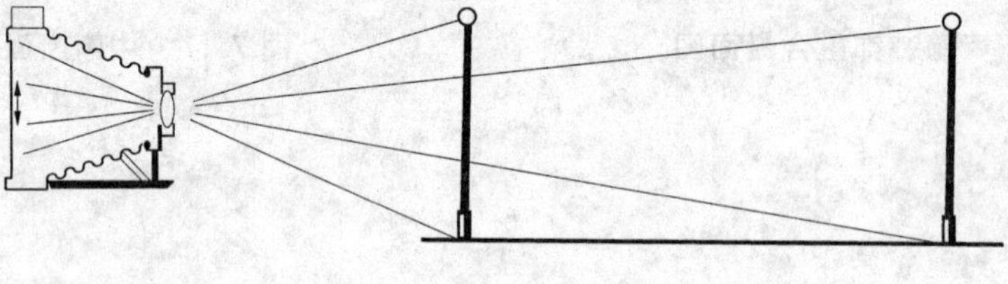

图 8-1 相机拍照成像示意

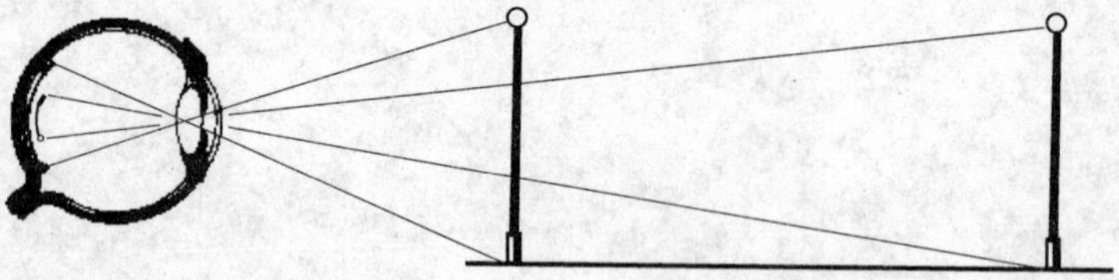

图 8-2 人眼视网膜成像示意

透视投影或透视图就是以观察者的眼睛为投影中心的中心投影，其也能够产生和照片一样准确和逼真的视觉感受，其原理示意见图 8-3，实际上就是由人眼引向物体的直线(视线)与画布交点的集合，我们可以看到透视投影与相机或人眼视网膜的成像是对称的，只不过是上下方向刚好相反，所以其常常用来绘制效果图。设计人员可以通过透视投影来推敲设计方案，其他人员也可以通过透视投影来领会设计意图，或提出评说，使设计方案更趋完美。

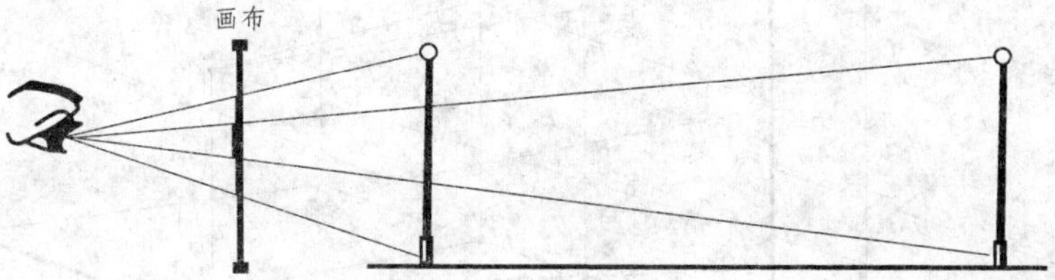

图 8-3　透视图示意

透视投影的作图其实就是求作直线与画布交点的问题。在画法几何投影理论没有出现之前，西方画家就借助于透明的纱制画布或玻璃来观察物体，将所见到的形体轮廓直接描绘在纱制画布或玻璃上。图 8-4 是 15 世纪德国画家丢勒提供的版画，我们可以清楚地看到这一绘画过程。

图 8-4　求作透视图的古老方法

二、常用术语

在绘制透视图时，常用到一些专门的术语，下面结合图 8-5 介绍透视作图中常用的术语。在图 8-5 中，点 A 为空间任意一点。

基面——常用字母 G 表示，即放置物体的水平面或绘有物体平面图的投影面，相当于正投影图中的水平投影面 H。

画面——常用字母 P 表示，即透视图所在的平面，一般选用垂直于基面的铅垂面为画面，也可用倾斜平面或曲面作画面。

基线——常用字母 gg 表示，即基面与画面的交线，相当于正投影图中的 X 轴。

视点——常用字母 S 表示，即中心投影法中的投影中心，相当于人眼所在的位置。

站点——常用字母 s 表示，即视点 S 在基面 G 上的正投影，相当于人的站立点。

心点(主点)——常用字母 s°或 s' 表示，即视点 S 在画面 P 上的正投影。

中心视线——引自视点并垂直于画面的视线，即视点 S 和心点 s°的连线 Ss°。

视平面——过视点的水平面。

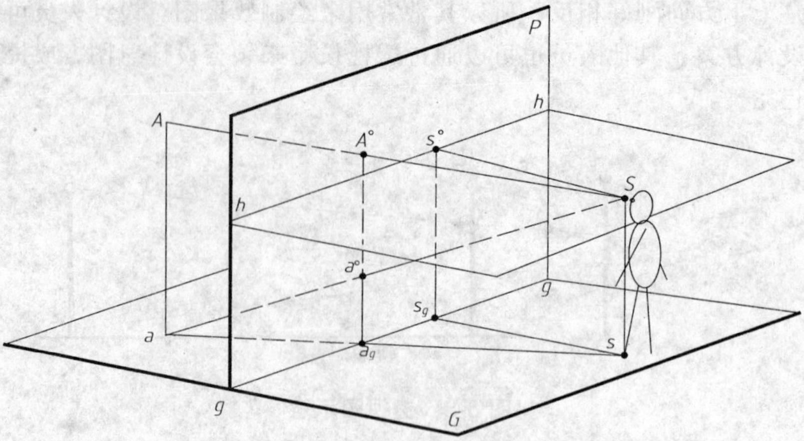

图 8-5　透视投影常用术语示意

视高——视点 S 与基面 G 的距离，即人眼的高度。

视平线——常用字母 hh 表示，即视平面与画面的交线，该线平行于基线 gg，如果画面为铅垂面，心点则必位于视平线 hh 上，视平线与基线的距离等于视高。

视距——视点 S 与画面 P 的距离，即中心视线 $Ss°$的长度，当画面为铅垂面时，站点 s 与基线的距离 ss_g 也反映视距。

视线——自视点 S 引向点 A 的直线 SA，就是过点 A 的视线。

透视——视线 SA 与画面 P 的交点 $A°$，就是空间点 A 的透视。

基点——空间点 A 在基面上的正投影 a，称为点 A 的基点。

基透视——基点 a 的透视 $a°$，称为点 A 的基透视。

第二节　透视的基本规律及画法

一、点的透视与基透视

(一)点的透视规律

1. 点的透视规律一

以画面为界：若该点位于视点的另外一侧，点的透视为通过该点的视线与画面的交点(如图 8-6 所示 A 点)；若该点在画面上，其透视就是其自身(如图 8-6 所示 B 点)；若该点和视点位于画面的同一侧，其透视是视线延长线与画面的交点(如图 8-6 所示 C 点)。

2. 点的透视规律二

点的透视与基透视位于同一条铅垂线上，如图 8-7 所示。

(二)点的透视作图

在正投影图的基础上，设想以 V 面作画面，求作空间点的透视。求点的透视与基透视，就是求解视线与画面的交点，即视线与画面的迹点。

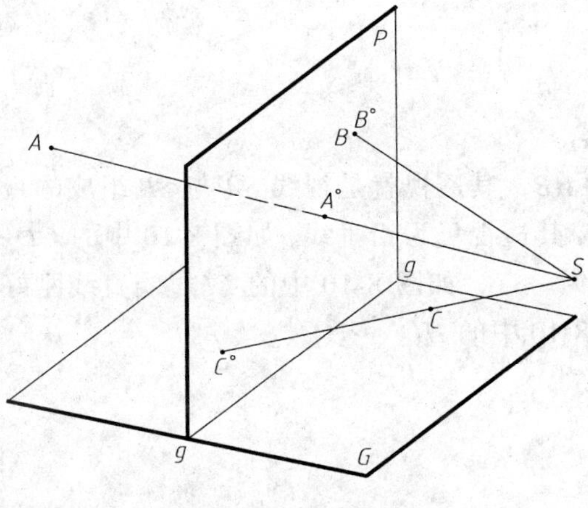

图 8-6　点的透视规律一

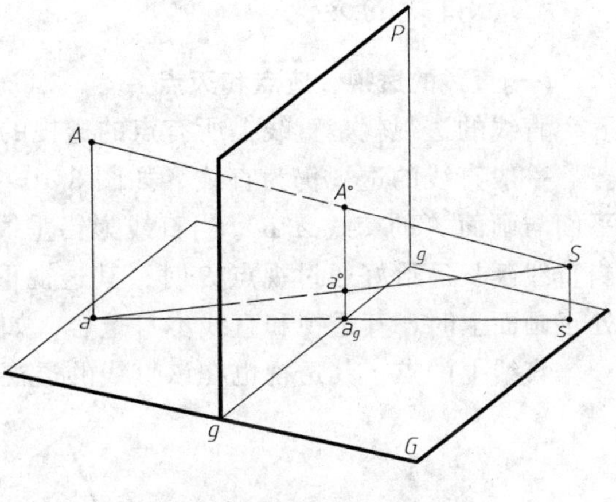

图 8-7　点的透视规律二

图 8-8 展示了求作 A 点透视的空间情况。图中 S 点为视点，其在 $G(H)$面的投影为站点 s，在 $P(V)$面的投影为心点 $s°$，心点 $s°$在视平线 hh 上。点 A 在 $G(H)$面的投影为 a，在 $P(V)$面的投影为 a'，a_x 为 a 点在 $P(V)$面的投影。为求解 A 点的透视和基透视，自视点 S 引视线 SA 和 Sa，这两条视线的 $P(V)$面投影分别为 $s°a'$ 和 $s°a_x$，两视线 SA 和 Sa 在 $G(H)$面投影重合为 sa，sa 与基线 gg 相交于点 a_g，a_g 即为 A 点透视和基透视的 $G(H)$面投影，因此由 a_g 向上延伸与 $s°a'$和 $s°a_x$ 的交点分别为 A 点的透视 $A°$和基透视 $a°$。

具体作图时，可以将图 8-8 表示的空间情况用 $P(V)$面投影和 $G(H)$面投影表示出来，如图 8-9(a)所示。求作点的透视时，可以不画投影面框线，即简化为如图 8-9(b)所示。

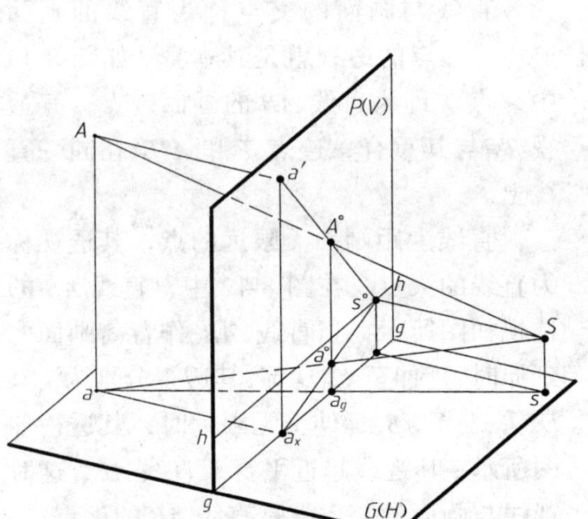

图 8-8　点的透视作法原理示意

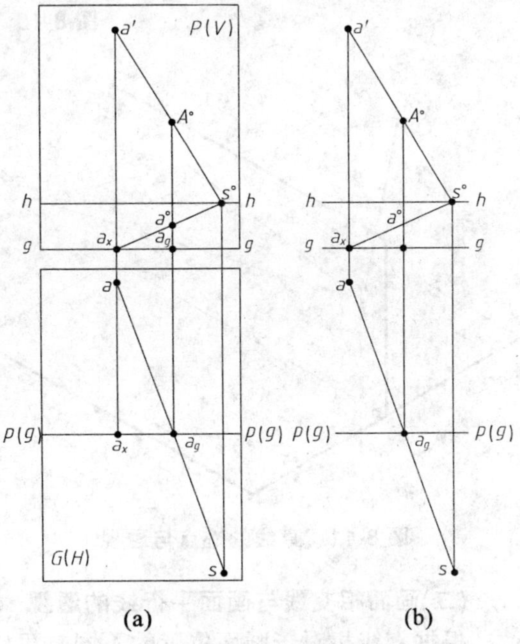

图 8-9　点的透视作法

二、直线的透视

(一)直线的透视、迹点和灭点

直线的透视就是直线上所有点的透视的集合。

一般直线的透视仍为直线，如图 8-10 中的 AB，其透视就是视线 SA 与 SB 组成的视平面与画面 P 的交线 $A^{\circ}B^{\circ}$。当直线为铅垂线时，其透视仍为铅垂线，如图 8-10 中的 CD。当直线延长后恰好通过视点 S 时，其透视重合为一点，如图 8-10 中的 EF。当直线刚好处于画面上时，其透视和直线本身重合，如图 8-10 中的 HI。

直线上的点，其透视也在该直线的透视上。

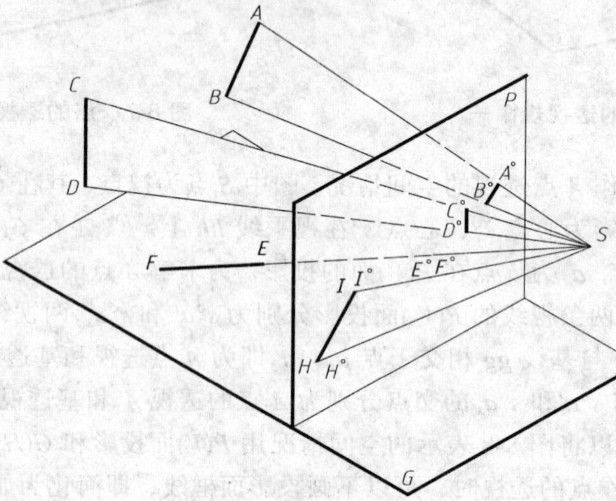

图 8-10　直线的透视

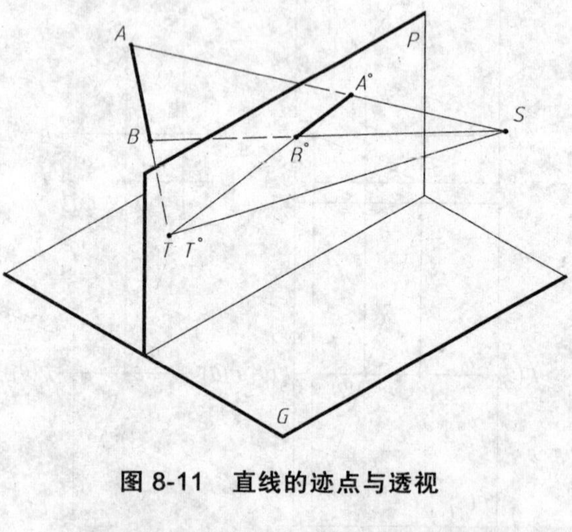

图 8-11　直线的迹点与透视

直线与画面的交点称为直线的画面迹点，迹点的透视就是其本身。如图 8-11 中，点 T 即为直线 AB 的画面迹点，其透视 T°与其重合，迹点 T 和 $A^{\circ}B^{\circ}$在同一直线上。

直线上距画面无限远的点，其透视称为直线的灭点。在图 8-12 中，直线 AB 的透视如图所示，当直线 AB 作背离画面的延伸时，延伸至 C、D 等，其透视分别为 C°、D°等，当 AB 延伸至无限远时，其透视如图所示，其视线趋近平行于直线 AB，这时视线与画面的交点就是直线 AB 的灭点。

(二)画面相交线与画面平行线的透视

根据直线相对于画面位置的不同，可以将其分为两类：一类是与画面相交的直线，称为画面相交线；另一类是与画面平行的直线，称为画面平行线。

1. 画面相交线的透视规律

(1)对于画面相交线，其在画面上必然有该直线的迹点(见图 8-11)，迹点与灭点的连线就是该直线的全线透视，如图 8-12 中的 $A^{\circ}F$。

(2)点在画面相交线上所分线段的长度之比，在其透视上不能保持原长度之比(见图 8-12 中的直线 *AB*、*BC* 的透视)。

(3)一组平行的直线有一个共同的灭点。这是因为，自视点 *S* 引出的平行于一组平行线的视线是同一条视线，所以一组平行线的透视相交于同一个灭点。如图 8-13 所示，直线 *AB*、*CD* 相互平行，其共同的灭点为过视点 *S* 的视线与画面相交的灭点 *F*。

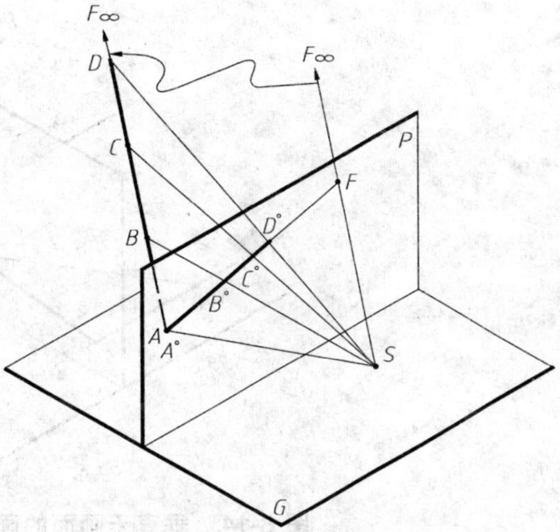

图 8-12　直线的灭点

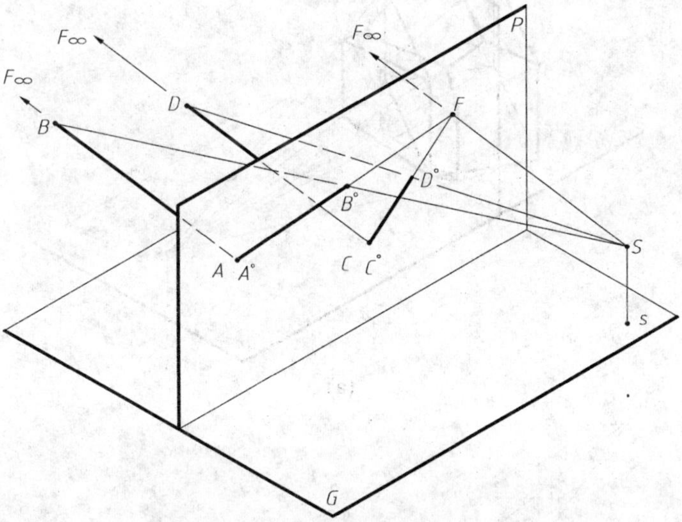

图 8-13　平行线有共同的灭点

(4)垂直于画面的画面相交线，它们的透视灭点就是心点 s°。如图 8-14 中直线 *AB*、*CD* 均为垂直于画面的直线，其透视灭点为心点 s°。

(5)平行于基面的画面相交线，它们的灭点位于视平线上，如图 8-15 中直线 *NJ* 的透视。

(6)倾斜于基面的画面相交线，当其为上行直线(沿离开观察者方向上升的直线)时，其灭点位于视平线上方，如图 8-15 中直线 *ML*、M_1L_1 的透视；当其为下行直线(沿离开观察者方向下降的直线)时，其灭点位于视平线下方，如图 8-15 中直线 *LK* 的透视。

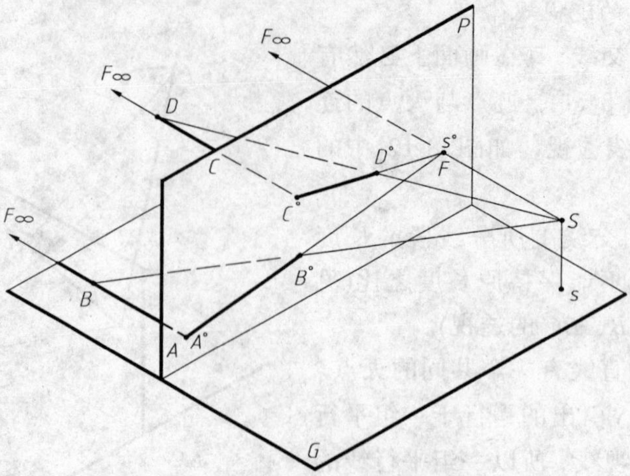

图 8-14　垂直于画面的画面相交直线透视的灭点是心点

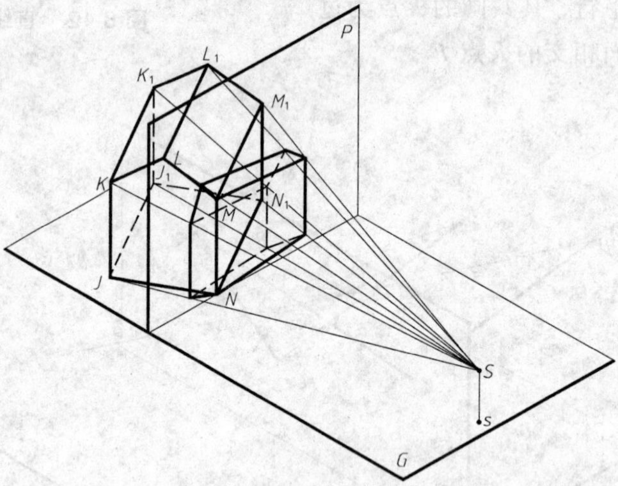

(a)

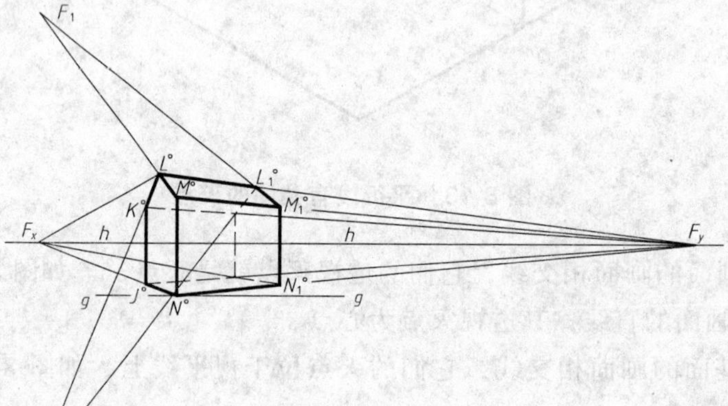

(b)

图 8-15　各种位置直线的透视

2. 画面平行线的透视规律

(1)画面平行线，在画面上不会有灭点和迹点。如图 8-15 中的垂线 MN、KJ。

(2)点在画面平行线上所分线段长度之比，在透视上仍保持原长度之比。如图 8-16 中，点 M 分直线 AB 的长度之比 $AM:MB$，与其透视长度之比 $A^{\circ}M^{\circ}:M^{\circ}B^{\circ}$相同。

(3)一组相互平行的画面平行线，其透视仍相互平行。如图 8-16 中，直线 $AB/\!/CD$，其透视也相互平行，即 $A^{\circ}B^{\circ}/\!/C^{\circ}D^{\circ}$。

(4)铅垂线的透视，仍表现为铅垂线。如图 8-15 中的垂线 MN、KJ。

(5)倾斜于基面的画面平行线，其透视与基线的夹角，反映该直线在空间对基面的真实倾角。如图 8-16 中，直线 CD 与基面的夹角和透视 $C^{\circ}D^{\circ}$与基线的夹角相同，均为 α。

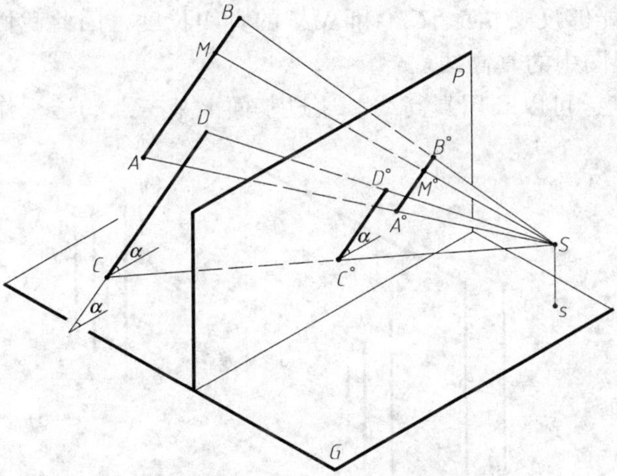

图 8-16 画面平行线的透视特性

(6)平行于基线的直线，其透视也表现为水平线。如图 8-17 中，直线 AB、CD 均为平行于基线的直线，其透视与其自身平行，也平行于基线。

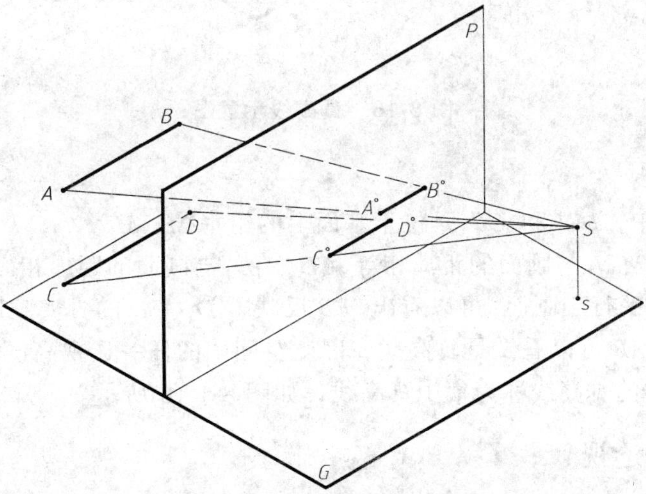

图 8-17 基线平行线的透视特性

(7)位于画面上的直线，其透视和其本身重合，所以其透视反映其空间实长，其透视与基线的角度反映其与基面的真实角度。如图 8-15 中的垂线 MN。

(三)直线透视高度的量取

1. 真高线

根据前面所讲的可以知道，当铅垂线位于画面上时，其透视就是该直线自身，当然也能够反映该直线的实际长度。

在图 8-18 中，直线 AB、CD 和 MN 为高度相同的铅垂线，且位于同一个平面上，其透视分别为 $A^{\circ}B^{\circ}$、$C^{\circ}D^{\circ}$和 $M^{\circ}N^{\circ}$，直线 ACM 和直线 BDN 相互平行，其透视具有相同的灭点 F，见图 8-18(a)。在图 8-18(b)上，$C^{\circ}D^{\circ}$、$M^{\circ}N^{\circ}$的长度不能反映直线 CD、MN 的真实长度，而 $A^{\circ}B^{\circ}$则能够反映 AB、CD 和 MN 的真实长度，因此我们将画面上的铅垂线 $AB(A^{\circ}B^{\circ})$，称为透视图中的真高线。

按照给定的高度，可以利用真高线，通过基面上某一点的透视作出铅垂线的透视。

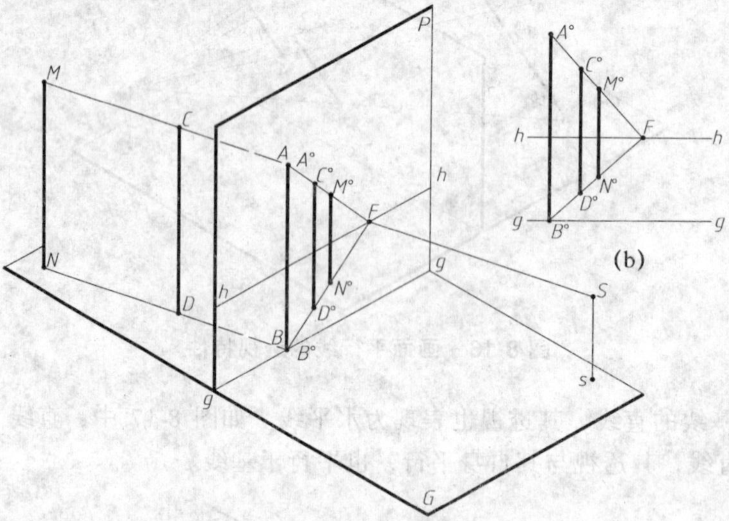

(a)

图 8-18　真高线示意图

2. 集中真高线

在图 8-19(a)中，MN 和 CD 是位于基面上的铅垂线，M_1N_1、C_1D_1 分别与 MN、CD 平齐等高，且 MN、M_1N_1 与画面的距离相等，CD、C_1D_1 与画面的距离相等，即矩形 MNN_1M_1 和矩形 CDD_1C_1 均平行于画面，可以看出，EB 反映 C_1D_1、CD 的真实长度，AB 反映 M_1N_1、MN 的真实长度，AB 可以看做是真高线，因此空间中的任一透视高度都可以在 AB 上找到真实高度，这样的真高线称为集中真高线，如图 8-19(b)所示。

三、平面的透视

平面相对于画面的位置关系有两种：一种平面与画面保持平行，称为画面平行面；另一种平面与画面相交，称为画面相交面。

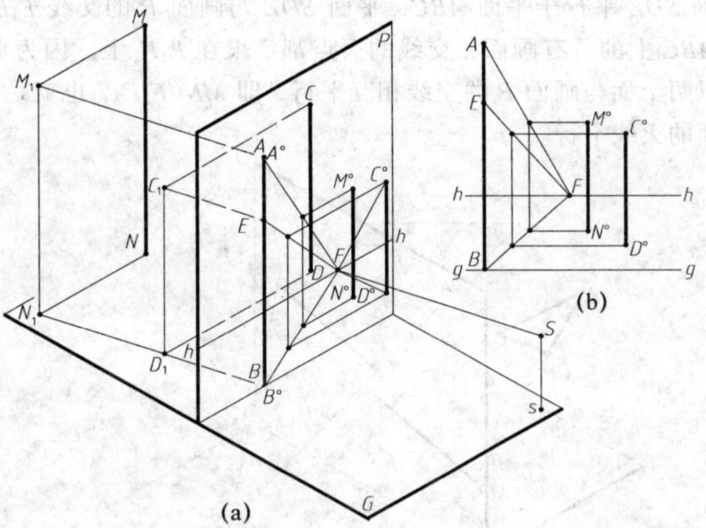

图 8-19 集中真高线示意

(一)画面平行面的透视特性

画面平行面上图形的透视与其自身平行，且为空间实际图形的相似形。

如图 8-20 所示，四边形 *ABCD* 所在平面与画面平行，*AB*、*BC*、*CD*、*DA* 均为画面平行线，其透视 *A°B°*//*AB*、*B°C°*//*BC*、*C°D°*//*CD*、*D°A°*∥*DA*，且四边形 *ABCD* 与其透视 *A°B°C°D°*相似。

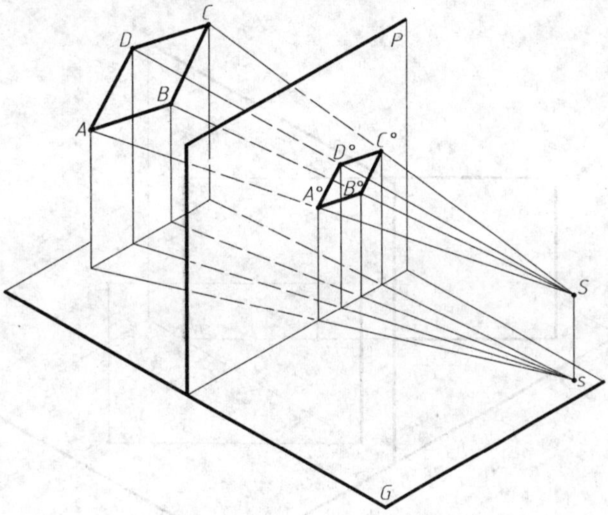

图 8-20 画面平行面的透视特性

(二)画面相交面的透视特性

(1)画面相交面的画面迹线与灭线平行。

如图 8-21 所示，平面 *ABC* 与画面 *P* 相交于 *MN*，*MN* 即为平面 *ABC* 的画面迹线；

过视点 S 作平面 SDE 平行于平面 ABC，平面 SDE 与画面 P 的交线 F_1F_2 即为平面 ABC 的灭线，平面 ABC 上的所有画面相交线的灭点都汇聚在 F_1F_2 上。因为平面 ABC 平行于平面 SDE，所以两个面与画面 P 的交线相互平行，即 $MN//F_1F_2$，也就是画面相交面的画面迹线与该画面的灭线平行。

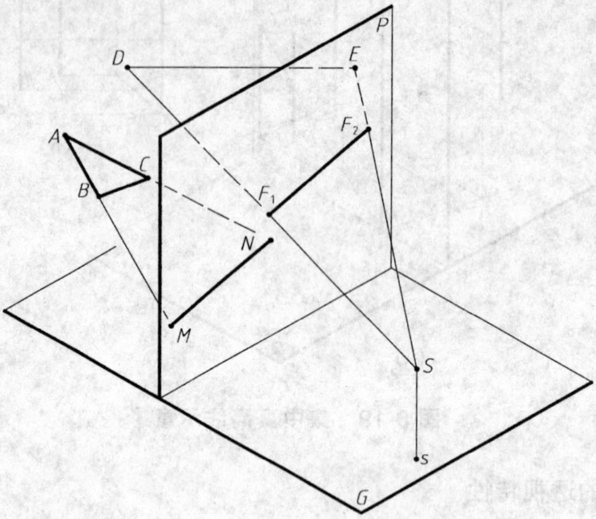

图 8-21　画面相交面的透视特性

(2)铅垂面的画面迹线与灭线均是铅垂线。

如图 8-22 所示，铅垂面 $ABCD$ 的画面迹线为 MN，其灭线为 F_1F_2，MN、F_1F_2 均为铅垂线。

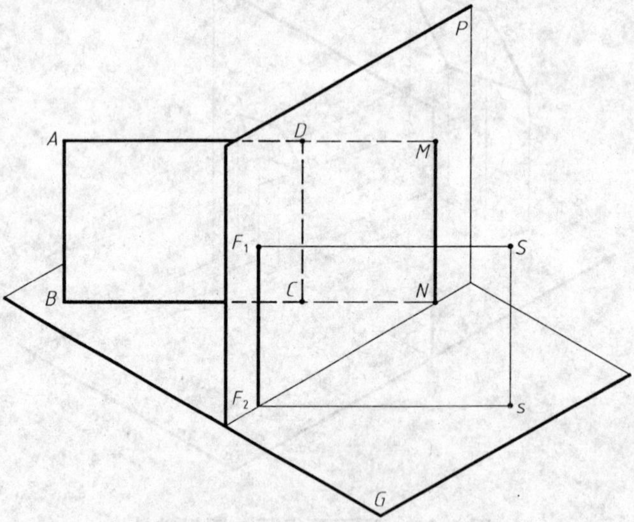

图 8-22　铅垂面的透视特性

(3)基线平行面的迹线平行于基线，其灭线一定是水平线，但不一定与视平线重合，而其特例，即基面平行面(水平面)的灭线一定与视平线重合。

如图 8-23 所示，基线平行面 *ABMN* 的迹线 *EJ* 与基线 *gg* 平行，其灭线 *TU* 为水平线；基面平行面(水平面)*CDMN* 的迹线 *LK* 也与基线 *gg* 平行，其灭线 *QR* 与视平线 *hh* 重合。

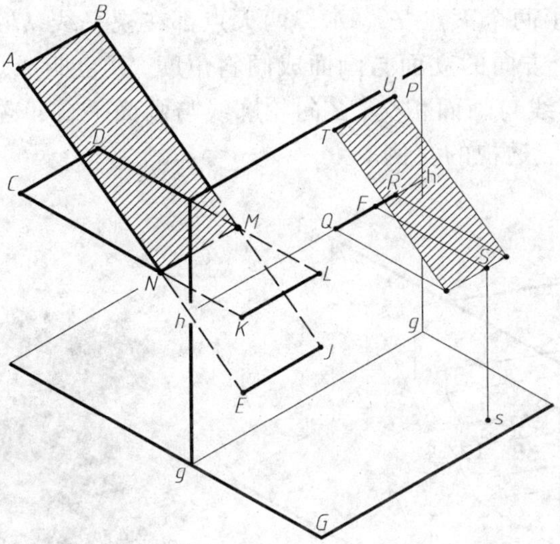

图 8-23　基线平行面与基面平行面(水平面)的透视特性

四、透视图的分类

园林场景由于与画面间相对位置的变化，它的长、宽、高三组主要方向轮廓线，与画面可能平行也可能不平行，这样就会形成不同的透视。与画面平行的主要方向轮廓线，在透视图上就不会形成灭点，与画面不平行的主要方向轮廓线就会形成灭点。根据透视图上主要方向灭点的多少，可以将其分为三类。

(一)一点透视

如果场景中，有两组主要方向轮廓线平行于画面，那么这两组轮廓线的透视就不会有灭点，而第三组轮廓线的方向垂直于画面，其灭点就是心点 $s°$，这种情形绘出的透视图就是一点透视，由于有一个方向的立面和画面平行，其也叫平行透视(简称平视)或正面透视。如图 8-24 所示，在 *Y*、*Z* 两方向与画面平行，*X* 方向与画面垂直，这样得到的透视就是一点透视。图 8-25 是一点透视的实例。

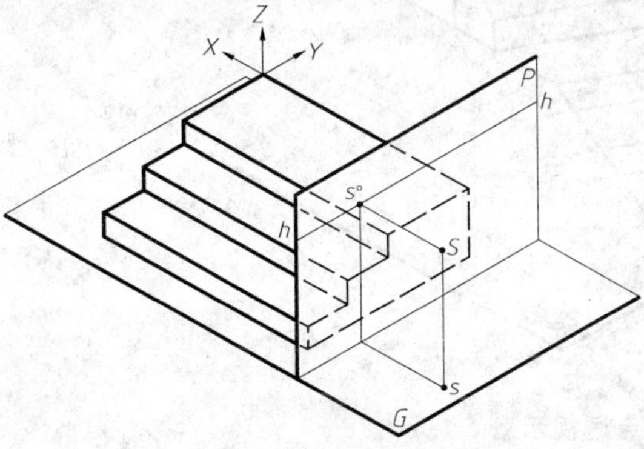

图 8-24　一点透视示意

图 8-25　一点透视实例

(二)两点透视

如果场景中，有一组主要方向轮廓线平行于画面，而其余两组轮廓线均与画面斜交，这样在画面上就形成了两个灭点 F_x、F_y，两灭点都在视平线 hh 上，这样的透视图就是两点透视，由于有两个方向的立面与画面成倾斜角度，其也叫成角透视。如图 8-26 所示，场景中的 X、Y 向轮廓线与画面相交，Z 向轮廓线与画面平行，这样画出来的透视就是两点透视。图 8-27 是两点透视的实例。

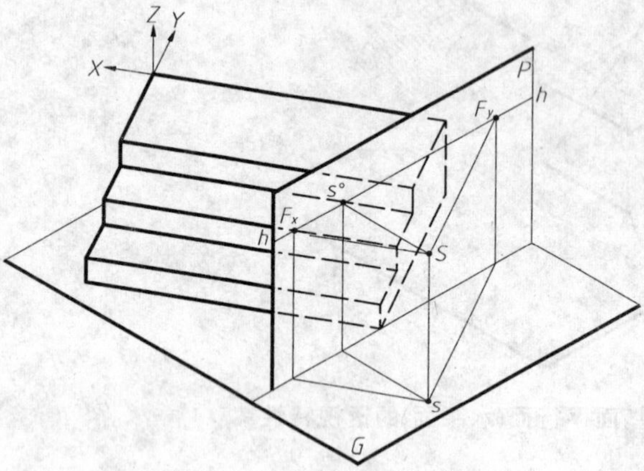

图 8-26　两点透视示意

图 8-27　两点透视实例

(三)三点透视

如果画面倾斜于基面，即画面与场景中的三个主要方向轮廓线均相交，这样画面上就会有三个灭点，这样的透视图就是三点透视，由于画面是倾斜的，其也叫斜透视。如图 8-28 所示，画面 P 不垂直于基面 G，场景中 X、Y、Z 三方向均与画面相交，这样画出来的透视即为三点透视。图 8-29 是三点透视的实例。

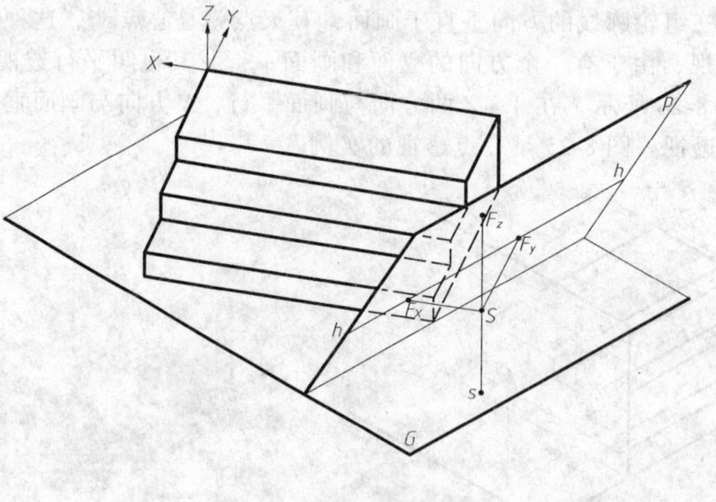

图 8-28　三点透视示意

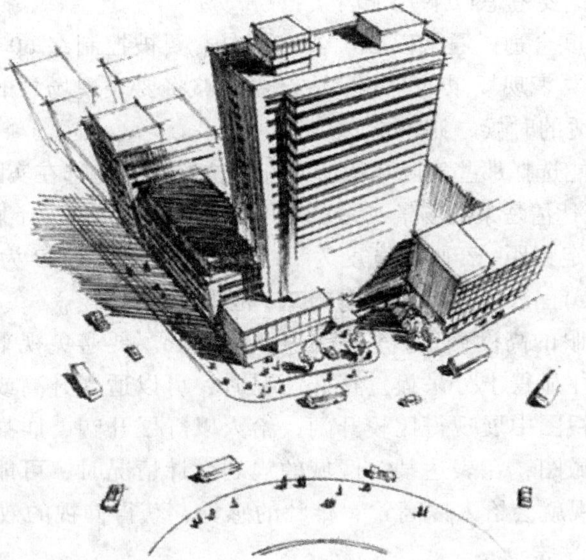

图 8-29　三点透视实例

五、视角角度、视点与画面的选定

决定透视图形象的主要因素有三个，即视点、画面和场景，三个因素的变化将引起透视的直接变化。为了使我们绘制的透视图更加符合人们的视觉印象，不至于使透视图产生畸形失真，我们必须合理地设置视点、画面和场景三者之间位置的关系。

(一)视角角度的选定

当人用一只眼睛察看前方的场景时，其所见的范围是以眼睛为顶点，以中心视线为轴线的锥面，称其为视锥，视锥的顶角称为视角，如图 8-30 所示。人眼的视域接近于椭圆形，其水平视角 α 最大可达 120°～148°，而垂直视角 δ 也可达到 110°，但是清晰可辨的只是其中心区域很小的一部分，所以为简单起见，一般把视锥看做正圆锥，视域就成为正圆。

在绘制透视图时，视角通常被控制在 60°以内，以 30°～40°为佳，但在绘制室内透视图时，为了能够将整个室内的陈设表达清楚，其视角可稍大于 60°，但不宜超过 90°，视角太大时将产生畸形失真。

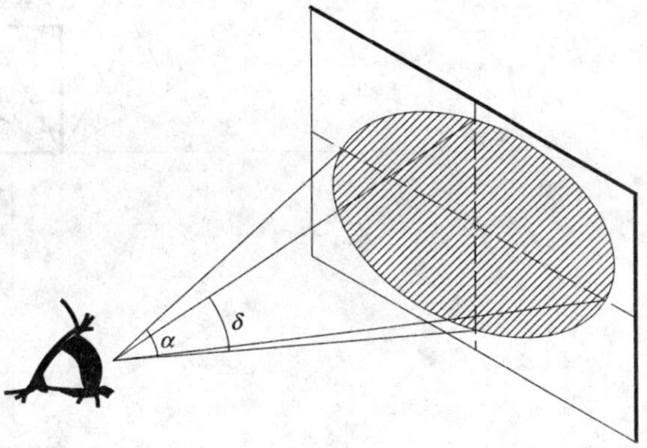

图 8-30　人眼视锥示意

(二)视点的选定

视点的选定，就是确定观察者的站点位置和视高，即在平面图上确定站点位置，在画面上确定视平线的高度。

在视点选定时，要考虑以下几个因素：

(1)保证透视角度合适。通常以 30°～40°为佳，要被控制在 60°以内，特殊情况除外。

(2)要能够反映要表现场景的全貌。站点要能够将要表现场景的特征和完整性表达出来，站点选择不合适的时候，则不能达到这一效果。

(3)站点要尽可能选择那些实际环境所允许的位置，避免选在实际上不能够观看到的地方。有时候，为了表达清楚某些场景或元素之间的关系，可能会选择某些特殊位置作为站点。

(4)根据视角确定视距。若画面宽度为 B，视距则以(1.5～2)B 为佳，此时视角为 28°～37°，同时心点(主点)宜选择在画面中央的 1/3 范围内。

(5)视高按照人眼的高度确定，一般为 1.5～1.8 m。要避免视平线平分画面的情形出现，这种透视图往往显得十分呆板。特殊情况时，可以适当升高或降低视点，视点提高后可以使地面在透视图中展现得比较开阔，给人以舒展开阔、居高临下的远眺感觉，这就是通常所说的鸟瞰图，在表达某一区域的规划设计情况时，可能会用到；而视点降低后，所绘物体的透视就会给人以高耸、雄壮的感觉，获得仰视的效果。

(三)画面位置的选定

画面和场景的相对位置会直接影响到场景的透视形象。如图 8-31 所示，当所选画面位置和场景的偏角不同时，会呈现出不同的透视形象，当物体的立面紧贴画面时，其透视为一点透视，该立面的透视和真实形状相同，当该立面与画面有偏角时，其透视为两点透视，随着偏角的增大，该立面的透视变得愈来愈狭窄。在绘制透视图时，要选择合适的偏角，使两个主向的宽度之比和真实宽度之比大体相似。在图 8-31(a)中，画面中可见的只有一面，立体效果不明显；而图 8-31(c)中，两个立面的透视几乎对称，主次不分明，图面显得比较呆板，作图时不适合采用；相对而言，图 8-31(b)的透视，两个立面主次分明，宽度比基本得当，相对来说适合用来表现物体的直观形象。

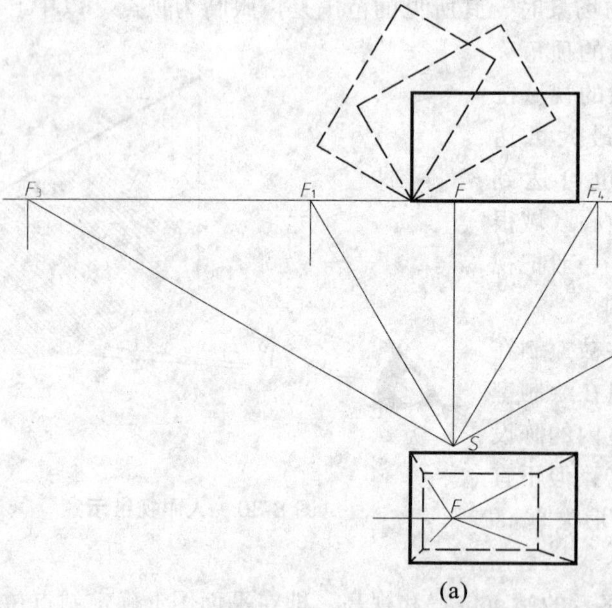

(a)

图 8-31　画面与场景偏角对透视的影响

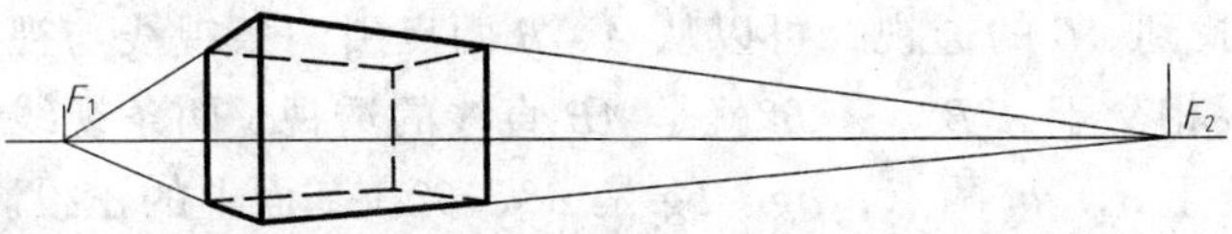

(b)

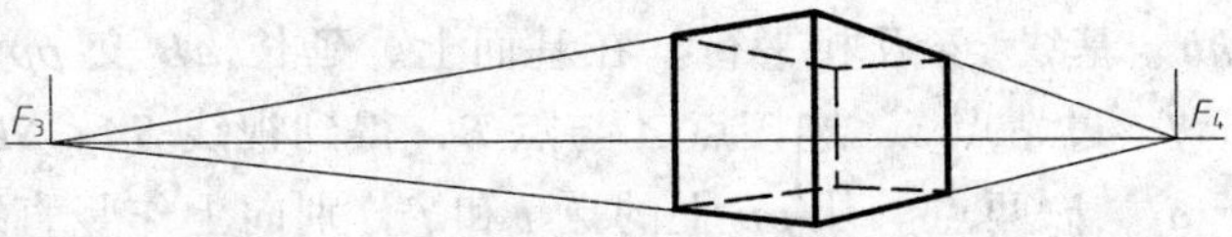

(c)

续图 8-31

除画面与场景的偏角能够影响透视形象外，画面的前后位置也会对透视形象产生影响。为了作图方便，常常让场景的一角处在画面上，而画面的前后平行移动，只能够影响到透视图的大小，其透视形象都是相似的。如图 8-32 所示，画面 P_1、P_2、P_3 上的透视是相似的，只不过是大小不同。

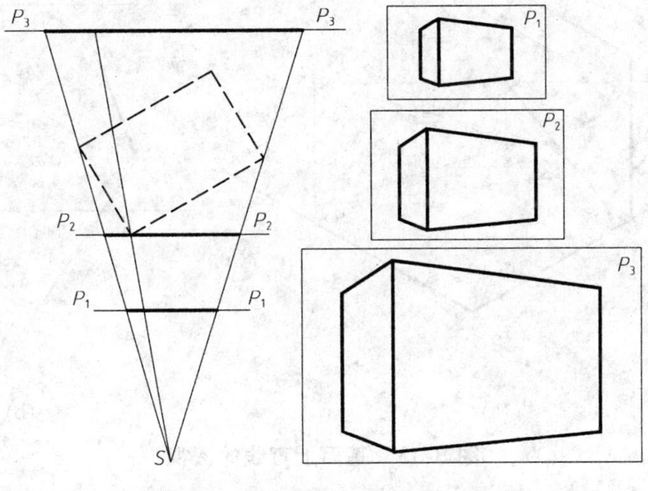

图 8-32 画面位置对透视的影响

六、透视图的基本画法

园林透视图的具体绘制通常是从平面图开始的，首先将该平面图的透视图画出来，在此基础上，将各部的透视高度立起来，就可以绘出整个场景的透视图。

(一)视线法

1. 基面上直线线段的透视画法

如图 8-33(a)所示，*AB* 是位于基面上的直线线段，为求 *AB* 的透视，将 *AB* 延长，交基线 *gg* 于点 *T*，点 *T* 即为直线 *AB* 的迹点。过视点 *S* 平行于 *AB* 作视线，交于视平线上的点 *F*，点 *F* 即为直线 *AB* 的灭点。直线 *TF* 就是直线 *AB* 的全线透视，直线 *AB* 上所有点的透视都落在直线 *TF* 上。

为了在 TF 上找到 AB 的透视，可以从 A、B 两点引两条视线与视点 S 连接，两条视线 SA、SB 与 TF 线相交于 $A°B°$，$A°B°$就是 AB 直线的透视。两条视线在基面上的正投影 sA、sB 与基线相交于 a_g、b_g 两点，ag、bg 是 $A°$、$B°$在基面上的正投影。

具体作图如图 8-33(b)所示，将基面和画面分开，上下对齐，使基面上的画面线 pp 和画面上的视平线 hh、基线 gg 互相平行。在基面上，延长 AB 交 pp 于 t；过站点 s 作 AB 的平行线交 pp 于 f；过站点 s，连接点 A 与点 B，得到视线 SA、SB 的水平投影 sA、sB，sA、sB 交 pp 于 a_g、b_g 两点。从 pp 上的点 t 和 f 分别向上作竖直线，分别交基线于迹点 T 和视平线于灭点 F，得到全透视 TF；从 pp 上的点 a_g、b_g 向上作竖直线，分别交 TF 于点 $A°$和点 $B°$，即得到 AB 的透视 $A°B°$。

这种利用迹点和灭点确定直线的全透视，然后再借助于视线的水平投影确定直线线段透视的方法，称为视线法或建筑师法。

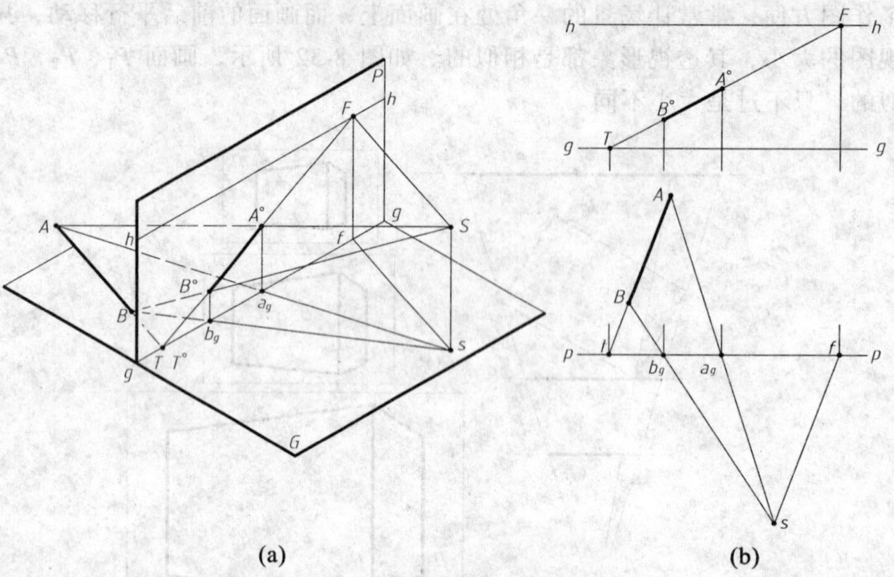

图 8-33 基面上直线的透视

2. 空间水平线的透视画法

在图 8-34 中，求解空间水平线段 CD 的透视。首先从点 C、D 向基面作垂线，分别交基面于 c、d，cd 即为 CD 的水平投影，采用前面所讲的基面上直线透视的求解方法，可以得到 cd 的透视 $c°d°$。在图 8-34(a)中，延长 CD 交画面 P 于画面迹点 T，点 T 距基线 gg 的距离 Tt(此时 $Tt \perp gg$)，即为水平线段 CD 的高度。因此，在图 8-34(b)中，从点 t 竖直向上延长，使其高度等于 CD 的高度，得到点 T，连接点 T、F，TF 即为 CD 的全线透视；自点 $c°$、$d°$分别竖直向上作直线交 TF 于 $C°$、$D°$，$C°D°$即为空间水平线 CD 的透视。

3. 平面图的透视画法

采用视线法绘制平面图透视，如图 8-35 所示，其绘制步骤如下：

(1)首先求出平面图中相互垂直的两个主向直线的灭点。从站点 s 分别作平行于 X 向和 Y 向的视线，交 pp 线于 f_x、f_y，由 f_x 和 f_y 竖直向下作垂线交视平线 hh 于 F_x 和 F_y，即得到 X 向的灭点 F_x，Y 向的灭点 F_y。

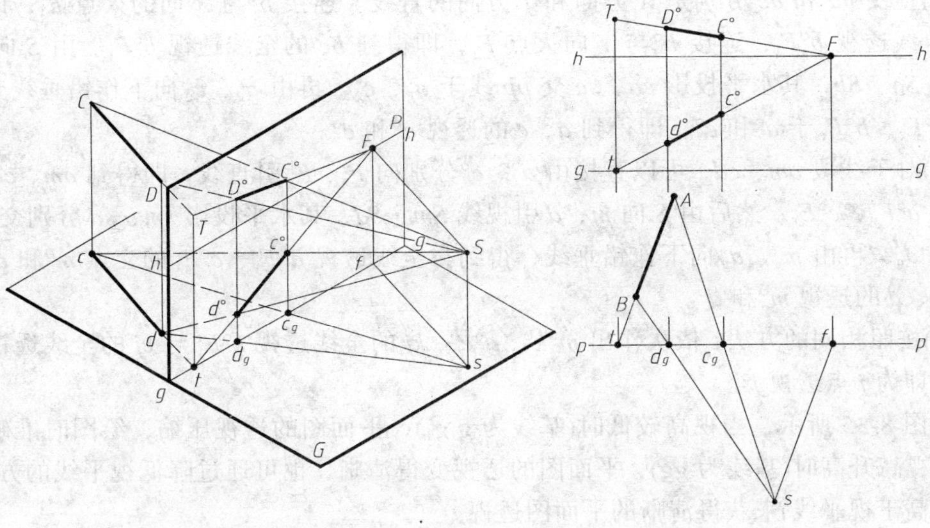

(a)　　　　(b)

图 8-34　空间水平线的透视

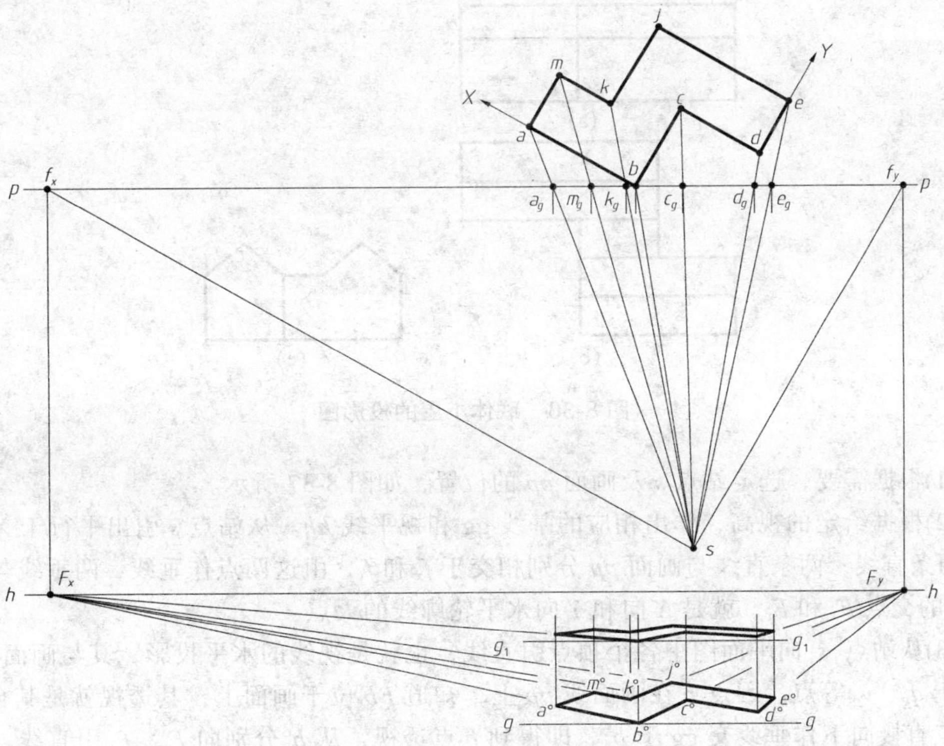

图 8-35　用视线法作透视平面图

(2)从平面图上可以看到点 b 在 pp 线上，即点 b 在画面上，其透视 $b°$应该就在基线上。自点 b 向下作垂线交基线 gg 于 $b°$，即得到点 b 的透视。

(3)直线 ba 和 bc 分别是 X 方向和 Y 方向的直线。连接 b° 与 X 向的灭点 F_x，即得到 ba 的全线透视 $b^\circ F_x$，连接 b° 与 Y 向灭点 F_y，即得到 bc 的全线透视 $b^\circ F_y$。由 S 向 a、b 引视线 Sa、Sb，其水平投影 sa、sc 交 pp 线于 a_g、c_g，再由 a_g、c_g 向下作铅垂线交全线透视 $b^\circ F_x$、$b^\circ F_y$ 于 a° 和 c°，即得到 a、c 的透视 a° 和 c°。

(4)对于线段 am、cd，可以直接由 a°、c° 分别向 F_x、F_y 引直线，即得到 am、cd 的全线透视 $a^\circ F_y$、$c^\circ F_x$，然后由 S 向 m、d 引视线 Sm、Sd，其水平投影 sm、sd 分别交 pp 线于 m_g、d_g，再由 m_g、d_g 向下作铅垂线，得到与全线透视 $a^\circ F_y$、$c^\circ F_x$ 的交点 m° 和 d°，即得到 m、d 的透视 m° 和 d°。

(5)按照相同的方法，依次作出 $m^\circ k^\circ$、$d^\circ e^\circ$，kj 的全线透视 $k^\circ F_y$ 与 ej 的全线透视 $e^\circ F_x$ 的交点即为 j 点透视 j°。

如图 8-35 所示，当视高较低时(基线为 g_1g_1)，平面图的透视压缩，绘图时准确度降低；当视高升高时(基线为 gg)，平面图的透视变得清晰，也可通过降低视平线的方法(使基线远高于视平线)来获得清晰的平面图透视。

4. 立体的透视画法

求作如图 8-36 所示的联体坡顶小屋的透视。图 8-36(a)为小屋的正面投影，图 8-36(b)为小屋的水平投影，图 8-36(c)为小屋的侧面投影。

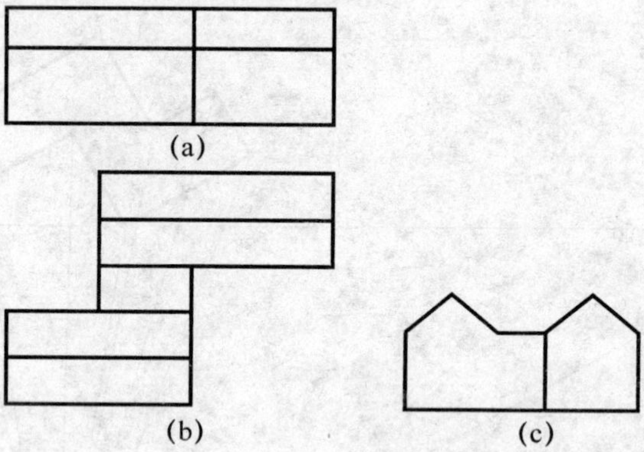

图 8-36　联体小屋的投影图

(1)根据需要，选定站点 s 及画面 pp 的位置，如图 8-37 所示。

(2)根据给定的视高，作出相应的基线 gg 和视平线 hh。从站点 s 引出平行于 X 向和 Y 向两条直线，两条直线与画面 pp 分别相交于 f_x 和 f_y，由这两点作垂线，两垂线与视平线 hh 的交点 F_x 和 F_y，就是 X 向和 Y 向水平轮廓线的灭点。

(3)从站点 s 向平面图中各个顶点引直线，也就是视线的水平投影，其与画面线 pp 相交于 q_g、v_g 等点。因点 b 在画面线 pp 上，知道 Bb 位于画面上，其透视就是其自身。从 b 点直接向下作垂线交 gg 于 b°，即得到 b 点透视，从 b° 分别向 F_x、F_y 引直线，即得到 ba、bc 的全线透视 $b^\circ F_x$、$b^\circ F_y$，从 a_g、q_g、v_g、c_g 向下作垂线交全线透视 $b^\circ F_x$、$b^\circ F_y$ 于 a°、q°、v°、c°，即得到 a、q、v、c 的透视 a°、q°、v°、c°。分别从 a°、c° 向 F_y 和 F_x 引直线，得到相应的全线透视，再从 n_g、m_g、d_g 向下作垂线与相应的全线透视相交，得到 n、m、d 的透视 n°、m°、d°。相应依次作出所有顶点平面图的透视(与图 8-35 类似)。

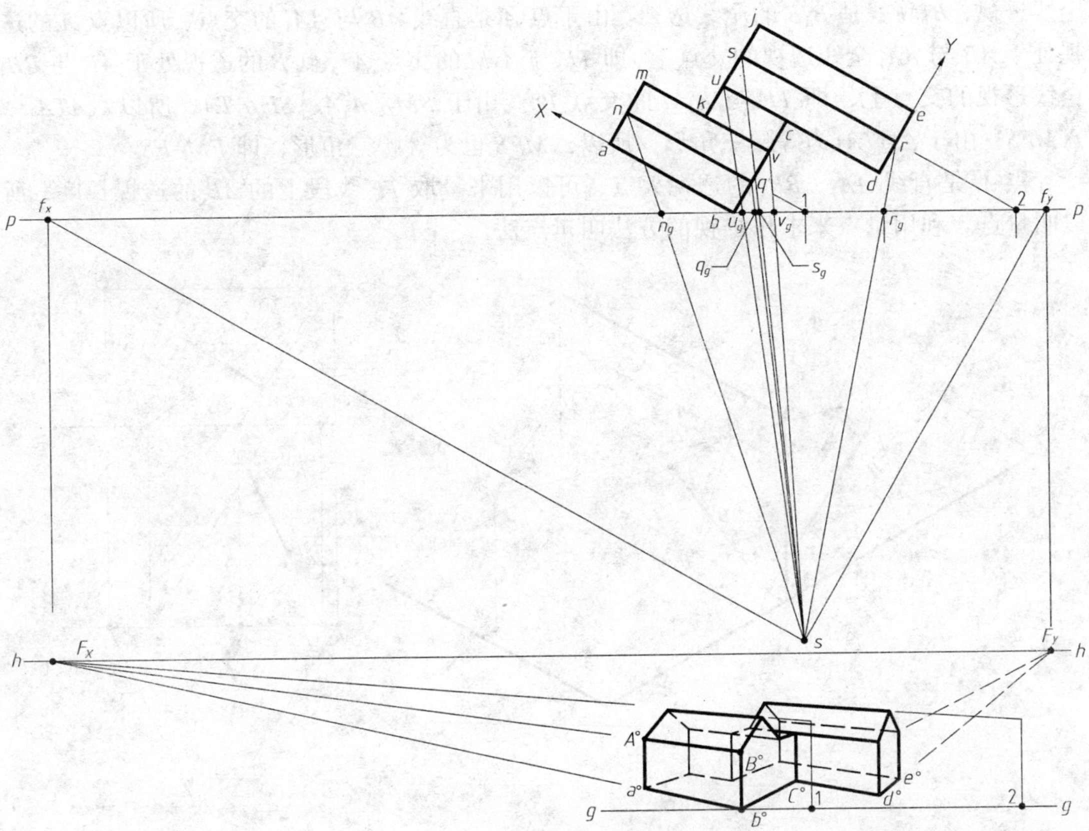

图 8-37　联体小屋的透视实例

(4)确定各个墙角棱线的透视高度。由于棱线 bB 位于画面上，所以透视 $b°B°$ 反映真高，即可以根据 bB 的真高，确定出 B 点的透视 $B°$。从 $B°$ 向 F_x 引直线可以得到 BA 的全线透视，从 $B°$ 向 F_y 引直线可以得到 BC 的全线透视，从 $a°$、$v°$、$c°$ 向上作垂线，分别与相应的全线透视相交于 $A°$、$V°$、$C°$。按照相同的方法，依次可以求出 D、E、J、U、K、M 的透视。由于 NQ、SR 两条脊线不与 bB 等高，N、Q、S、R 四个点分别不在 AM、BC、KJ、DE 上，所以无法按照上述方法求出，这里我们将 NQ、SR 延长至画面，其与画面交点的水平投影分别为 1、2，由于点 1、2 位于画面线上，所以在画面上 1、2 两点处的高度能够反映真实高度，我们将 NQ、SR 的真实高度量取到 1、2 两点处，即可以得到 NQ 和 SR 的画面迹点，将迹点与相应的灭点相连，就得到了 NQ、SR 的全线透视，再从 $n°$、$q°$、$s°$、$r°$ 向上作垂线，与全线透视的交点即为相应点的透视。

(二)量点法

1. 量点的概念

图 8-38(a)中，直线 AB 位于基面上，AB 的画面迹点为基线上的点 T，点 F 为直线 BA 的灭点，位于视平线上。TF 即为 AB 的全线透视，直线 AB 的透视必落在 TF 上。为求出 AB 两点的透视，在基线上作出 A_1、B_1 两点，使 $TA_1=TA$，$TB_1=TB$，过点 S 作 AA_1、BB_1 的平行线 SM，交 hh 于点 M，点 M 就是直线 AA_1、BB_1 的透视灭点。这样，A_1M 就是 A_1A 的

全线透视，B_1M 就是 B_1B 的全线透视。由于点 A 是直线 AB 与 AA_1 的交点，所以点 A 的透视处于 AB 与 AA_1 全线透视的交点上，即 TF 与 A_1M 的交点 $A°$，点 B 的透视处于 AB 与 BB_1 全线透视的交点上，即 TF 与 B_1M 的交点 $B°$。由于 $SM/\!/A_1A$，$SF/\!/TA$，所以 $\triangle ATA_1 \backsim \triangle MFS$，由于 $\triangle ATA_1$ 为等腰三角形，所以 $\triangle MFS$ 也为等腰三角形，即 $FM=FS$。

点 M 是直线 AA_1、BB_1 的透视灭点，可以用来量取 TF 线段上的 AB 的透视长度，所以叫量点。利用量点来求作透视的方法叫量点法。

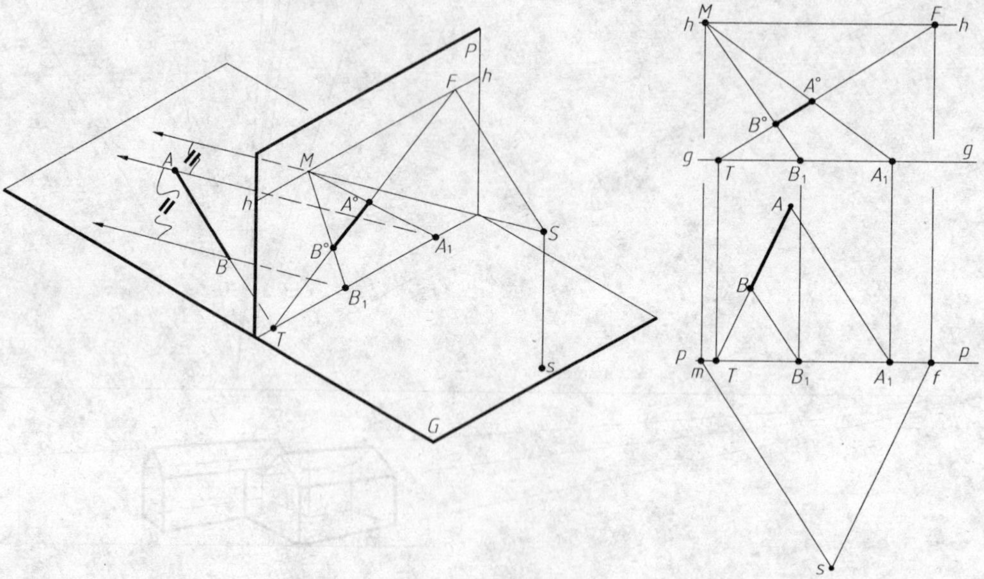

(a) (b)

图 8-38 量点的概念

将图 8-38(a)求解 $A°B°$ 的情形，转换为平面作图时，即如图 8-38(b)所示，延长 AB 与 pp 相交，交点为画面迹点 T；先在画面线上找出 B_1、A_1，使 $TA_1=TA$，$TB_1=TB$；过站点 s 作平行于 AA_1 的直线交 pp 于 m，由 m 点竖直向上作直线交 hh 于 M，即量点；过站点 s 作平行于 AB 的直线交 pp 于 f，由 f 点竖直向上作直线交 hh 于 F，即灭点；由点 T、B_1、A_1 向上作竖直线交 gg 于 T、B_1、A_1；A_1M 与 TF 的交点为 $A°$，B_1M 与 TF 的交点为 $B°$。

2. 利用量点法求作透视平面图

图 8-39(a)中显示了平面图及画面和站点的位置。

(1)求作 X、Y 向轮廓线的灭点。过站点 s 作 X、Y 两方向的平行直线，分别交 pp 于 f_x、f_y 两点，从两点向下作铅垂线，分别交视平线 hh 于 F_x、F_y 两点，F_x、F_y 即分别为 X、Y 两方向轮廓线的灭点。

(2)求作两个相应的量点。在画面线 pp 上量取点 m_x 和 m_y，使 $f_xm_x=f_xs$，$f_ym_y=f_ys$，注意使 $\angle sf_xm_x$ 和 $\angle sf_ym_y$ 为锐角。沿 m_x 和 m_y 两点向下作铅垂线交 hh 于 M_x、M_y 两点，M_x、M_y 即为相应的量点。

(3)求作 a、c 两点的透视。图 8-39(a)由于 a、c 位于画面线上，所以可以从 a、c 两点作垂线，其与图 8-39(b)中基线 gg 的交点 a°、c°即为相应的透视。

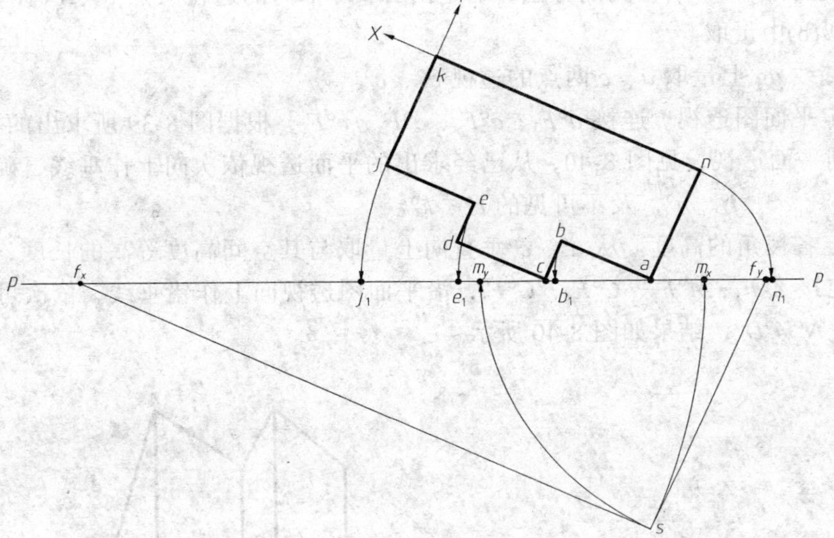

(a)

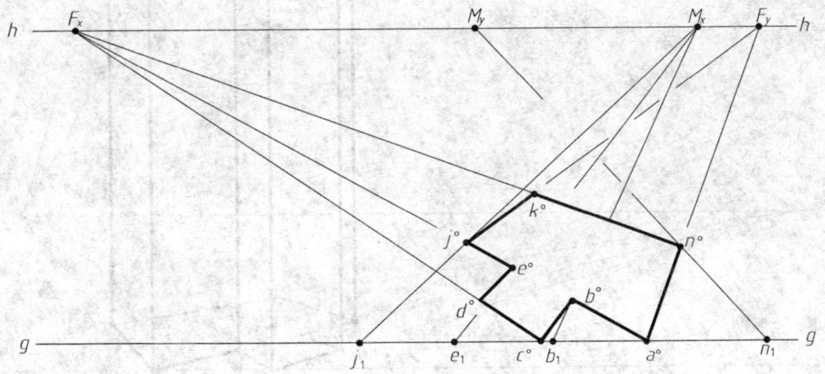

(b)

图 8-39　量点法作透视平面图

(4)求作 b、e、j、n 的透视。在画面线 pp 上量取点 b_1、e_1、j_1、n_1，使 $ab_1=ab$，$ae_1=ae$，$aj_1=aj$，$an_1=an$，注意使$\angle jaj_1$ 和$\angle nan_1$ 为锐角。沿 b_1、e_1、j_1、n_1 向下作铅垂线，在 gg 上得到相应的 b_1、e_1、j_1、n_1 四个点。使 b_1、e_1、j_1 与量点 M_x 相连，n_1 与量点 M_y 相连。由于 $a^{\circ}F_x$ 为 aj、ae、ab 的全线透视，$a^{\circ}F_y$ 为 an 的全线透视，所以 b_1M_x、e_1M_x、j_1M_x 与 $a^{\circ}F_x$ 的交点 b°、e°、j°为相应 b、e、j 的透视，n_1M_y 与 $a^{\circ}F_y$ 的交点 n°为相应 n 点的透视。

(5)求作剩余两点 d、k 的透视。由于 c、e 两点的透视 c°、e°已知，与相应的灭点连接后，$c^{\circ}F_x$ 与 F_ye°的交点即为 d 点的透视 d°。同样，j、n 两点的透视 j°、n°也已知，$j^{\circ}F_y$ 与 $n^{\circ}F_x$ 的交点 k°，即为 k 点的透视。

3．利用量点法求作三维实体透视

采用图 8-39 中的平面及设定的画面和站点，求作其三维实体的透视。

(1)根据给定的视高，绘出基线 gg 和视平线 hh。

(2)采用与图 8-39 中相同的方法，确定出 X 向、Y 向的透视灭点 F_x、F_y。本例中，直接从图 8-39(b)中量取。

(3)在基线 gg 上量取 a、c 两点的透视 $a°$、$c°$。

(4)确定平面图透视。连接 $a°F_x$、$a°F_y$、$c°F_x$、$c°F_y$，根据图 8-39 所求出的平面透视，对应地找到平面透视，见图 8-40，从已经求出的平面透视依次向上作垂线，确定相应的平面透视 $b°$、$d°$、$j°$、$n°$，及不可见的 $e°$、$k°$。

(5)给定各棱角的高度。从 $a°$、$c°$垂直向上量取与其空间高度等高的长度，得到透视 $A°$、$C°$，连接 $A°F_x$、$A°F_y$、$C°F_x$、$C°F_y$，沿平面图透视向上作铅垂线，依次可以得到交点 $B°$、$J°$、$N°$、$D°$，结果如图 8-40 所示。

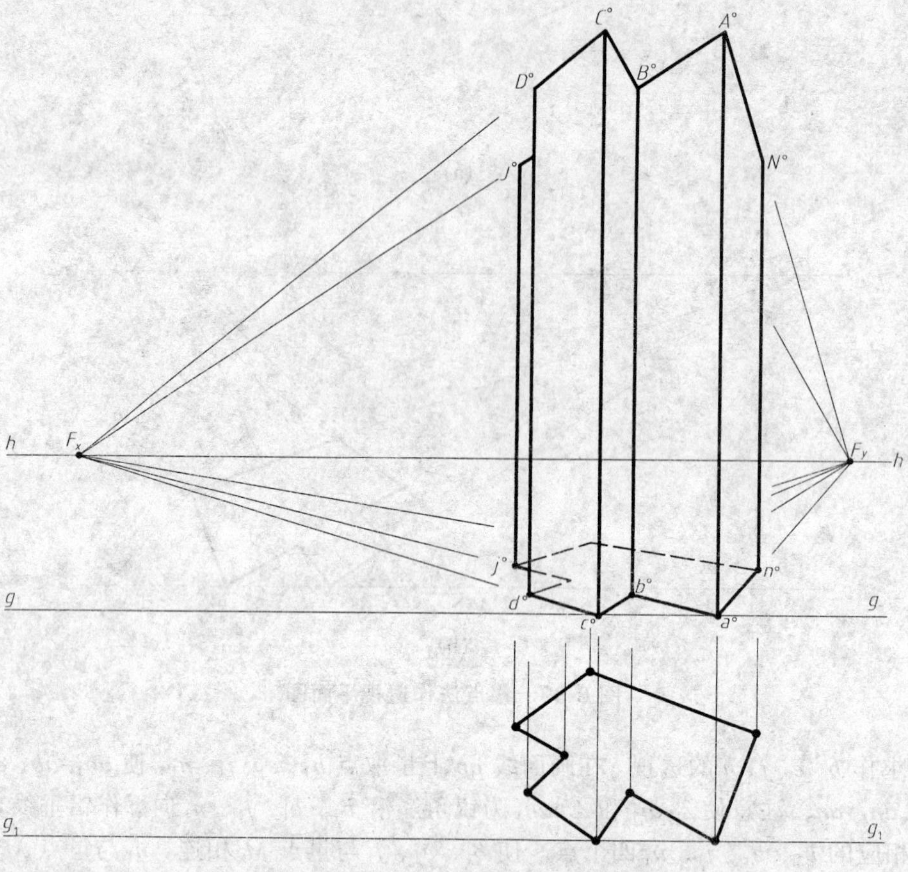

图 8-40　量点法作透视平面图

(三)距点法

1. 距点的概念

距点可以看做是量点的特例。在图 8-38 中，当处于基面上的 AB 垂直于基线时，即如图 8-41 所示，量点 M 即成为距点。因 AB 垂直于画面，所以$\angle ATA_1$为直角，$\triangle ATA_1$为等腰直角三角形，TA_1的长度和 A 点到画面的距离相等，TB_1的长度和 B 点到画面的距离相等。同样，$\angle DFS$ 为直角，$\triangle DFS$ 为等腰直角三角形，所以 $FD=FS$，而 FS 的长度即为站点到画面的距离，所以 FD 的长度就是视点到画面的距离，因此称点 D 为距点。

如图 8-41(b)所示，点 T 为 AB 的画面迹点，求解 AB 透视的步骤为：首先在画面线 pp 上量取点 B_1、A_1，使 $TB_1=TB$，$TA_1=TA$；然后在画面线上量取点 d，使 $fd=sf$，即等于视距，注意选取点 d 时，务必要使 $sd /\!/ A_1A$；由 T、A_1、B_1 向上引垂线交基线 gg 于 T、A_1、B_1，由 f、d 向上引垂线交视平线 hh 于灭点 F、距点 D；连接 TF、A_1D、B_1D，线段 TF 与 A_1D 的交点即为 A 点的灭点 $A°$，TF 与 B_1D 的交点即为 B 点的灭点 $B°$。

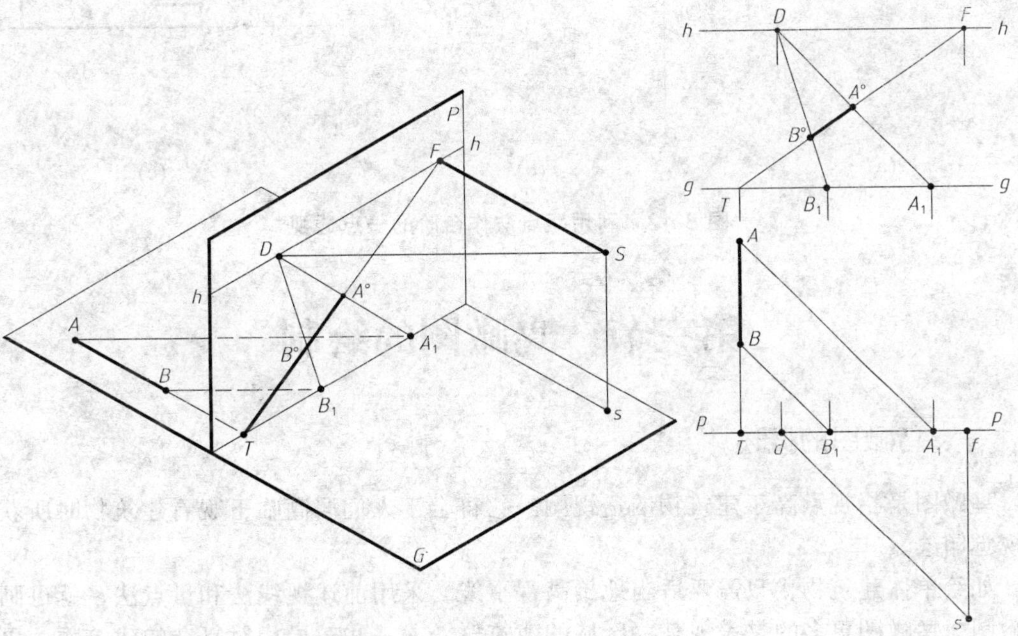

(a)　　　　(b)

图 8-41　距点的概念示意

2. 距点法作图实例

如图 8-42(a)所示的台阶，用距点法作其一点透视。

在图 8-42(b)中选取站点 s，在画面线 pp 上作出点 d，使 $fd=fs$；在 pp 上找出 a_1，使 $ba_1=ba$，注意，务必使 $sd /\!/ a_1a$。在图 8-42(c)中根据视高选定基线 gg 和视平线 hh，由于台阶的 $BCEJ$ 面位于画面上，所以其透视和实际形状一致，可以直接绘出。根据图 8-42(b)中的 f、a_1、d，分别在图 8-42(c)中的基线上选取 a_1，在视平线上选定灭点 F 和距点 D。由于台阶垂直于画面的各个棱线具有共同的灭点 F，所以将其与灭点连接，分别得到相应的全线透视，$FB°$与 Da_1 的交点即为 A 点的透视 $A°$。根据前面画面平行线的透视特性可以知道，基线平行线的透视仍为水平线，铅垂线的透视仍为铅垂线，所以由透视 $A°$开始，可以依次求出 $N°$、$M°$、$K°$等所有点的透视。台阶的一点透视如图 8-42(c)所示。

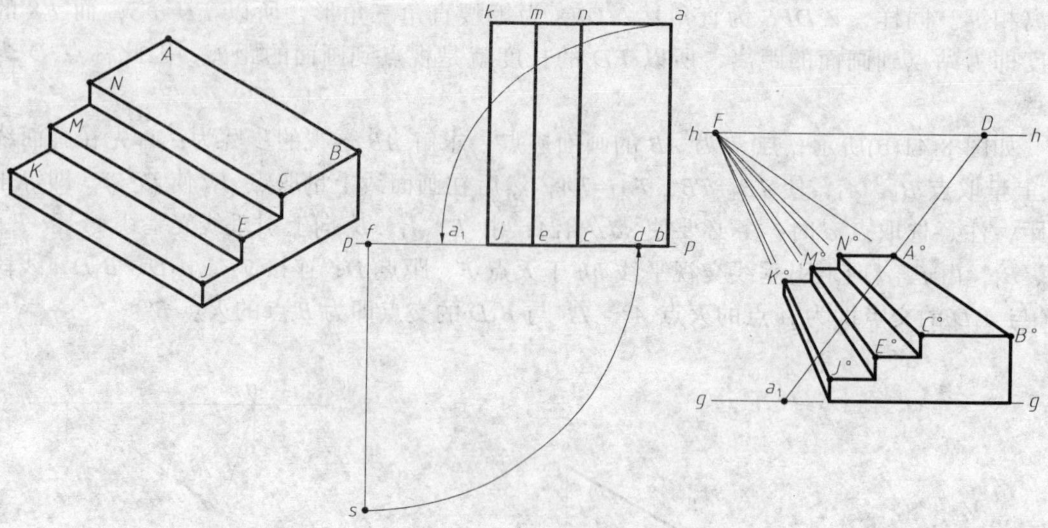

(a)　　(b)　　(c)

图 8-42　利用距点法作台阶的一点透视

第三节　鸟瞰图的绘制

一、鸟瞰图的概述

鸟瞰图是指视点高于建筑物的透视图。它符合于人们居高临下观看建筑物时所获得的视觉印象。

如绘单体建筑物，只需要适当地抬高视平线，采用前述视线法和量点法，就可画出鸟瞰图。鸟瞰图更多的是表现某一区域的建筑群，或一些布局相对复杂的建筑物，更适合表现园林设计效果图。鸟瞰图实例如图 8-43 所示。

图 8-43　鸟瞰图实例

绘制鸟瞰图用网格法，其程序是：在原图上画正方形网格→在画面上求得网格的透视→根据平面图中建筑物位置定出透视位置→画出透视平面图→求出透视高度，最后完成透视图。

二、一点透视网格的画法

(1)在画面上，按选定视高，画出基线 gg 和视平线 hh，在 hh 上确定心点 $s°$和距点 D；在 gg 上按格线宽度定出垂直画面的格线的迹点 1，2，3，…，12 等，连接 $1s°$，$2s°$，$3s°$，…，$12s°$即为画面垂直格线的透视方向。

(2)概据选定的视距，在心点的一侧，求出距点 D，连线 $12D$ 就是对角线的透视，它与 $1s°$，$2s°$，$3s°$，$4s°$…，$12s°$纵向格线相交，由这些交点作 gg 的平行线的透视，从而得出网格的一点透视，如图 8-44 所示。

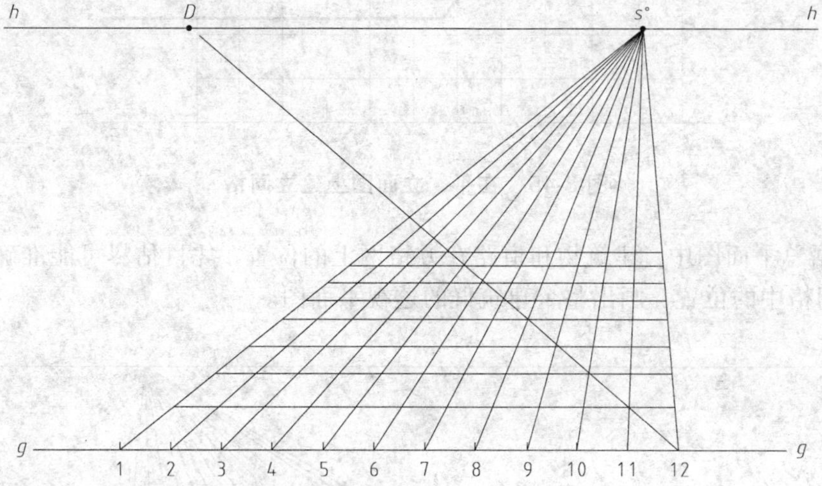

图 8-44 一点透视网格的画法

三、一点透视实例

已知：一局部环境的平、立面图如图 8-45 所示，请用网格法作此局部环境的一点透视图。

作图步骤：

(1)首先在总平面图上，选定位置适当的画面 pp，再按选定的宽度画上正方形网格，使其中一组网格线平行于画面，另一组垂直于画面，如图 8-45 所示。

(2)在画面上，按选定视高，画出基线 gg 和视平线 hh，在 hh 上确定心点 $s°$，在 gg 上按格线宽度定出垂直画面的格线的迹点 1，2，3，…，12 等，连接 $1s°$，$2s°$，$3s°$，…，$12s°$即为画面垂直格线的透视。

(3)概据选定的视距，在心点的一侧，求出距点 D，连线 $12D$ 就是对角线的透视，它与 $1s°$，$2s°$，$3s°$，$4s°$，…，$12s°$纵向格线相交，由这些交点作 gg 的平行线的透视，从而得出网格的一点透视。

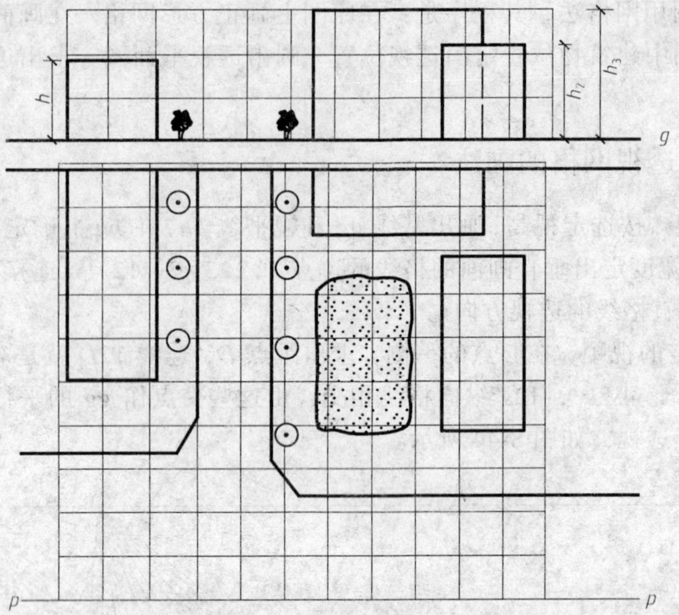

图 8-45　在平、立面图上建立网格

(4)根据总平面图中，建筑物和道路在方格网上的位置，凭目估尽可能准确地画出它们在透视网格中的位置，画出整个建筑群的透视平面图。

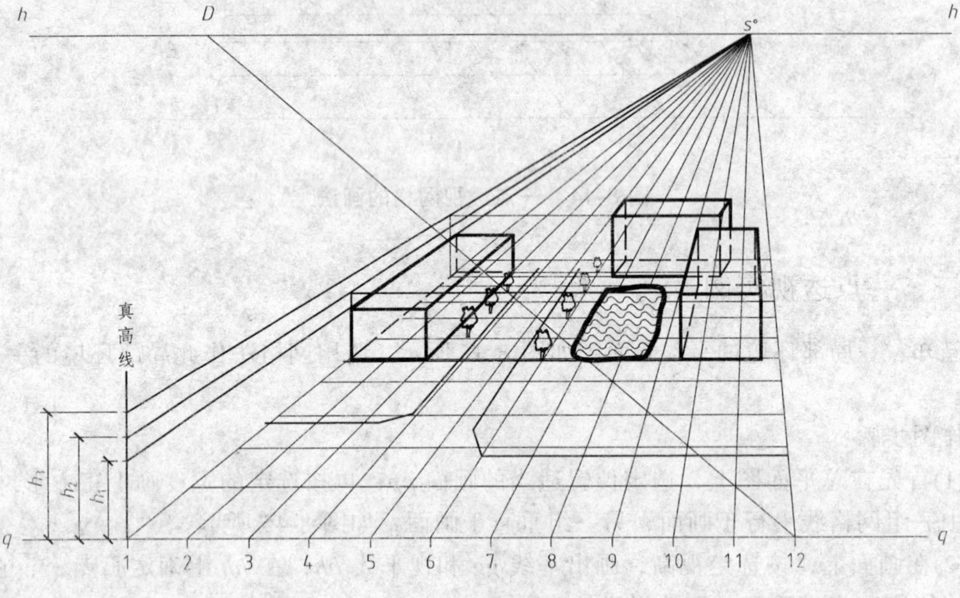

图 8-46　鸟瞰图的画法

(5)画每个建筑物的高度，透视高度的量取有两种方法。

①利用真高线：如图 8-46 所示，在 1 点处树立真高线，在其上量取各建筑物某一角点的高度，并和 $s°$相连，再根据角点基透视求出建筑物的透视高度。

②如墙角线 $a^{\circ}A^{\circ}$，其真实高度相当于 1.2 格的宽度，则在透视图中，于 a°处作水平线，与相邻线交于 c°、d°两点，$c^{\circ}d^{\circ}$即 a°处 1 格的透视高度，于是在 a°处的铅垂线上取 $a^{\circ}A^{\circ}=1.2\times C^{\circ}D^{\circ}$，即得墙角线 aA 透视。如图 8-47 所示。

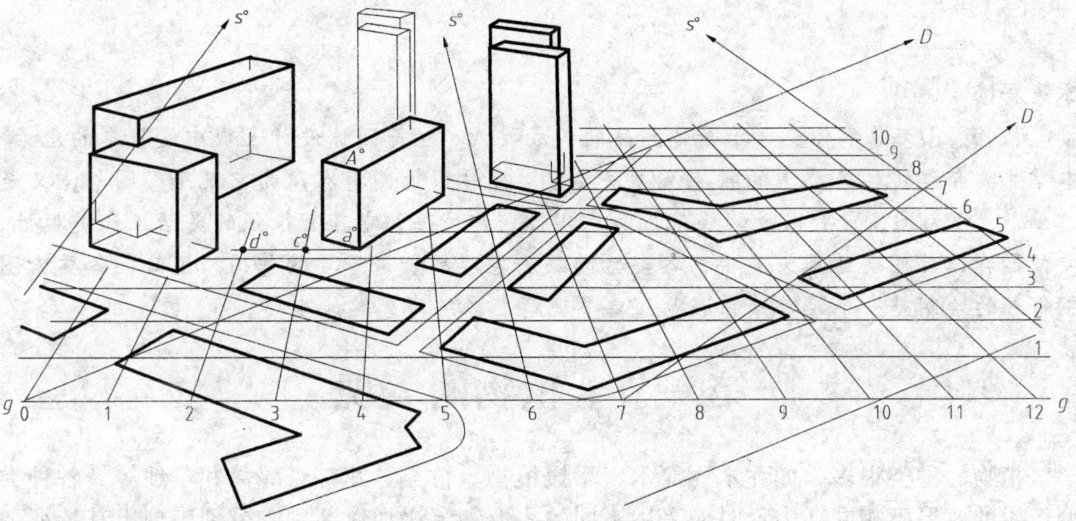

图 8-47　透视高度的求法

第九章　园林要素的表现

本章导读

植物、山石、水体、人物等是园林的构成要素，也是园林设计表现中最基本的元素。本章主要介绍造园各要素的特点及画法要求。园林设计图有人认为它既是“图”，又是“画”，作为图，它有很强的规范性和适用性，作为画，它具有很强的灵活性和美观性，要使园林设计图既适用又美观，各要素的画法表现起着很重要的作用。因此，各要素图例符号的绘制是一个经常性的课题，要多理解、多练习，熟能生巧。

第一节　植物的表现

植物的种类很多，如乔木、灌木、攀援植物、竹类、花卉、绿篱和草地等，各种类型产生的效果不相同，表示时应采用不同的线形和笔法加以区别，分别表现出其特征。如图 9-1 ~ 图 9-3 所示。

图 9-1　直线线条的排列与叠加

一、树木的表示方法

(一)树木的平面表示法

树木平面表示法，经常用大小不同的“黑点”表示树木的位置及树干的粗细，用一个圆圈或某种线形表示树冠的形状和大小。

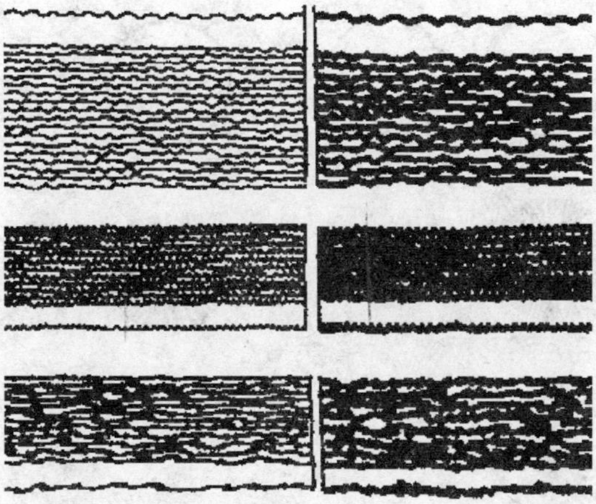

图 9-2 波形线和微微抖动直线

图 9-3 各种乱线组合画法

1. 树冠的形状

树冠形状的平面表现手法非常多，表现风格变化很大。根据不同的表现手法，可将树木的平面形状划分为下列四种。

(1)轮廓型：树木平面只用线条勾勒出轮廓，线条可粗可细，轮廓可光滑，也可带有缺口或尖突，如图 9-4 所示。

(2)分枝型：在树木平面中只用线条的组合表示树枝或枝杆的分杈。

(3)枝叶型：在树木平面中既表示分枝又表示冠叶，树冠可用轮廓表示，也可用质感表示，这种类型可以看做是其他几种类型的组合。

(4)质感型：在树木平面中只用线条的组合排列表示树冠的质感。

树木平面符号应当区分乔木、灌木、草地、花卉，在乔灌木中区分常绿树和落叶树、原有树和新植树等，如图 9-5 ~ 图 9-8 所示。

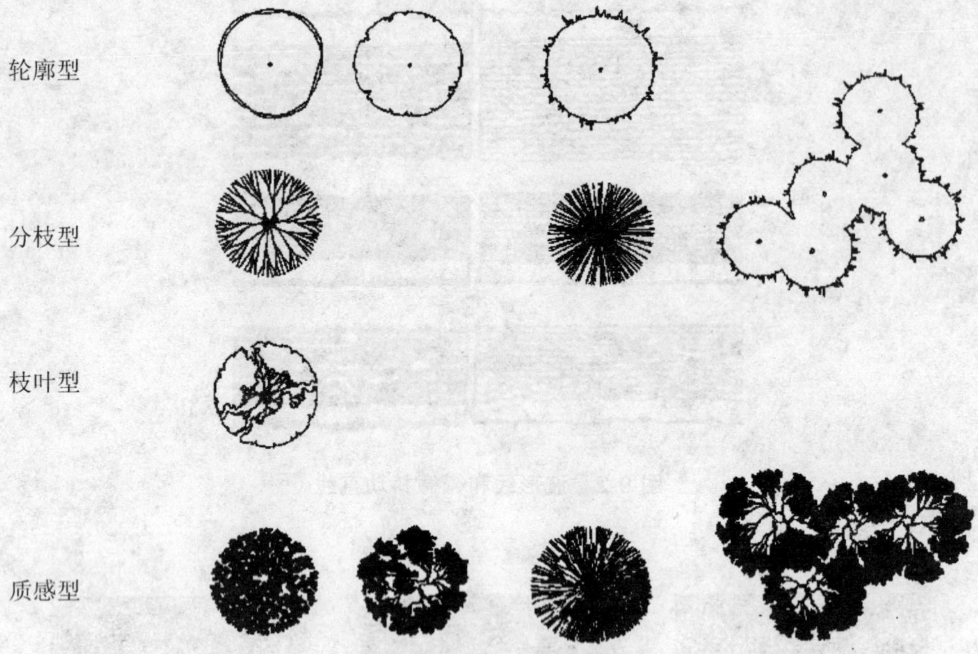

图 9-4　树木表示的四种类型

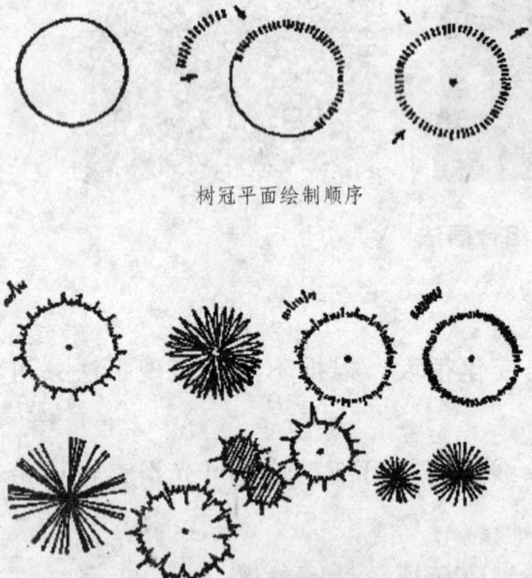

图 9-5　常绿针叶树平面表示法

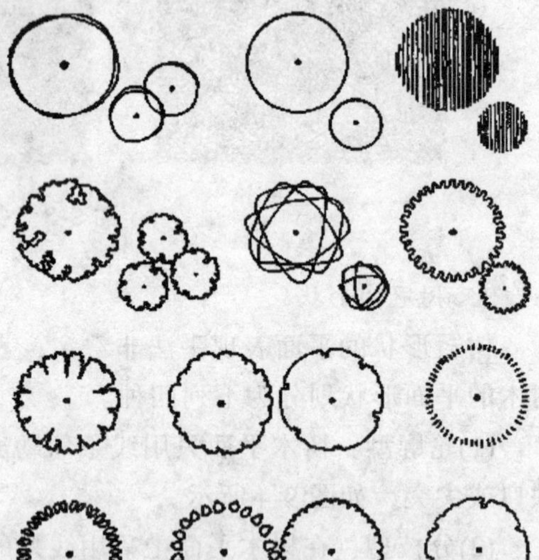

图 9-6　常绿阔叶树平面表示法

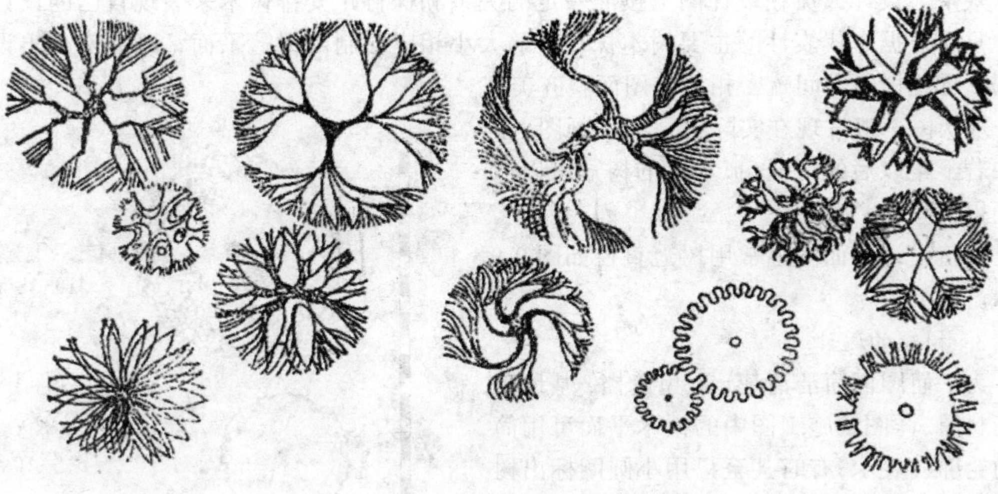

图 9-7　具有装饰效果的树木平面表示法

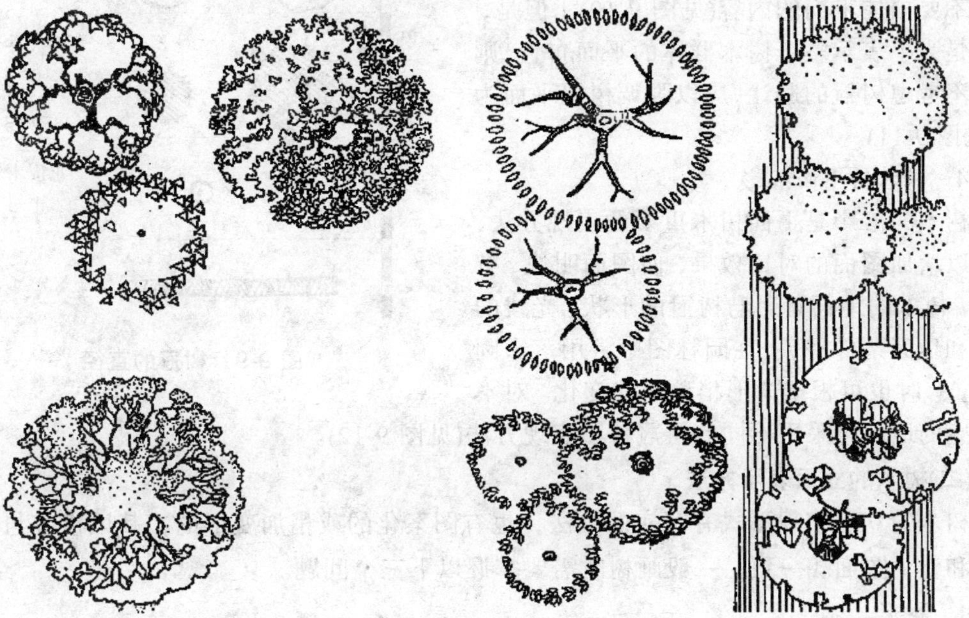

图 9-8　原有大树、孤立树的平面表示法

2. 树冠的大小

各种树木的树干和树冠大小是不同的，通常用树木的平面符号的大小加以反映。在绘制中要根据图纸的目的和要求来确定。首先要确定图纸所表达的是施工后的关系和效果，还是若干年以后树木基本成型时的效果。如果图纸是表示施工以后当时的关系和效果，树冠及干径就要按照苗木出圃时的规格来画。在一般情况下，种植平面图上面的树

冠及干径都是表示施工后若干年时树木的冠径尺寸，那时树木基本成型，显示出一定的设计效果。设计人员在设计图上按照一定的关系和株行距安排树木来表现自己的设计思想，只要根据有代表性的主要树木株行距的大小相应绘制出树冠平面，既能反映出设计意图，也使树冠之间疏密相当，图面整齐美观。

现状树一般按现在实际树冠大小画图，不反映若干年以后的情况。孤立树的树冠可以适当画得大些。

种植设计平面图上常用树冠直径如图 9-9 所示。

3. 树冠的避让

为了使图面简洁清楚、避免遮挡，基地现状资料图、详图或施工图中的树木平面可用简单的轮廓线表示，有时甚至只用小圆圈标出树干的位置。在设计图中，当树冠下有花台、花坛、花境或水面、石块和竹丛等较低矮的设计内容时，树木平面也不应过于复杂，要注意避让，不要挡住下面的内容(见图 9-10)。但是，若只是为了表示整个树木群体的平面布置，则可以不考虑树冠的避让，应以强调树冠平面为主(见图 9-11)。

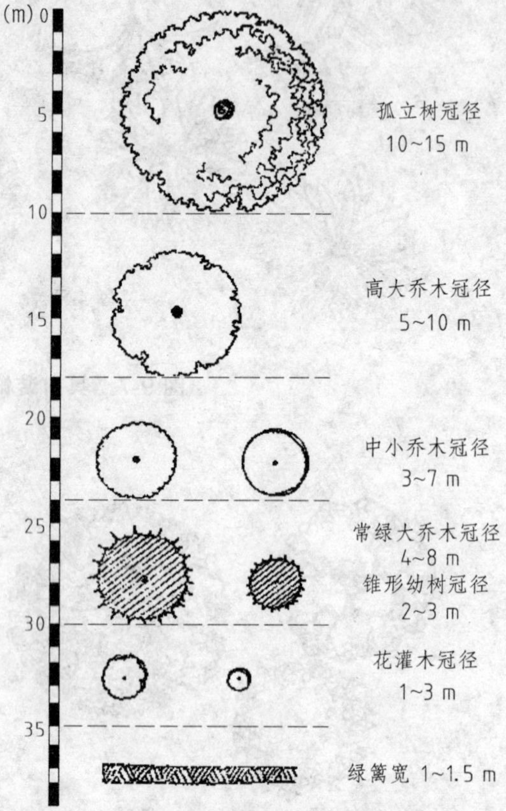

图 9-9　树冠的直径

4. 树木的平面落影

树木的落影是平面树木重要的表现方法，它可以增加图面的对比效果，使图面明快、有生气。树木的地面落影与树冠的形状、光线的角度和地面条件有关，在园林图中常用落影圆表示，有时也可根据树形稍稍作些变化。对不同质感的地面可采用不同的树冠落影表现方法(见图 9-12)。

(二)树木的立面表示方法

树木的立面表现形式有写实的画法，也有图案化的或稍加变形的，其风格应与树木平面和整个图面相一致。一般画树时需要掌握以下三个问题。

1. 树形

每一种树都具有自己特有的外形，只要仔细观察，分析树木枝干的结构变化，就会发现树干和树枝之间的相互位置和长度决定着树木的整体形状。树冠的形状由于树枝与树干之间的倾斜角(夹角)不同而不同。我们可以把树冠外轮廓概括为几种几何形体，如球形、卵形、圆锥形、卵状圆锥形、尖塔圆锥形、扁圆球形、长圆球形、伞形、半圆球形、人工修剪造型等，有时一个大球体内还可以概括成几个小的球体，一个塔形圆锥体内也可以概括为几个三角形，如图 9-13 所示。

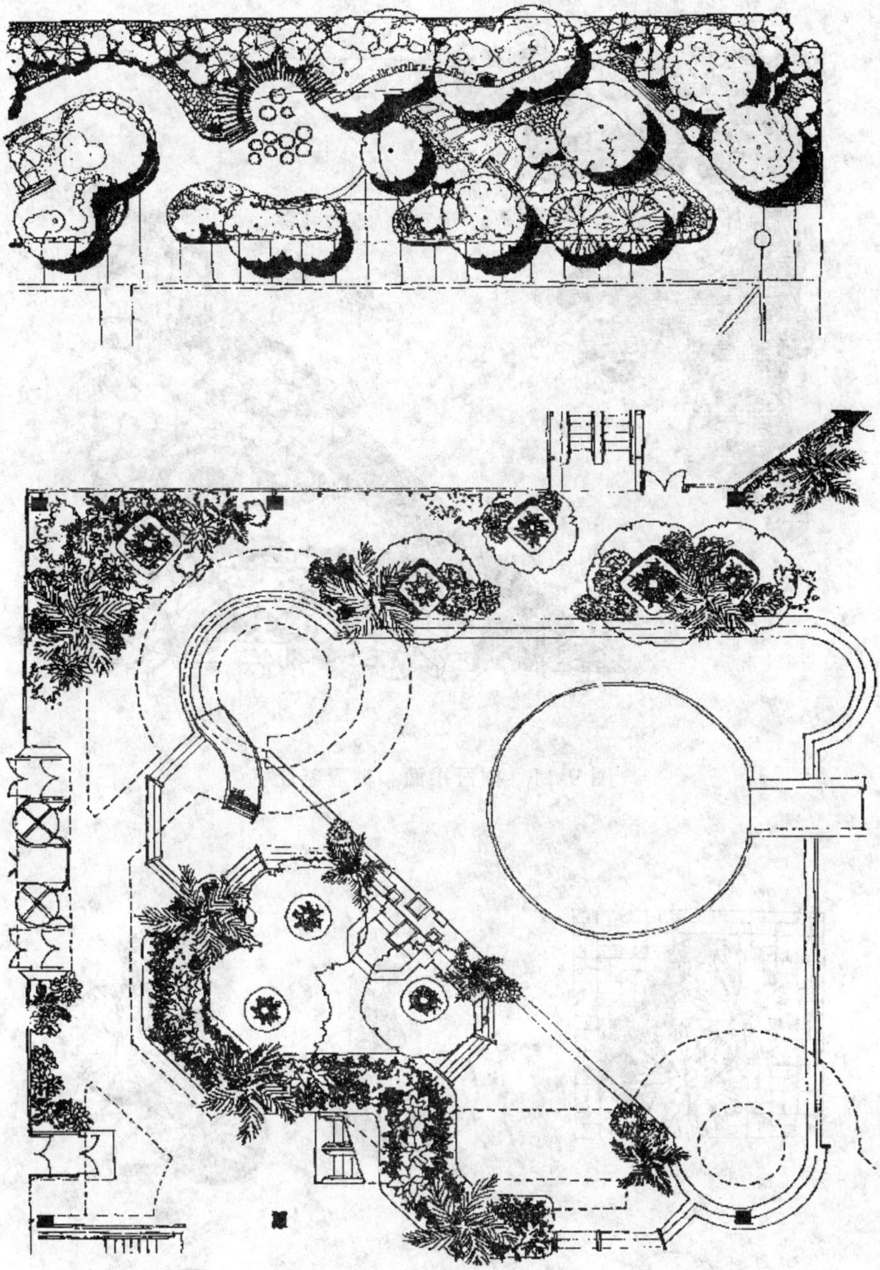

图 9-10　树冠避让举例

2. 枝干结构

树的枝干组成有多种类型，有些树主干明显，树枝呈辐射状排列，有些树的树枝逐渐分杈，还有的树没有明显主干，树枝呈放射状排列。同一种树，幼年期、中年期、老年期的枝干结构也可能有很大不同。画树时，应当仔细观察不同树种之间枝干结构的区别(见图 9-14)。

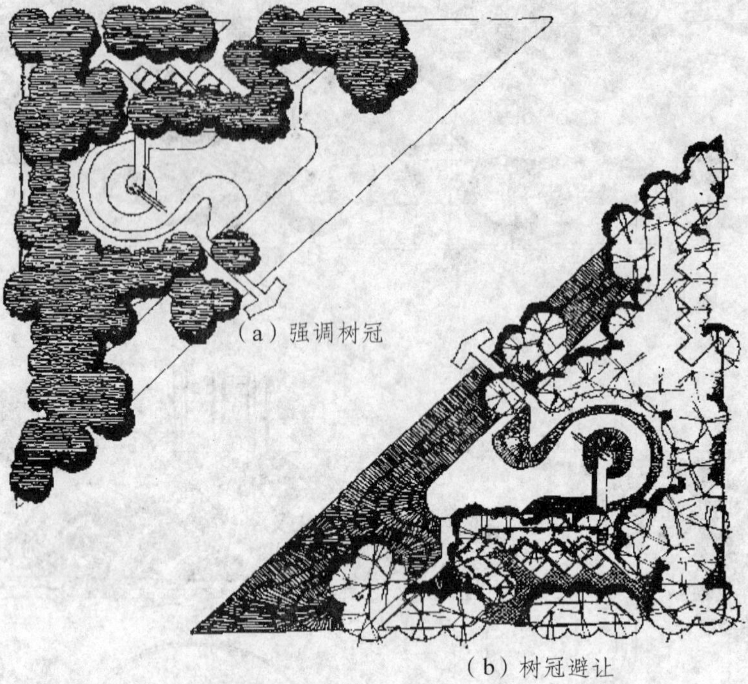

图 9-11　树冠平面和树冠避让

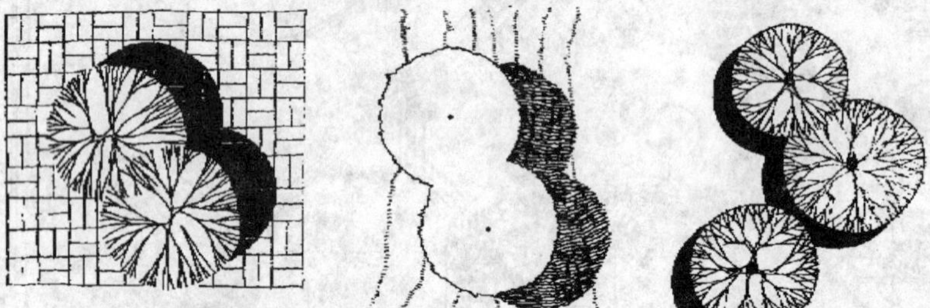

图 9-12　不同地面条件的落影质感表现

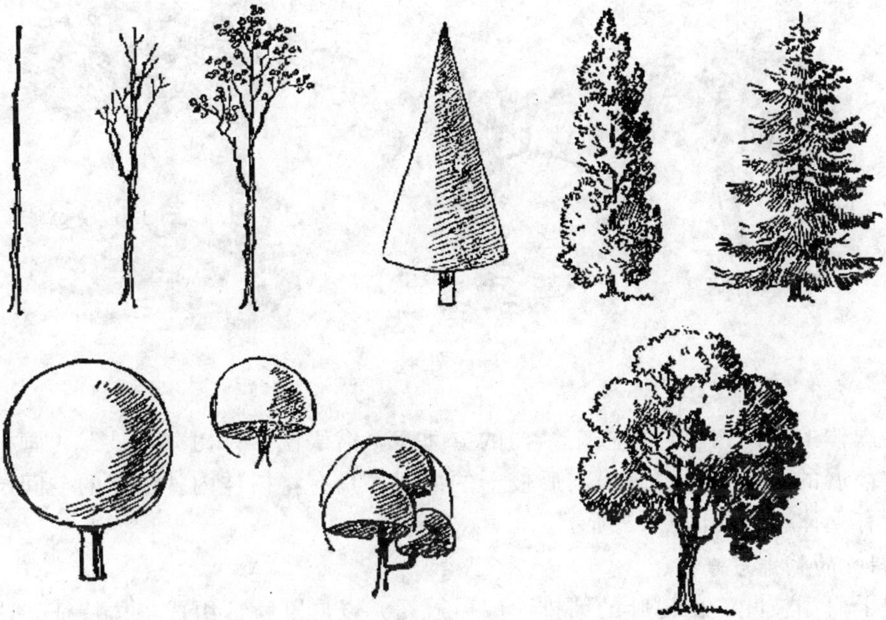

图 9-13　树冠外轮廓可概括为各种几何形体

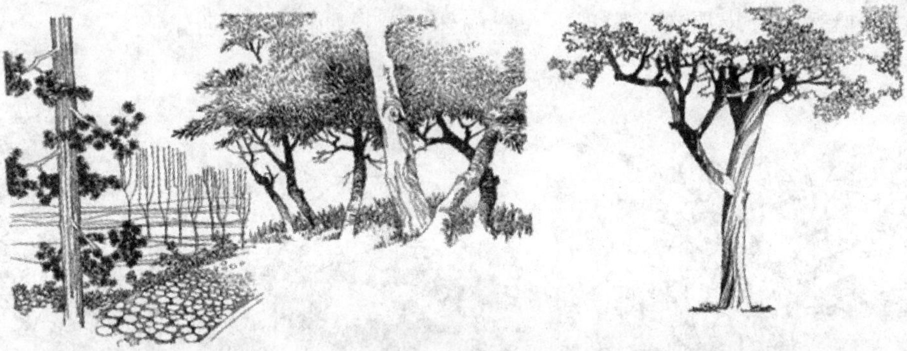

图 9-14　树干的表现方法

续图 9-14

树是立体的，画树要注意枝干结构的空间感。俗语说：“树分四枝”，画树枝不仅要有左右伸展的枝干，还要画出前后枝干的穿插。只有将树枝内外前后的空间层次画出来，树才有立体感，如图 9-15 所示。

3. 树叶的铺排与概括

由树干而添枝叶，由树叶的铺排而成树冠，并以局部特征组成整体特征，这是画树冠的要点。树具有体积感，其体积是由繁盛的树枝和茂密的树叶组成的。一棵枝叶繁盛的树在阳光的照射下，树冠显示出明暗差别，迎光的一面看起来很亮，背光的一面则很暗，至于里层的枝叶，由于完全处于阴影之中，所以最暗。按照这样的明暗关系来画树，就可以比较概括地分出层次，表现出一定的体积感，如图 9-16 所示。

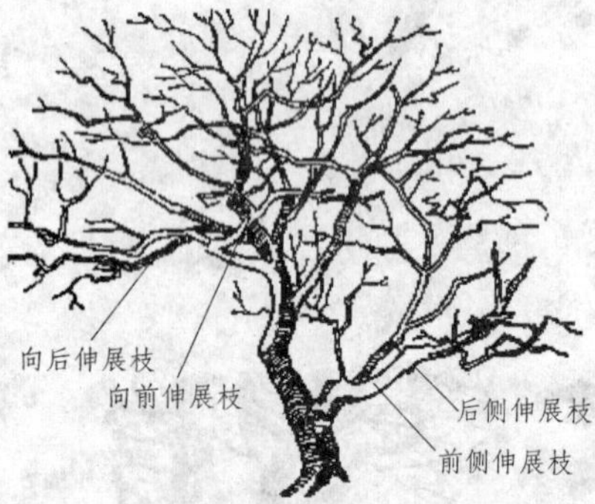

图 9-15　树的枝干空间结构与层次

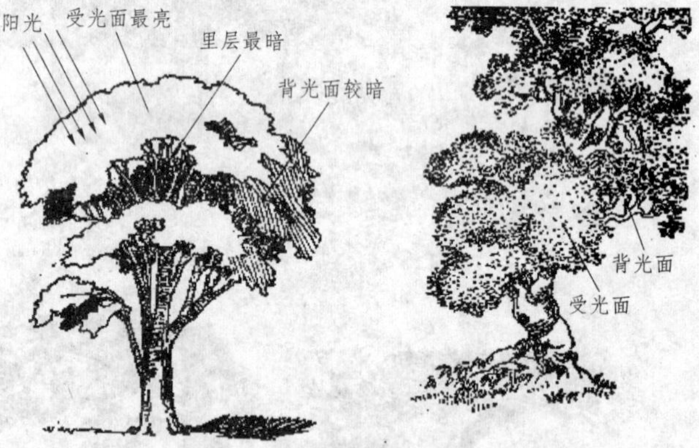

图 9-16　树枝的受光面及背光面

画树叶要概括夸张，艺术上高度概括、以一当十、以一当百的处理手法，是画树必须遵循的规律。如果把树上的一枝一叶都画到图纸上，几乎是很难达到的。用概括手法画上有限的叶子就能概括全树树叶，如图 9-17 所示。

树叶的形状很多，有很多相近的形状，画叶形也需要简化、概括。例如，杨树树叶可以画成三角形，松柏树树叶画成针状，悬铃木树叶画成多边形，海棠、苹果叶画成圆形，银杏叶画成扇形等，如图 9-18 所示。

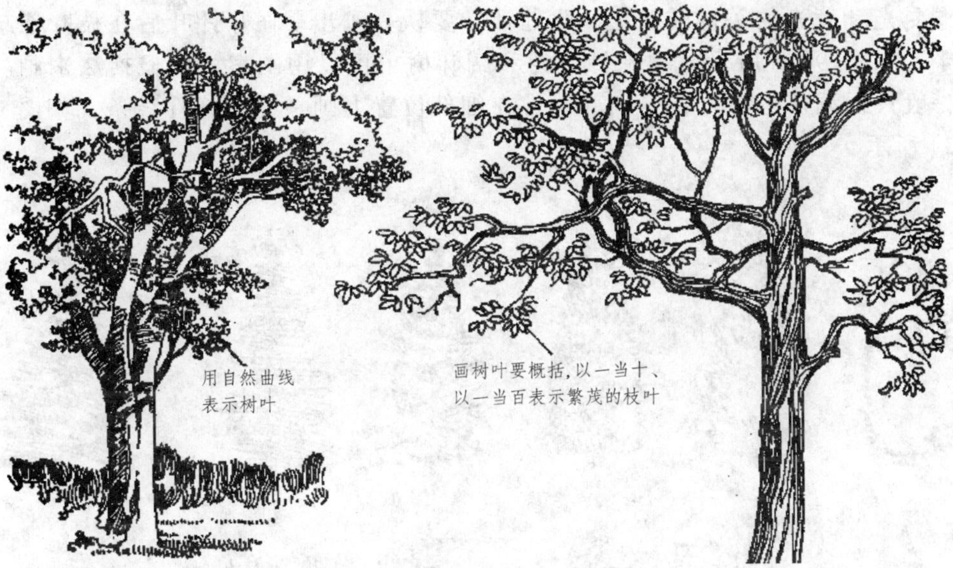

图 9-17　树叶的铺排与概括

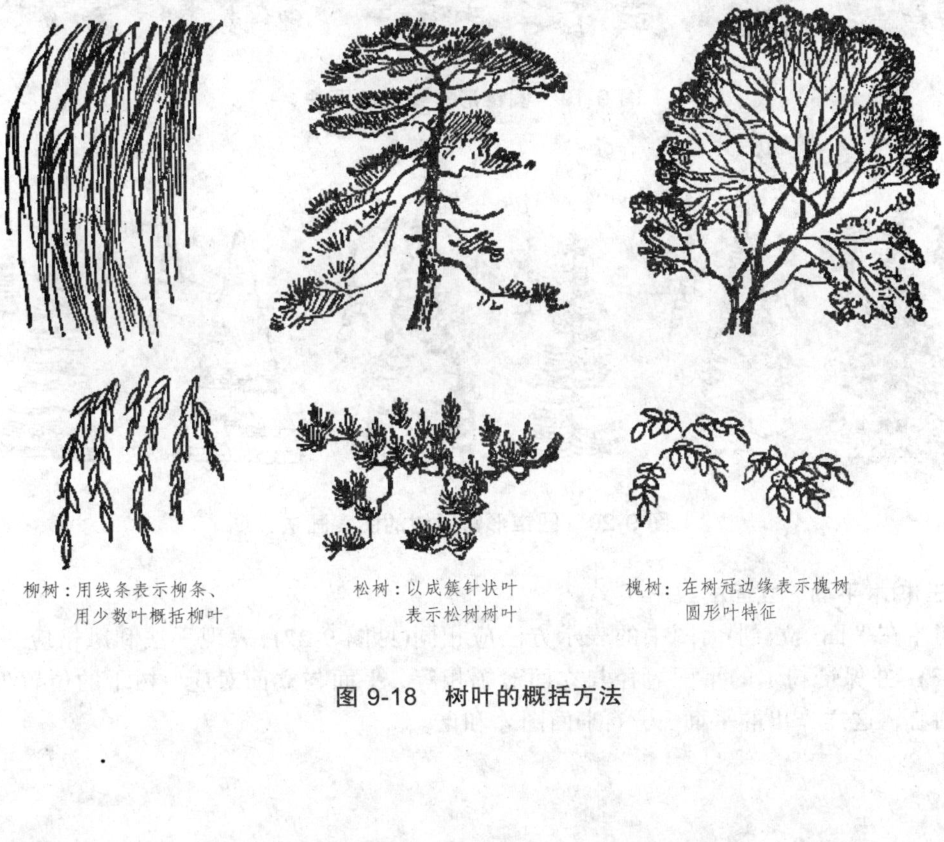

图 9-18　树叶的概括方法

常绿针叶树(如油松、白皮松、云杉、桧柏等)幼年时树形均为圆锥形或广圆锥形。画圆锥体树形时，首先确定垂直中轴线的位置，相应画出圆锥体外轮廓线。然后，在外轮廓线上用针状叶表现出树形，按针叶排列方向在轮廓线内画针状叶，画叶时要特别强调受光和背光的关键转折处，此处针叶要认真画出。画好针叶后在枝叶稀疏处加上枝干，如图 9-19 所示。常绿针叶树和阔叶树也可以用图案式的概括法来画。图案画法一般只强调外轮廓，省略细部，常在细部位置上画一些装饰性线条，如图 9-20、图 9-21 所示。

图 9-19 圆锥形常绿树的画法

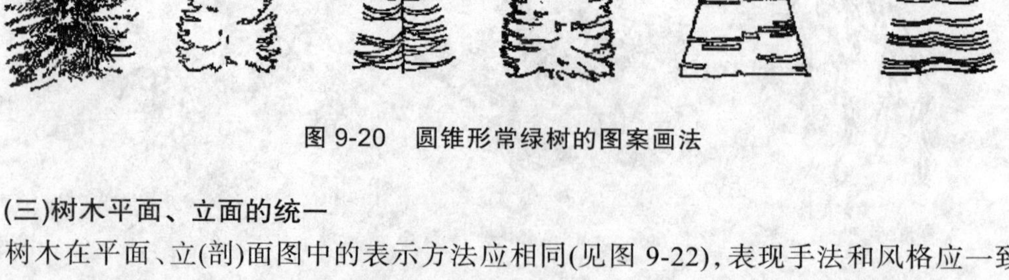

图 9-20 圆锥形常绿树的图案画法

(三)树木平面、立面的统一

树木在平面、立(剖)面图中的表示方法应相同(见图 9-22)，表现手法和风格应一致(见图 9-23)，并保证树木的平面冠径与立面冠幅相等，平面与立面对应，树干的位置处于树冠的圆心，这样作出的平面、立(剖)面图才和谐。

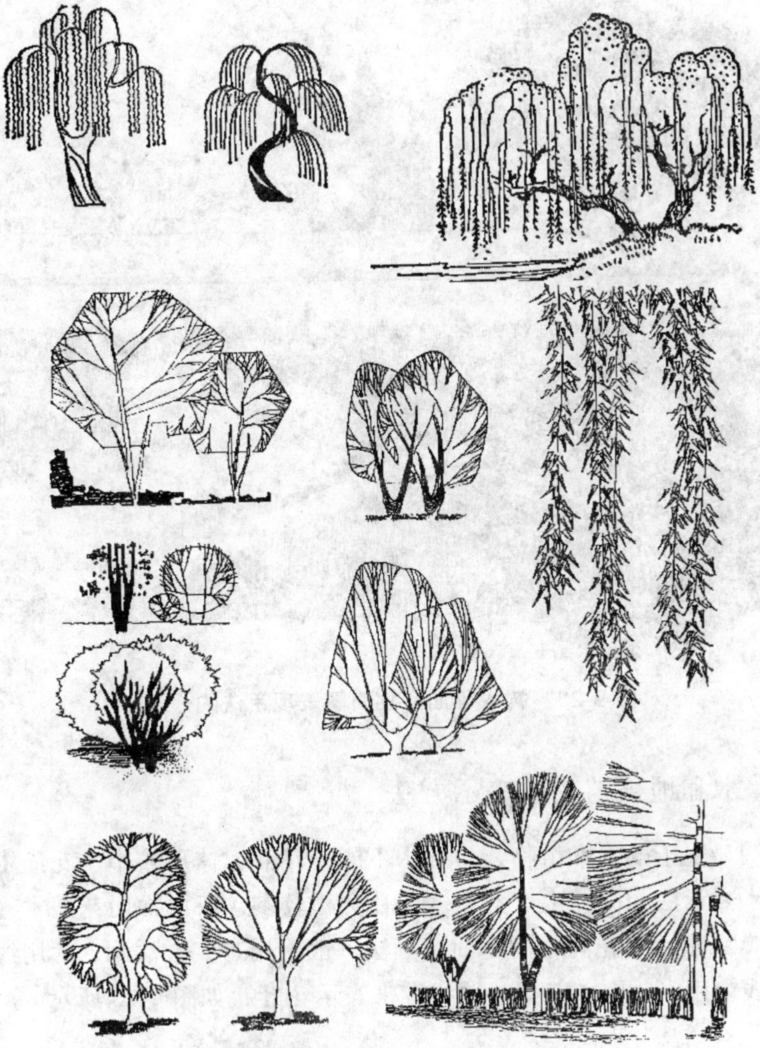

图 9-21　阔叶树木的图案画法

图 9-22　树木平面、立面图的一致

图 9-23　树木平面、立面图表现手法的一致

二、花灌木和地被植物的表示方法

灌木是无明显主干的木本植物，与乔木不同，花灌木体形较小。花灌木的平面表示法原则上与乔木表示法相同，由于花灌木成片种植较多，所以常用花灌木冠幅外缘连线来表示，如图 9-24 所示。花灌木的立面图画法一般不用写实方法画，常用线描法画出轮廓线后在轮廓线内用点、圈、三角、曲线等来表示花叶，如图 9-25 所示。

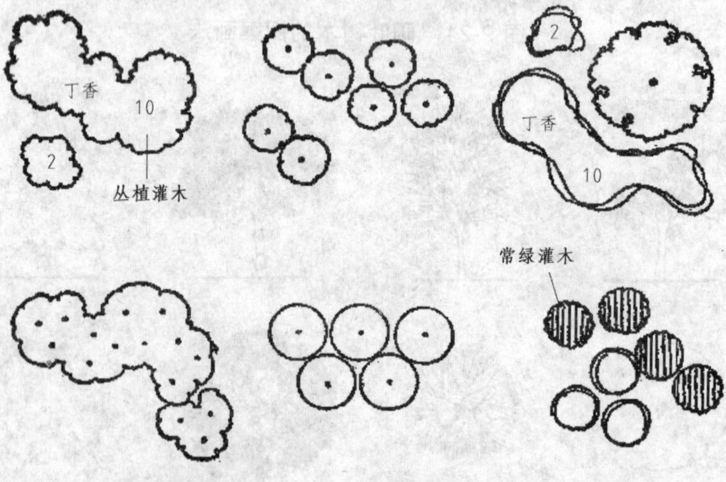

图 9-24　花灌木平面表示法

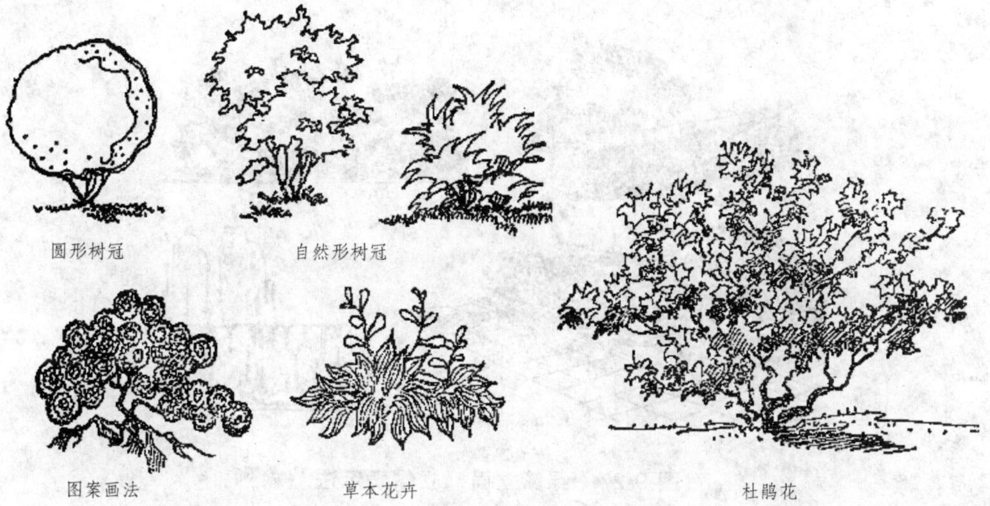

图 9-25　花灌木立面表示法

三、绿篱表示方法

绿篱分常绿绿篱和落叶绿篱。平面图中常绿绿篱多用斜线或弧线交叉表示，落叶绿篱则只画绿篱外轮廓线或加上种植位置的黑点来表示。修剪的绿篱外轮廓线整齐平直，不修剪的绿篱外轮廓线为自然曲线(见图 9-26)。在立面图中可根据不同植物材料的叶形，用线点、自由曲线、圆形曲线来勾绘出明暗关系(见图 9-27)。

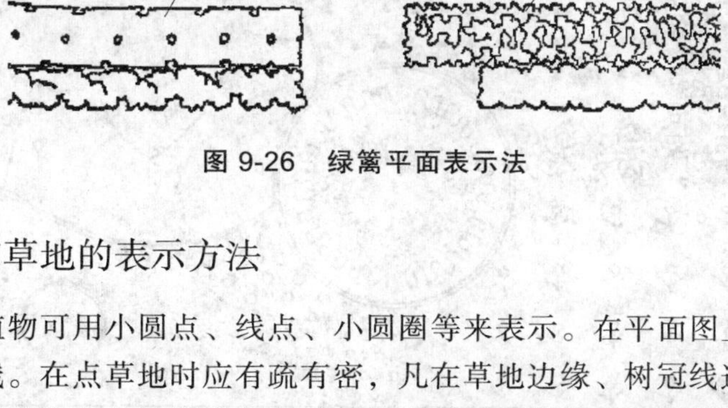

图 9-26　绿篱平面表示法

四、草坪和草地的表示方法

草坪及地被植物可用小圆点、线点、小圆圈等来表示。在平面图上常用草地衬托出乔灌木树冠轮廓线。在点草地时应有疏有密，凡在草地边缘、树冠线边缘、建筑边缘处的草地，一般点得密些，然后逐渐越点越稀。这种画法既快又有整体性，疏密相间，活泼自然，如图 9-28 所示。

图 9-27　绿篱立面、立体表示法

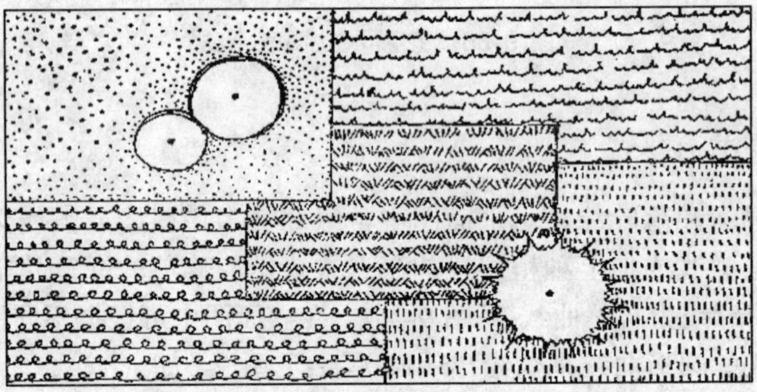

图 9-28　草坪的表示方法

露地花卉种类很多，其平面表示法大家有很多创造，花带用连续曲线画出花纹，或用自然曲线画出花卉种植范围，中间用小圆圈来表示花卉。有时为取得直观效果，也用简单花卉图案直接画在设计图上，如图 9-29 所示。

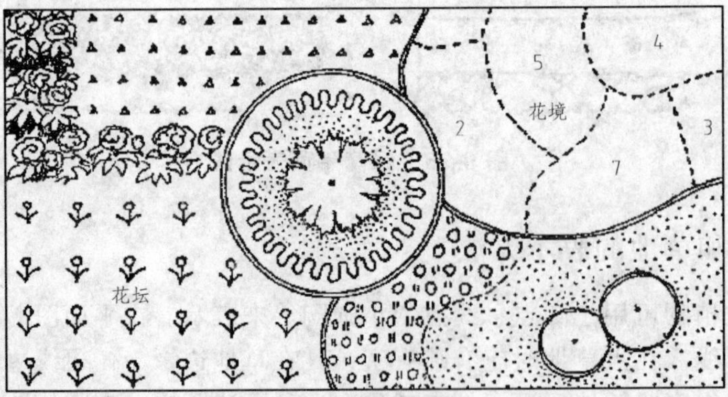

图 9-29　露地花卉的表示方法

第二节　山石的表现

在园林景观设计中，山石的表现一般采用传统的绘画方式。古人画石起手有“石分三面”之说。所谓“三面”无非是说，画石开始勾勒轮廓，就要分出它的阴阳向背、凹深凸浅的基本形态，即是要表现出它的体积来。石的体积不仅依靠它的纹理去表现，还依赖于笔线的运用，即使只有一笔也要表示出它是立体的东西，即受光的阳面的轮廓线可细些、轻些，背光的阴面要粗些、重些。

画石不仅要形似，更重要的是要表现出石质和骨气。因此，用笔宜重，运腕要活，从笔线的顿挫转折中，不仅要表现其坚硬之质，而且要画出石的“磊落雄壮，苍硬顽涩”的气概。

一、山石的平面画法

平面图中的山石通常根据其形状特点，用线条勾勒轮廓，轮廓线要粗，石块面、纹理可用较细、较浅的线条或点勾绘，以体现石块的体积感。一般堆山所用的石材可分为湖石、黄石、青石、石笋等，不同的石块，其纹理不同，有的圆浑、有的棱角分明，在表现时应采用不同的笔触和线条(见图 9-30)。

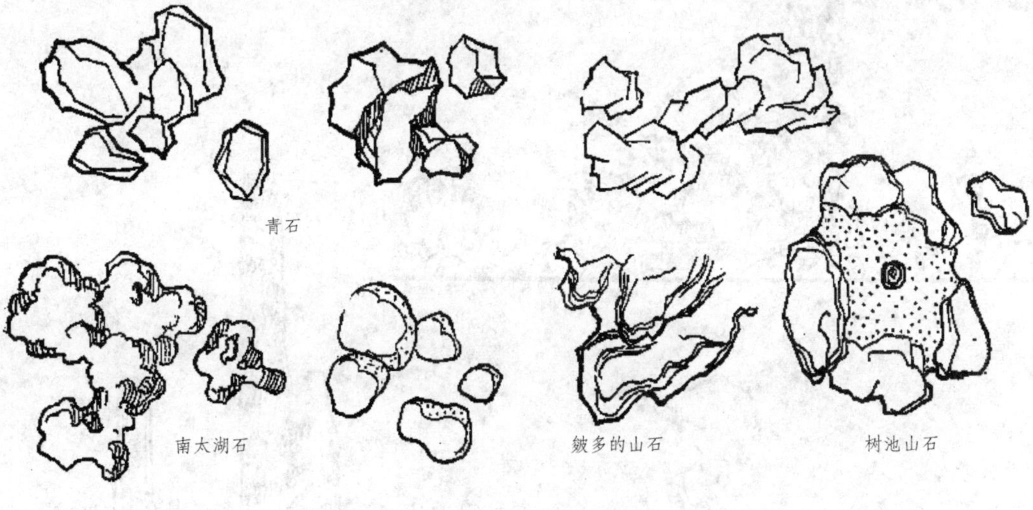

图 9-30　山石的平面画法

二、山石的立面画法

山石立面图的表现方法与平面图基本一致，轮廓线要粗，石块面、纹理可用较细线条稍加勾绘，以体现石块的体积感。不同的山石应采用不同的笔触和线条表现其纹理(见图 9-31)。

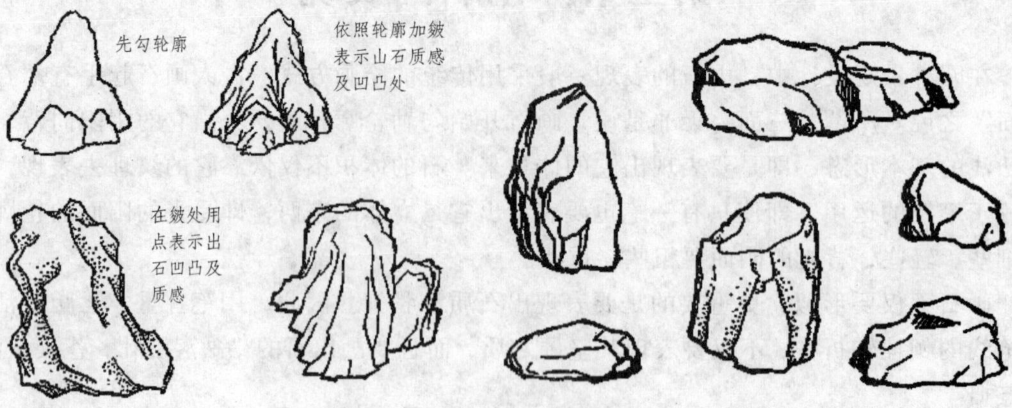

图 9-31　山石的立面画法

画群山亦如画树，须穿插有致。树木的穿插在于枝柯交错，石的穿插在于大小高低。画群石必须大间小、小间大、高低参差、聚散得宜，或间以土坡，或立于水上，变化多姿，在形式上才具有美感(见图 9-32、图 9-33)。

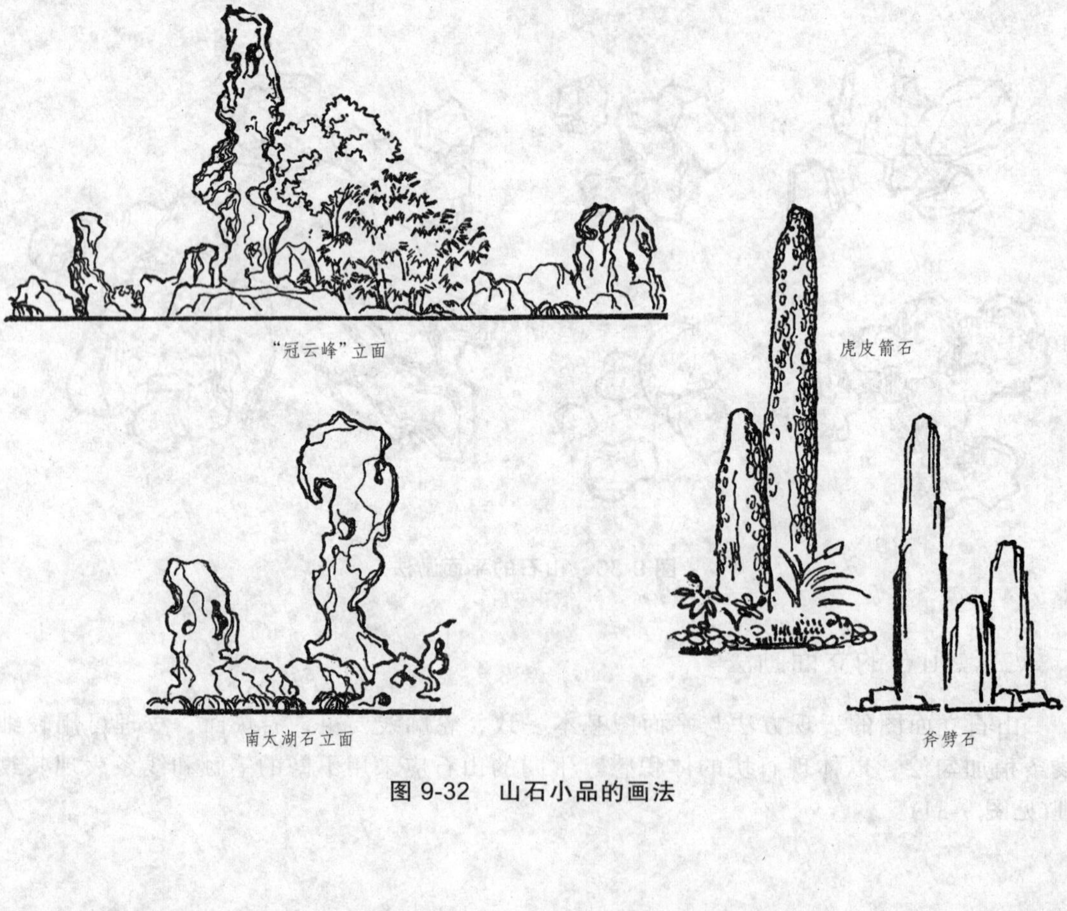

图 9-32　山石小品的画法

图 9-33　湖石与亭、廊、树木的组合

第三节　水体的表现

园林中的水面不同于江海，其中的大水面主要是表现其弥漫广远，小水面则表现其静而幽。

画水可分为画动水和静水。静水，水明如镜，清澈可鉴。静水可见倒影，在构图上为虚实对比关系。为表现其清澈、平静，倒影清晰可见，常用拉长的平行线画水，这些水平线在透视上是近水线粗而疏，随距离渐远，线条也变得密而细，切不可画成等距离、等粗细的平行线条。为画出水中的光影效果，平行线可以连续并以留白表示受光部分。动水，常用网巾水来表示。画网巾水线条时，用笔平拉过去，有规则地屈曲，上线曲向下，下线曲向上，互相连接成网状。另一画法，不用拉长线条，而利用波形短线来表现其动态。

画流动的溪水，则用蜿蜒的水纹表示。根据设计的需要，也可画出浪花、激流、旋涡、涟漪等(见图 9-34)。

在平面图上，水的平面表示法也很多。最常用的方法是：用粗线画出水池轮廓，轮廓内画二至三条随水池轮廓的细线(似池底等高线)，细线之间的距离可不等。画自然式水池，池内曲线要流畅自然，曲线间的距离不要画成等距离，应有宽窄变化。规则水池的池内线应当规则整齐。

水池平面的另一种画法是用连续平行线整齐等距地将水池完全画满。画大水面时将池边平行线加密，池中间线条稀疏。为避免和平面图中其他图例混淆，还可以用断续平行线画水面。

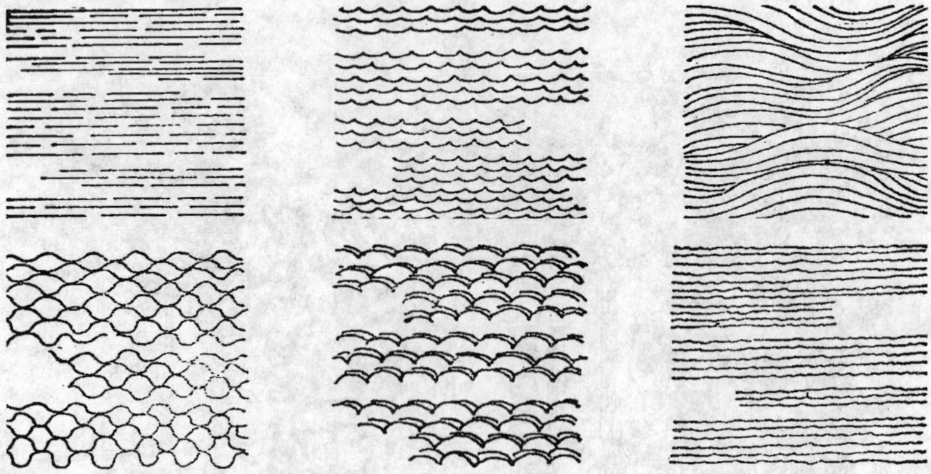

图 9-34　水面的画法(直线表示静水，波浪线表示动水)

当图面变化少，图面不够活泼时，在水池平面图上也可以用网巾法画出起伏的微波。为了说明水池的性质，可在水池平面图上画上鱼、荷花等，有直观效果，给图面增色(见图 9-35)。

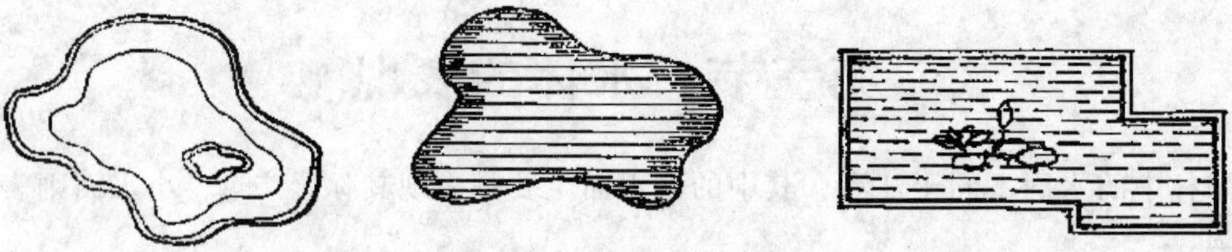

图 9-35　水池平面图的画法

透视图中水体的表现与平、立面图中相似，可用不同的线型灵活表示(见图 9-36、图 9-37)。

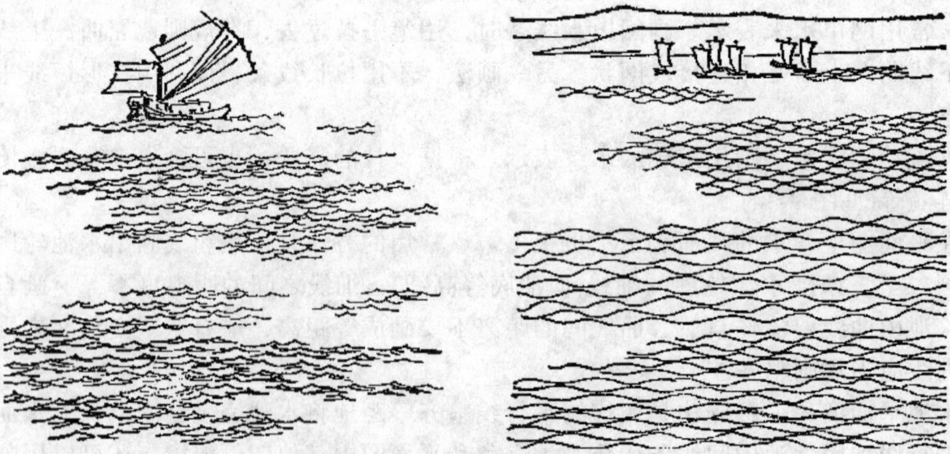

图 9-36　透视图中水面的画法

图 9-37　水面的画法(周言君)

第四节　人物及交通工具的表现

在园林、建筑设计表现图中，人物可以用简练的线条概括地表现其形态特征，使其与环境协调统一(见图 9-38 ~ 图 9-40)，也可以采用程式化的人物形象(见图 9-41)。

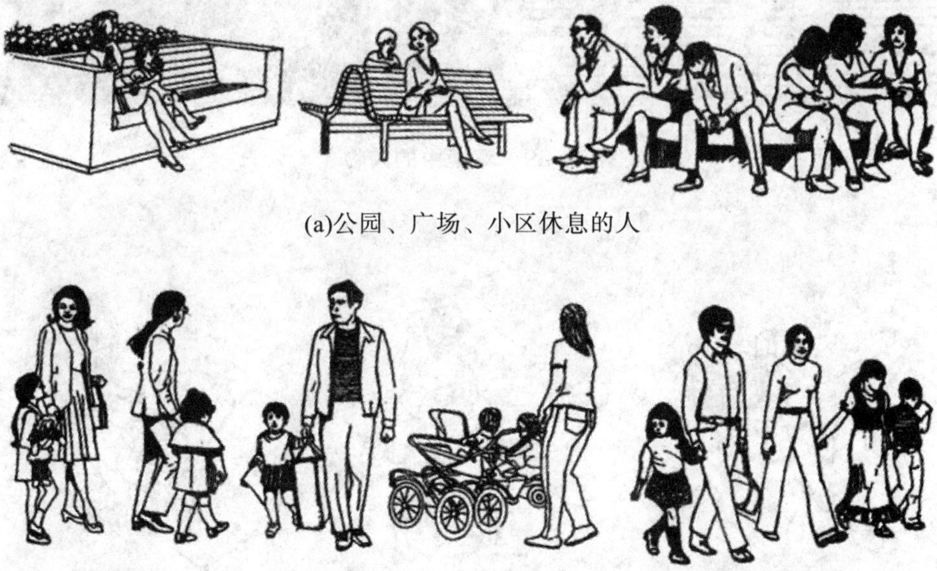

(a)公园、广场、小区休息的人

(b)送宝宝去幼儿园　　(c)家人出游

图 9-38　环境中人物的画法

(d)海滩上　　(e)路上行人

续图 9-38

图 9-39　环境中的人物

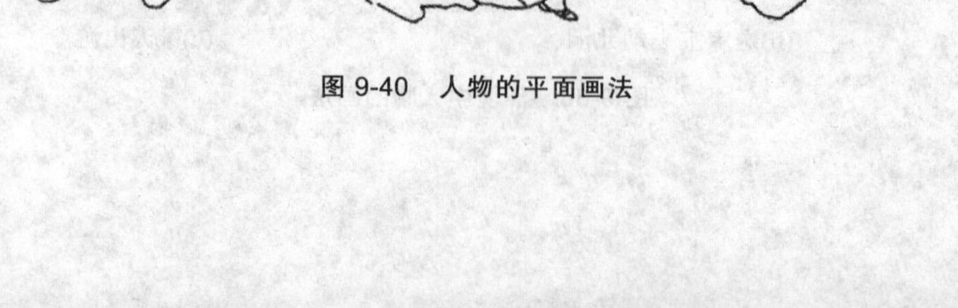

图 9-40　人物的平面画法

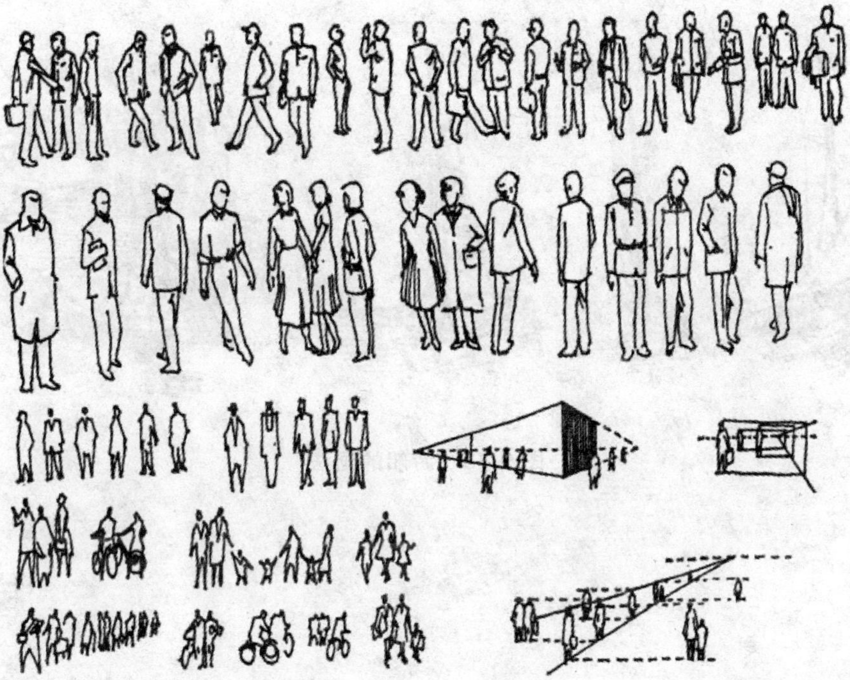

图 9-41　程式化人物形态

交通工具在园林景观设计表现中是重要的配景，主要有汽车、船等。配置交通工具时应与环境功能、用途相符合，并与环境空间尺度一致。

画汽车，首先将其概括为最基本的几何形状，然后进行较细致的刻画，在保证汽车形态特点的前提下，一定要简洁、明了，忌复杂，以免喧宾夺主(见图 9-42)。游船的画法与汽车相似(见图 9-43)。

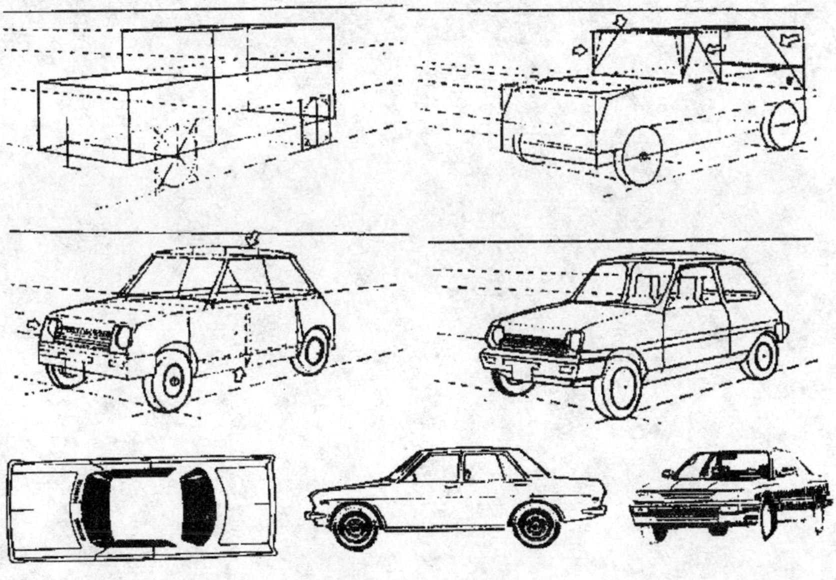

图 9-42　汽车的画法

图 9-43　游船的画法

第十章 园林工程图

本章导读

园林工程图是在掌握园林艺术理论、设计原理、有关工程技术及制图基本知识的基础上所绘制的专业图纸，它可以表达园林设计人员的思想和要求，是生产施工与管理的技术文件。本章只介绍较常用的几种工程图的绘制与识读，如园林设计平面图，地形设计图，园林植物种植设计图，假山、驳岸和园路施工图，建筑施工图，结构施工图，设备施工图等。在学习本章内容时，要特别注意掌握通用图例的表达、识图步骤、绘制方法及制图规范，多看不同类型的园林工程图。

第一节 园林设计平面图的绘制与识读

一、内容与用途

园林设计平面图是表现规划范围内的各种造园要素(如地形、山石、水体、建筑及植物等)布局位置的水平投影图，它是反映园林工程总体设计意图的主要图纸，也是绘制其他图纸及造园施工的依据，如图 10-1 所示。

二、绘制要求

由于园林设计平面图的比例较小，设计者不可能将构思中的各种造园要素以其真实形状表达于图纸上，而是采用一些经国家统一制定的或“约定俗成”的简单而形象的图形来概括表达其设计意图，这些简单而形象的图形叫做“图例”，常用图例参考附录。

(一)园林要素表示法

1. 地形

地形的高低变化及其分布情况通常用等高线表示。设计地形等高线用细实线绘制，原地形等高线用细虚线绘制，设计平面图中等高线可以不注高程。

2. 建筑和园林小品

在大比例图纸中，对于有门窗的建筑，可采用通过窗台以上部位的水平剖面图来表示，对于没有门窗的建筑，采用通过支撑柱部位的水平剖面图来表示。用粗实线画出断面轮廓，用中实线画出其他可见轮廓，如图 10-1 中水榭和六角亭。此外，也可采用屋顶平面图来表示(仅适用于坡屋顶和曲面屋顶)，用粗实线画出外轮廓，用细实线画出屋面，如图 10-1 中六角亭。对花坛、花架等建筑小品用细实线画出投影轮廓。

在小比例图纸中(1∶1 000 以上)，只须用粗实线画出水平投影外轮廓线。建筑小品可不画。

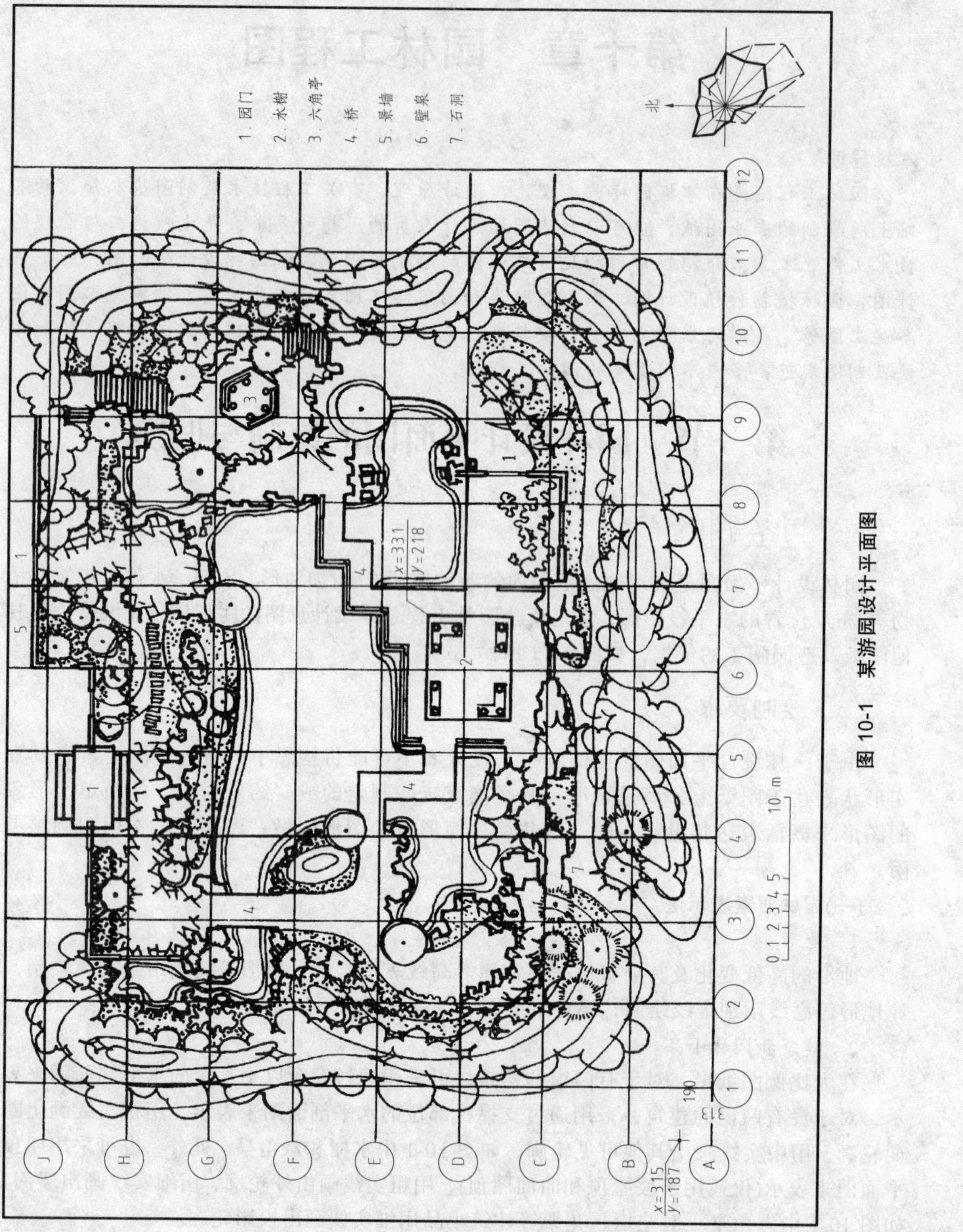

图 10-1 某游园设计平面图

3. 水体

水体一般用两条线表示：外面的一条表示水体边界线(即驳岸线)，用特粗实线绘制；里面的一条表示水面，用细实线绘制。

4. 山石

山石均采用其水平投影轮廓线概括表示，以粗实线绘出边缘轮廓，以细实线概括出皴纹。

5. 园路、广场和铺地

园路用细实线画出路缘，对铺装路面也可按设计图案简略示出，如图 10-1 入口冰纹路。

6. 植物种植

园林植物由于种类繁多、姿态各异，平面图中无法详尽表达，一般采用“图例”概括表示，所绘图例应区分出针叶树、阔叶树、常绿树、落叶树、乔木、灌木、绿篱、花卉、草坪、水生植物等，对常绿植物在图例中应画出间距相等的细斜线表示。

绘制植物平面图图例时，要注意曲线过渡自然，图形应形象、概括。树冠的投影，要按成龄以后的树冠大小画，参考表 10-1 所列树冠直径。

表 10-1 树冠直径 (单位：m)

树种	孤立树	高大乔木	中小乔木	常绿大乔木	锥形幼树	花灌木	绿篱(宽)
冠径	10 ~ 15	5 ~ 10	3 ~ 7	4 ~ 8	2 ~ 3	1 ~ 3	0.5 ~ 1.5

(二)编制图例说明

在使用常用的植物平面图图例以外的图例时，应在图纸中适当位置画出并注明其含义。为了使图面清晰，便于阅读，对图中的建筑应予以编号，然后再注明相应的名称，如图 10-1 所示。

(三)标注定位尺寸或坐标网

设计平面图中定位方式有两种：一种是根据原有景物定位，标注新设计的主要景物与原有景物之间的相对距离；另一种是采用直角坐标网定位。直角坐标网有建筑坐标网和测量坐标网两种标注方式。建筑坐标网是以工程范围内的某一点为“零”点，再按一定距离画出网格，水平方向为 B 轴，垂直方向为 A 轴，便可确定网格坐标。测量坐标网是根据造园所在地的测量基准点的坐标，确定网格的坐标，水平方向为 y 轴，垂直方向为 x 轴，如图 10-1 所示。坐标网格用细实线绘制。

(四)标题

在园林设计图中通常在图纸的显要位置列出设计项目及设计图纸的名称，除起到标示、说明作用外，标题还应该具有一定的装饰效果，以增强图面的观赏效果，所以通常采用美术字。但在书写的时候应该注意可识别性和整体性。可识别性就是指人们很容易就可以识别文字的内容并了解其中的含义，书写不可过于潦草和抽象，内容也不可过于含糊；同时，标题作为图纸的一部分，应该注意与图纸总体风格相协调。

(五)比例、风玫瑰图或指北针，注写标题栏

为便于阅读，园林设计平面图中宜采用线段比例尺。线段比例尺可绘制为不同形式，如图 10-2 所示。风玫瑰图是根据当地多年统计的各个方向、吹风次数的平均百分数值，再按一定比例而绘制的，图例中粗实线表示全年风频情况，虚线表示夏季风频情况，最长线段为当地主导风向，如图 10-3 所示。

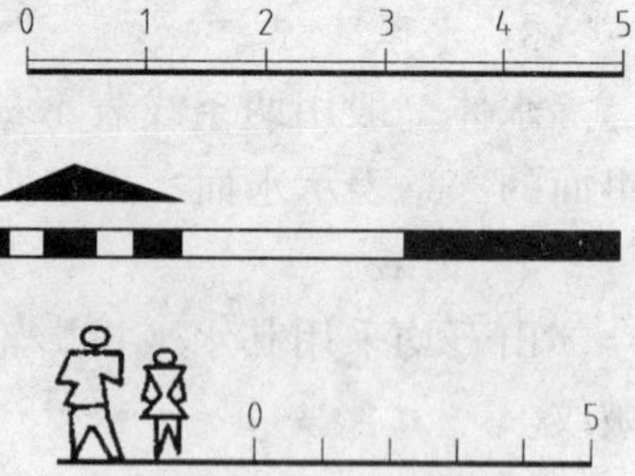

图 10-2 线段比例尺

图 10-3 指北针和风玫瑰图

(六)书写设计说明

为了更清楚地表达设计意图，必要时总平面图上可书写说明性文字，如图例说明，公园的方位、朝向、占地范围、地形、地貌、周围环境及建筑物室内外绝对标高等。

有时为了增加说明性，扩大艺术感染力，往往在设计平面图的基础上，根据设计者的构思绘制出立面图、剖面图和鸟瞰图。用图 10-4 ~ 图 10-6 所示设计作进一步说明。

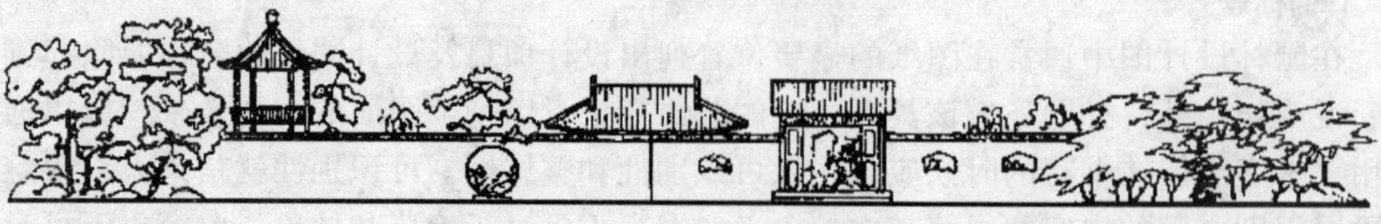

图 10-4 某游园北立面图

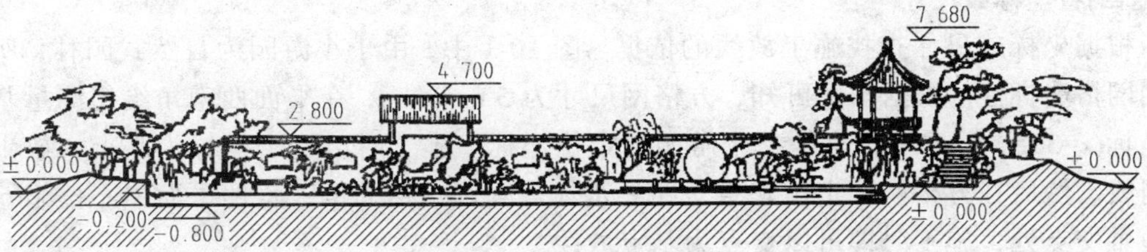

图 10-5　某游园剖面图

图 10-6　某游园鸟瞰图

三、园林设计平面图的识读

(一)看图名、比例、设计说明及风玫瑰图或指北针

了解设计意图和工程性质、设计范围及朝向等项目概况。图 10-1 所示是一个东西长 55 m 左右、南北宽 45 m 左右的某处小游园，主入口位于北侧。用图例法显示了绘制比例。

(二)看等高线和水位线

了解游园的地形和水体布置情况，着重注意用地范围内地形最低点、最高点、水底等特征地形的标高，从而大致了解地形走势、特征。从图 10-1 中可见，该园水池设在游园中部，东、南、西侧地势较高，形成外高内低的封闭空间。

(三)看图例和文字说明

明确新建景物的平面位置，了解总体布局情况。由图 10-1 可见，该园布局以水池为中心，主要建筑为南部的水榭和东北部的六角亭，水池东侧设拱桥一座，水榭由曲桥相连，北部和水榭东侧设有景墙和园门，六角亭建于石山之上，西南角布置石山、壁泉和石洞各一处，水池东北角和西南角布置汀步两处，桥头、驳岸处散点山石，入口处园路以冰纹路为主，点以步石，六角亭南、北侧设台阶和山石蹬道，南部布置小径通向园外。植物配置，外围以阔叶树群为主，内部点缀孤植树和灌木。

(四)看坐标或尺寸

根据坐标或尺寸查找施工放线的依据。图 10-1 中，由于小游园为自然式园林，所以采用网格法标注。根据图例可知，方格网尺寸为 5 m × 5 m，在平面西南角给出测量基准点坐标(x=315，y=187)，这是整个游园的定位坐标。施工时以这个坐标为基点，放出方格网线。然后在方格网中定位建筑、路、水体等。以水榭为例，水榭平面中心位于⑥轴与Ⓓ轴交点处，施工时即可以交点为基点放线。

第二节　地形设计图的绘制与识读

一、内容与用途

地形设计图也叫竖向设计图，是根据设计平面图及原地形图绘制的地形详图，它借助标注高程的方法，表示地形在竖直方向上的变化情况，是造园工程土方调配预算和地形改造施工的主要依据。在实际工作中，园林总体规划设计应与地形设计和地形景观规划同时进行，以利于创造技术经济合理、景观和谐、富有生机的园林作品。

地形设计图主要表达地形地貌、建筑、园林植物和园路系统等各造园要素的坡度与高程等内容，如园路主要折点、交叉点和变坡点的标高及纵坡坡度，各景点的控制标高，建筑物控制标高，水体、山石、道路及出入口的设计高程，地形现状及设计高程等，如图 10-7 所示。

二、绘制要求

(一)绘制等高线

根据地形设计，选定等高距，用细实线绘出设计地形等高线，用细虚线绘出原地形等高线。等高线上应标注高程，高程数字上等高线应断开，高程数字的字头应朝向山头，数字要排列整齐。周围平整地面高程为 ± 0.00，高于地面为正，数字前“+”号省略；低于地面为负，数字前应注写“–”号。高程单位为 m，要求保留两位小数。

对于水体，用特粗实线表示水体边界线(即驳岸线)。当湖底为缓坡时，用细实线绘出湖底等高线，同时均需标注高程，并在标注高程数字处将等高线断开。当湖底为平面时，用标高符号标注湖底高程，标高符号下面应加画短横线和 45°斜线表示湖底，如图 10-7 所示。

(二)标注建筑、山石、道路高程

将设计平面图中的建筑、山石、道路、广场等位置按外形水平投影轮廓绘制到地形设计图中，其中建筑用中实线，山石用粗实线，广场、道路用细实线。建筑应标注室内地坪标高，以箭头指向所在位置。山石用标高符号标注最高部位的标高。道路高程一般标注在交会、转向、变坡处，标注位置以圆点表示，圆点上方标注高程数字。

(三)标注排水方向

根据坡度，用单箭头标注雨水排水方向，如图 10-7 所示。

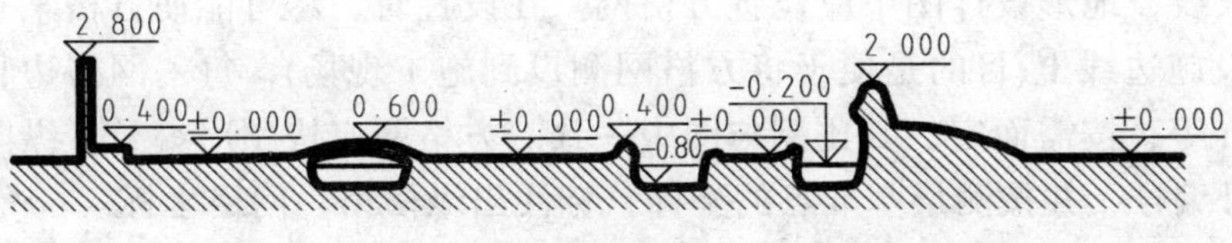

1—1 断面图

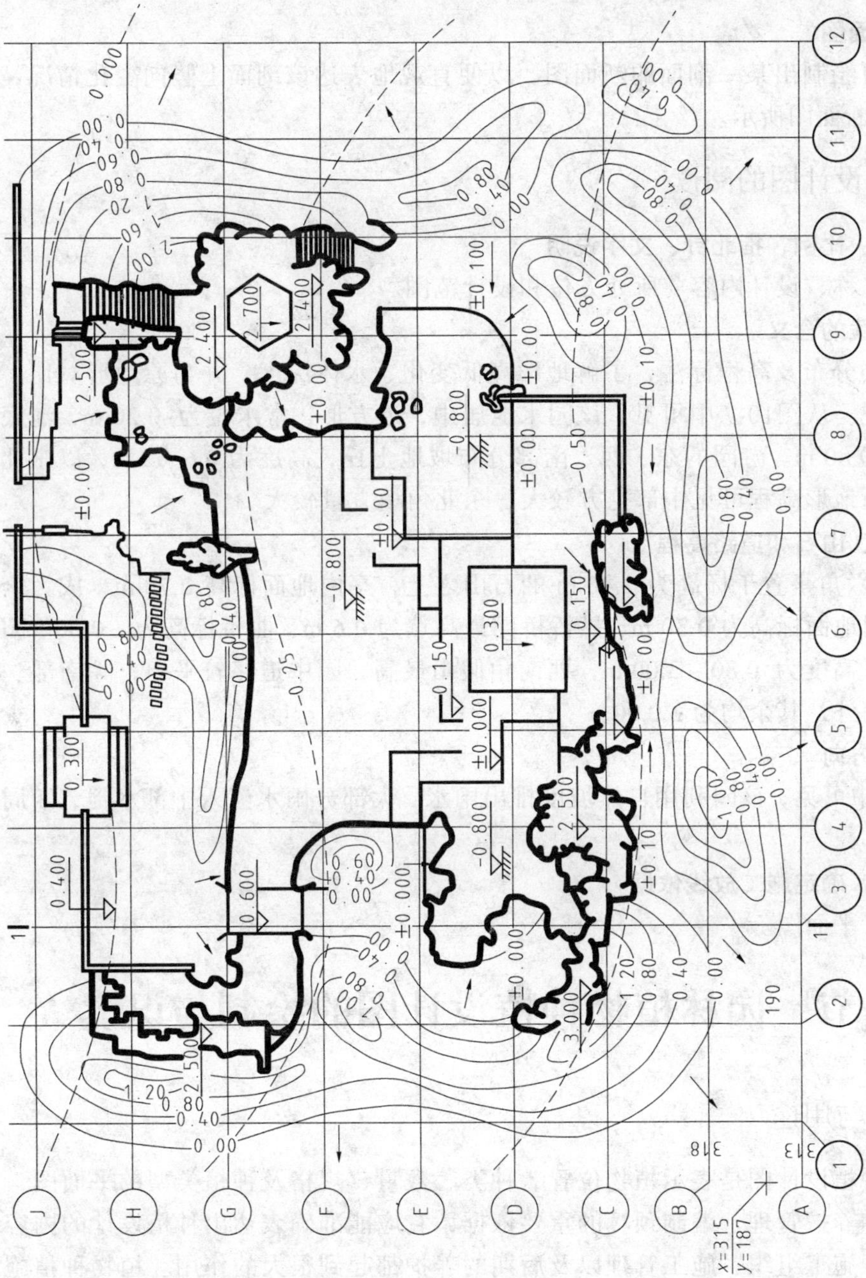

图 10-7　某游园地形设计图

(四)绘制方格网

为了便于施工放线，地形设计图中应设置方格网。在设置时，尽可能使方格某一边落在某一固定建筑设施边线上(目的是便于将方格网测设到施工现场)，每一网格边长可为 5 m、10 m、20 m 等，按需而定，其比例与图中一致。方格网应按顺序编号，纵向自下而上，用拉丁字母编号，并按测量基准点的坐标，标注出纵横第一网格坐标。

(五)绘制比例、指北针，注写标题栏、技术要求等

这些要求同园林设计平面图。

(六)局部断面图

必要时，可绘制出某一剖面的断面图，以便直观地表达该剖面上竖向变化情况，如图10-7 中 1—1 断面图所示。

三、地形设计图的阅读

(一)看图名、比例、指北针、文字说明

了解工程名称、设计内容、所处方位和设计范围。

(二)看等高线的含义

看等高线的分布及高程标注，了解地形高低变化、水体深度，并与原地形对比，了解土方工程情况。从图10-7 中可见，该园水池居中，近方形，常水位为–0.20 m，池底平整，标高均为–0.80 m。游园的东、西、南部分布坡地土丘，高度为 0.6 ~ 2 m，以东北角为最高，结合原地形高程可见中部挖方较大，东北角填方量较大。

(三)看建筑、山石和道路高程

图 10-7 中六角亭置于标高为 2.40 m 的石山之上，亭内地面标高 2.70 m，成为全园最高景观。水榭地面标高为 0.30 m，拱桥桥面最高点为 0.6 m，曲桥标高为 ± 0.00。园内布置假山三处，高度为 0.80 ~ 3.00 m，西南角假山最高。园中道路较平坦，除南部、西部部分路面略高外，其余均为 ± 0.00。

(四)看排水方向

从图 10-7 中可见，该园利用自然坡度排出雨水，大部分雨水流入中部水池，四周流至园外。

(五)看坐标，确定施工放线依据

方法同设计平面图。

第三节　园林植物种植设计图的绘制与识读

一、内容与用途

园林植物种植设计图是表示植物位置、种类、数量、规格及种植类型的平面图，是组织种植施工和养护管理、编制预算的重要依据，它应能准确表达出种植设计的内容和意图，并且对于施工组织、施工管理以及后期的养护都起到很大的作用。植物种植施工图应包含图名、比例、指北针、苗木表以及文字说明。

(1)在种植施工图中应该配备准确统一的苗木表，通常苗木表的内容应包括编号、树种名称、数量、规格、苗木来源和备注等内容，有时还要标注上植物的拉丁学名、植物种植时和后续管理时的形状姿态、整形修剪的特殊要求等。

(2)施工说明，针对植物选苗、栽植和养护过程中需要注意的问题进行说明。

(3)植物种植位置，并通过不同图例区分植物种类以及原有植被和设计植被。

(4)利用引线标注每一组植物的种类、组合方式、规格、数量(或者面积)。

(5)植物种植点的定位尺寸，规则式栽植标注出株间距、行间距以及端点植物与参照物之间的距离，自然式栽植往往借助坐标网格定位。

(6)某些有着特殊要求的植物景观还需给出这一景观的施工放样图和剖(断)面图。

二、绘制要求

(一)植物种植设计平面图

在设计平面图的基础上，绘出建筑、水体、道路及地下管线等位置，其中水体边界线用粗实线，沿水体边界线内侧用细实线表示出水面，建筑物用中实线，道路用细实线，地下管道或构筑物用中虚线。

1. 自然式种植设计图

自然式种植的设计图，宜将各种植物按平面图中的图例，绘制在所设计的种植位置上，并应以圆点示出树干位置。树冠大小按成龄后冠幅绘制，参考表 10-1。为了便于区别树种，计算株数，应将不同树种统一编号，标注在树冠图例内(采用阿拉伯数字)，如图 10-8 所示。

2. 规则式种植的设计图

规则式种植的设计图，对单株或丛植的植物宜以圆点表示植物的种植位置，对蔓生和成片种植的植物，用细实线绘出种植范围，草坪用小圆点表示，小圆点应绘得有疏有密，凡在道路、建筑物、山石、水体等边缘处应密，然后逐渐疏稀。对同一树种在可能的情况下尽量以粗实线连接起来，并用索引符号逐树种编号，索引符号用细实线绘制，圆圈的上半部注写植物编号，下半部注写数量，尽量排列整齐，使图面清晰，如图 10-9 所示。

(二)编制苗木统计表

为了利于区别树种，计算株数，将不同树种进行统一编号，标注在树冠图例内，编号采用阿拉伯数字，如图 10-8 所示。列表说明所设计的植物编号、树种名称、拉丁文名称、单位、数量、规格、出圃年龄等。表 10-2 所示为图 10-8 所附苗木统计表。

(三)标注定位尺寸

自然式植物种植设计图，宜用与设计平面图、地形图同样大小的坐标网确定种植位置，如图 10-8 所示。规则式植物种植设计图，宜相对某一原有地上物，用标注株行距的方法，确定种植位置，如图 10-9 所示。

(四)绘制种植详图

必要时按苗木统计表中编号(即图号)绘制种植详图，说明种植某一种植物时挖坑、覆土、施肥、支撑等种植施工要求，图 10-10 为图 10-8 中 8 号冷杉的种植详图。

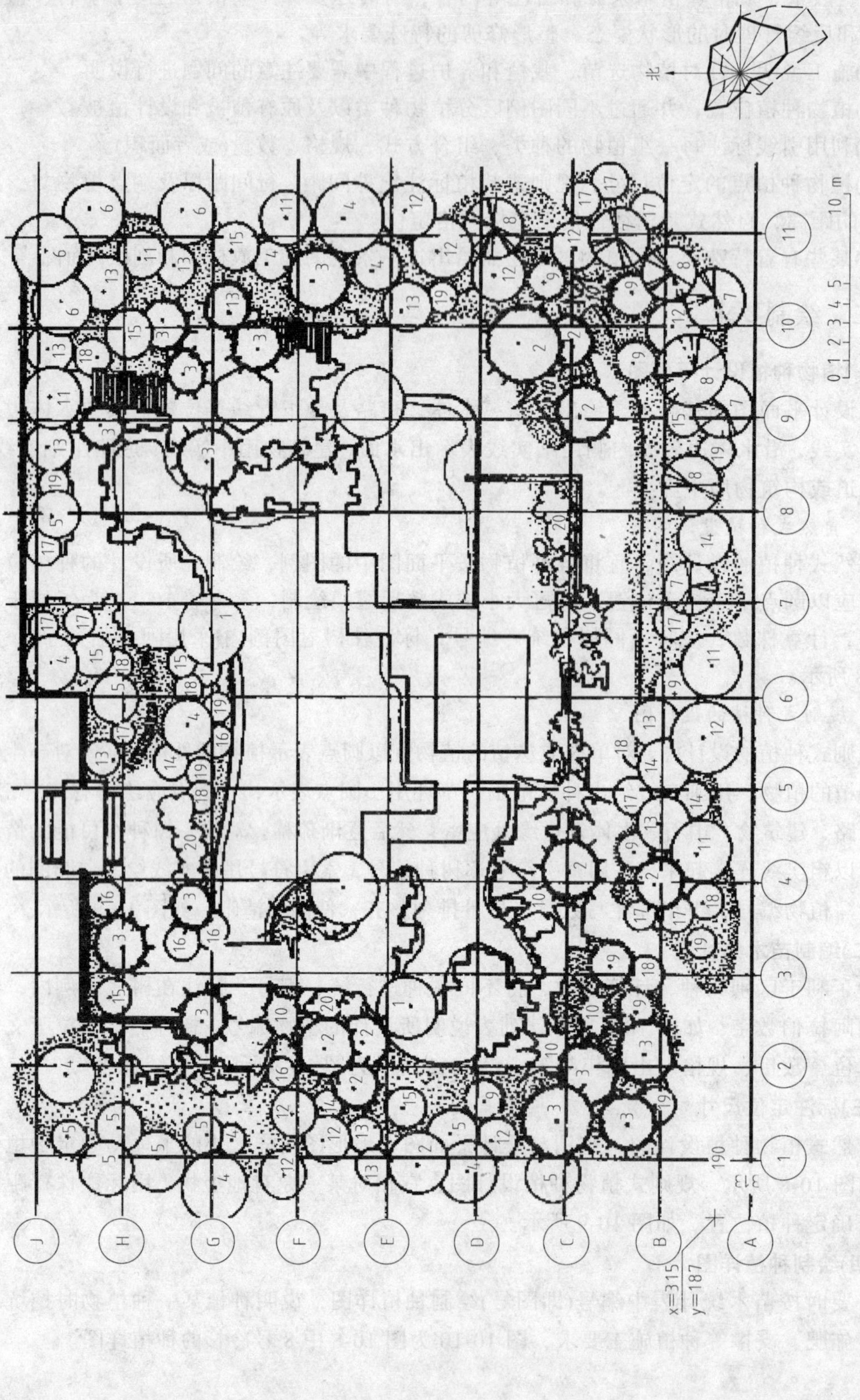

图 10-8　某游园植物种植设计图

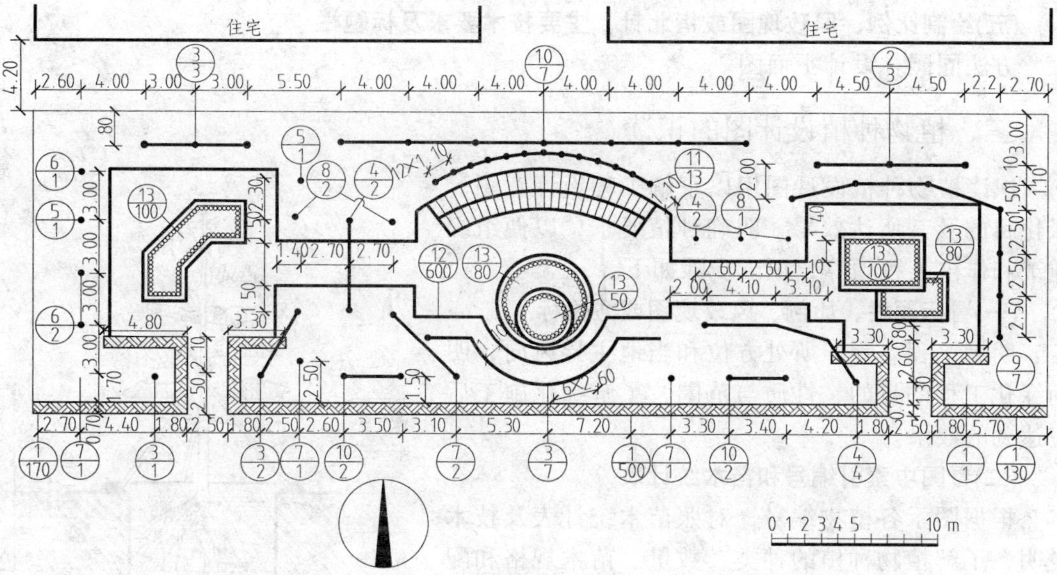

图 10-9　规则式种植设计图

表 10-2　苗木统计表

编号	树种		单位	数量	规格		出圃年龄(年)	备注
	名称	拉丁文			干径(cm)	高度(m)		
1	垂柳	Salix babylonica	株	4	5		3	
2	白皮松	Pinus bungeana	株	8	8		8	
3	油松	Pinus tabulaeformis	株	14	8		8	
4	五角枫	Acer mono	株	9	4		4	
5	黄栌	Cotinus coggygria	株	9	4		4	
6	悬铃木	Platanus orienfalis	株	4	4		4	
7	红皮云杉	P. koraiensis	株	4	8		8	
8	冷杉	Abies hclophylla	株	4	10		10	
9	紫杉	Taxus cuspidate	株	8	6		6	
10	爬地柏	S. procumbens	株	100		1	2	每丛 10 株
11	卫矛	Euonymus alatus	株	5		1	4	
12	银杏	Ginkgo biloba	株	11	5		5	
13	紫丁香	Syringa oblata	株	100		1	3	每丛 10 株
14	暴马丁香	Syringa reticulate var. mandshurica	株	60		1	3	每丛 10 株
15	黄刺玫	Rosa xanthina	株	56		1	3	每丛 8 株
16	连翘	Forsythia suspensa	株	35		1	3	每丛 7 株
17	黄杨	Buxus sinica	株	11	3		3	
18	水腊	L. obtusifolium	株	7		1	3	
19	珍珠花	Spiraea thunbergii	株	84		1	3	每丛 12 株
20	五叶地锦	Parthenocissus quinquefolia	株	122		3	3	
21	结缕草	Zoysia japonica	m^2	200				

(五)绘制比例、风玫瑰图或指北针，主要技术要求及标题栏

方法同园林设计平面图。

三、植物种植设计图的识读

识读植物种植设计图用以了解工程设计意图、绿化目的及其所达效果，明确种植要求，以便组织施工和作出工程预算，识读步骤如下。

(一)看标题栏、比例、风玫瑰图或方位标

明确工程名程、所处方位和当地主导风向，明确绿化工程的目的、性质与范围，了解绿化施工后应达到的效果。

(二)看图中索引编号和苗木统计表

根据图示各植物编号，对照苗木统计表及技术说明，了解植物种植的种类、数量、苗木规格和配置方式。如图 10-8 所示，游园周围以油松、白皮松、黄栌、银杏、五角枫等针、阔叶乔木为主，配以黄刺玫、紫丁香等灌木。西北角种植黄栌 5 株、五角枫 2 株，以观红叶。东北、西南假山处配置油松 11 株，与山石结合显得古拙。六角亭后配置悬铃木 4 株，形成高低层次。中部沿驳岸孤植垂柳 4 株，形成垂柳入水之势等。

(三)看植物种植定位尺寸

明确植物种植的位置及定点放线的基准。

(四)看种植详图

明确具体种植要求，组织种植施工。

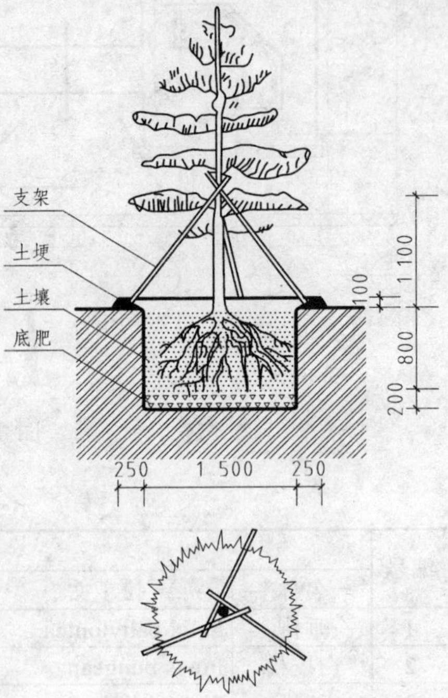

图 10-10　种植详图

第四节　假山、驳岸、园路施工图的绘制与识读

一、假山工程施工图

(一)假山工程施工图的内容

假山是指庭院、园林中用土、石经艺术加工而堆砌起来以满足游赏、造景要求的小山。假山根据使用材料不同，分为土山和石山，本例为石山。假山施工图主要包括平面图、立面图、剖(断)面图、基础平面图，如图 10-11 所示，对于要求较高的细部，还应绘制详图说明。

(1)平面图表示假山的平面布局、各部的平面形状、周围地形和假山所在总平面图中的位置。具体包括：假山、山石的平面位置和尺寸；山峰制高点，山谷、山洞的平面位置、尺寸及各处高程；假山周围的地形、地貌，如构筑物、地下管道、植物和其他造园设施的位置、大小及山石之间的距离。

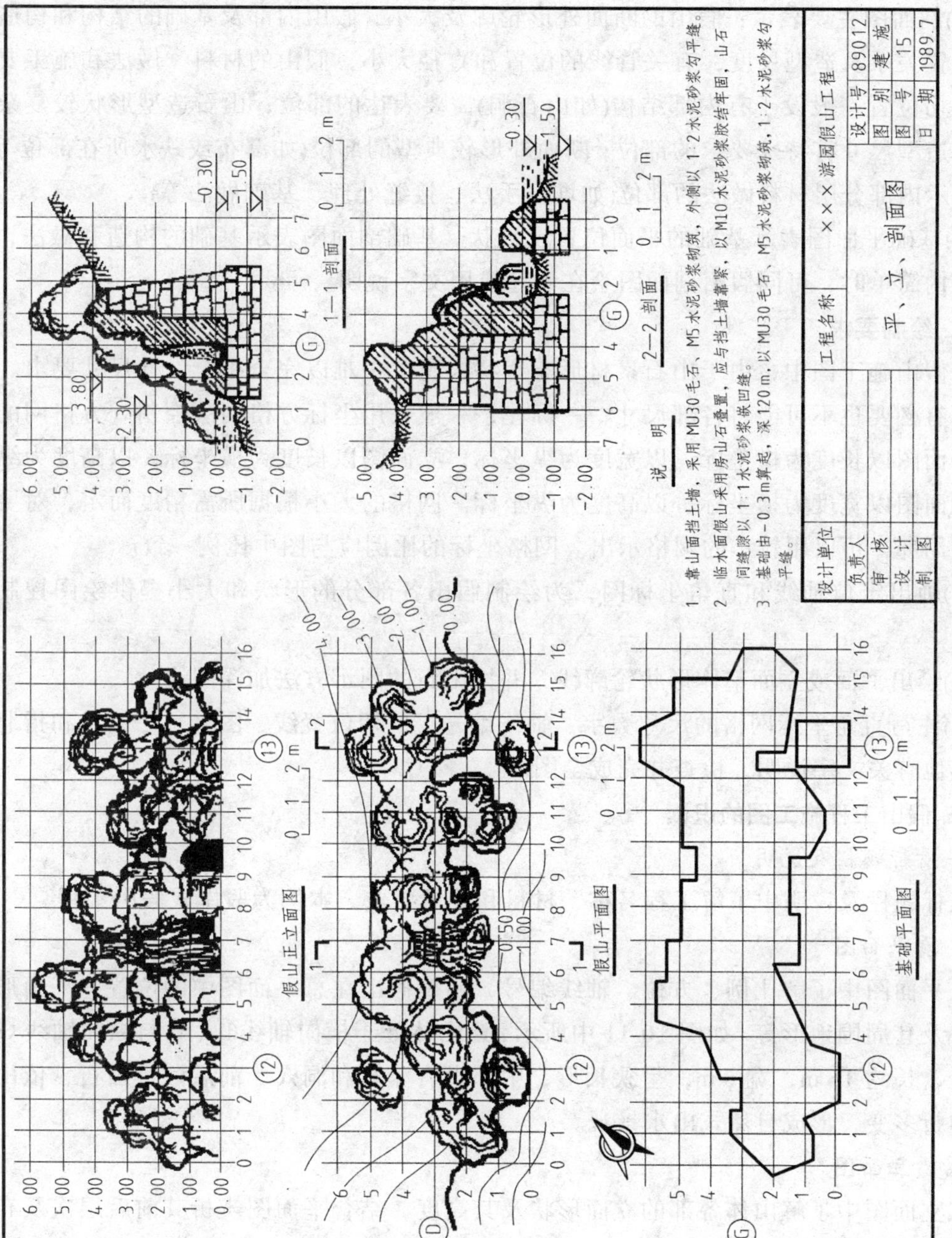

图 10-11　假山工程施工图

(2)立面图表现山体的立面造型及主要部位高度，与平面图配合，可反映出峰、峦、洞、壑的相互位置。为了完整地表现山体各面形态，便于施工，一般应绘出前、后、左、右四个方向的立面图，限于篇幅，本例中只绘出正立面图。

(3)剖面图主要表示：假山的断面外形轮廓及大小，假山内部及基础的结构和构造形式、位置关系及造型尺度，有关管线的位置和直径大小，假山的材料、做法和施工要求等。剖切位置一般设于有内部结构(如山石洞)需要表达的部位；山石造型形状较复杂、对断面造型尺寸有特殊要求的部位；断面外形较典型的部位(如瀑布或跌水所在部位等)；需要表示内部分层材料做法的部位(如堆石手法、接缝处理、基础做法等)。

(4)基础平面图表示基础的平面位置及形状。基础剖面图表示基础的构造和做法，当基础结构简单时，可同假山剖面图绘在一起或用文字说明。

(二)绘制要求

在假山施工图中，由于山石素材形态奇特，施工中难以完全符合设计尺寸要求。因此，没有必要也不可能将各部尺寸一一标注，一般采用坐标方格网法控制。方格网的绘制：平面图以长度为横坐标，以宽度为纵坐标；立面图以长度为横坐标，以高度为纵坐标；剖面图以宽度为横坐标，以高度为纵坐标。网格的大小根据所需精度而定，对要求精细的局部，可以用较小的网格示出。网格坐标的比例应与图中比例一致。

(1)画出定位轴线和直角坐标网，为绘制假山各部分的形状和大小提供绘图控制基准。

(2)绘出平面或立面整体形状轮廓线，并按山石的图示方法加深图线。

(3)注写直角坐标网格的尺寸数字、轴线编号、剖切位置线、图名、比例尺和指北针以及其他有关文字说明，检查并完成全图。

(三)假山工程施工图的识读

1. 看标题栏及说明

从标题栏及说明中了解工程名称、材料和技术要求。本例为驳岸式假山工程。

2. 看平面图

从平面图中了解比例、方位、轴线编号，明确假山在总平面图中的位置、平面形状和大小及其周围地形等。如图 10-11 中所示，该山体处于横向轴线⑫、⑬与纵向轴线Ⓖ的相交处，长约 16 m，宽 6 m，呈狭长形，中部设有瀑布和洞穴，前后散置山石，依山面水，曲折多变，形成自然式山水景观。

3. 看立面图

从立面图中了解山体各部的立面形状及其高度，结合平面图辨析其前后层次及布局特点，领会造型特征。从图 10-11 中可见，假山主峰位于中部，高为 6 m，位于主峰右侧 4 m 高处设有二叠瀑布，瀑布右侧置有洞穴及谷壑，形成动、奇、幽的景观效果。

4. 看剖面图

对照平面图的剖切位置、轴线编号，了解断面形状、结构形式、材料、做法及各部高度。从图 10-11 中可见，1—1 剖面是过瀑布剖切的，假山山体由毛石挡土墙和房山叠置而成，挡土墙背靠土山，山石假山面临水体，两级瀑布跌水标高分别为 3.80 m 和 2.30 m。2—2 剖面取自较宽的⑬轴附近，谷壑前散置山石，增加了前后层次，使其更加幽深。

5. 看基础平面图和基础剖面图

了解基础平面图的形状、大小、结构、材料、做法等。由于本例基础结构简单，基础剖面图绘在假山剖面图中，毛石基础底部标高为–1.50 m，顶部标高为–0.30 m。具体做法见说明。

二、驳岸工程施工图

园林水体要求有稳定、美观的水岸以维持陆地和水面一定的面积比例，防止陆地被淹或水岸倒塌，或由于冻胀、浮托、风浪淘刷等造成水体塌陷、岸壁崩塌而淤积水中等，破坏了原有的设计意图。因此，在水体边缘必须建造驳岸与护坡。园林驳岸按断面形状分为自然式和整形式两类。大型水体或规则水体常采用整形式直驳岸，用砖、混凝土、石料等砌筑成整形岸壁，而小型水体或园林中水位稳定的水体常采用自然式山石驳岸，以做成岩、矶、崖、岫等形状。

在进行驳岸设计时，要确定驳岸的平面位置与岸顶高程。城市河流接壤的驳岸按照城市河道系统规定平面位置建造，而园林内部驳岸则根据湖体施工设计确定驳岸位置。平面图上常水位线显示水面位置，岸顶高程应比最高水位高出一段，以保证湖水不致因风浪拍岸而涌入岸边陆地地面，但具体应视实际情况而定。修筑时要求坚固稳定，驳岸多以打桩或柴排沉入作为加强基础的措施，并常以条石、块石混凝土、混凝土、钢筋混凝土作为基础，用浆砌条石或浆砌块石勾缝、砖砌抹防水砂浆、钢筋混凝土以及堆砌山石作墙体，用条石、山石、混凝土块料以及植被做盖顶。

驳岸施工图包括驳岸平面图及断面图详图，如图 10-12 所示。

驳岸平面图表示驳岸线(即水体边界线)的位置及形状。对构造不同的驳岸应进行分段(分段线为细实线，应与驳岸垂直)，并逐段标注详图索引符号。

由于驳岸线平面形状多为自然曲线，无法标注各部尺寸，为了便于施工，一般采用方格网控制。方格网的轴线编号应与总平面图相符。

详图表示某一区段的构造、尺寸、材料、做法要求及主要部位标高(岸顶、常水位、最高水位、最低水位、基础底面)。

阅读方法同假山工程施工图，参阅图 10-12，该驳岸工程共划分 13 区段，分为四种构造类型，详见断面详图，其中①号详图为毛石驳岸、②号详图为条石驳岸、③号详图为土坡与山石驳岸、④号详图为山石驳岸。岸顶地面标高均为–0.10 m，常水位标高为–0.50 m，最高水位标高为–0.30 m，最低水位标高为–0.90 m。驳岸背水一侧填砂，以防驳岸受冻胀破坏。山石驳岸区段，景石布置要求自然曲折、高低错落；土坡驳岸区段，要造成缓坡入水、水草丛生的自然野趣。

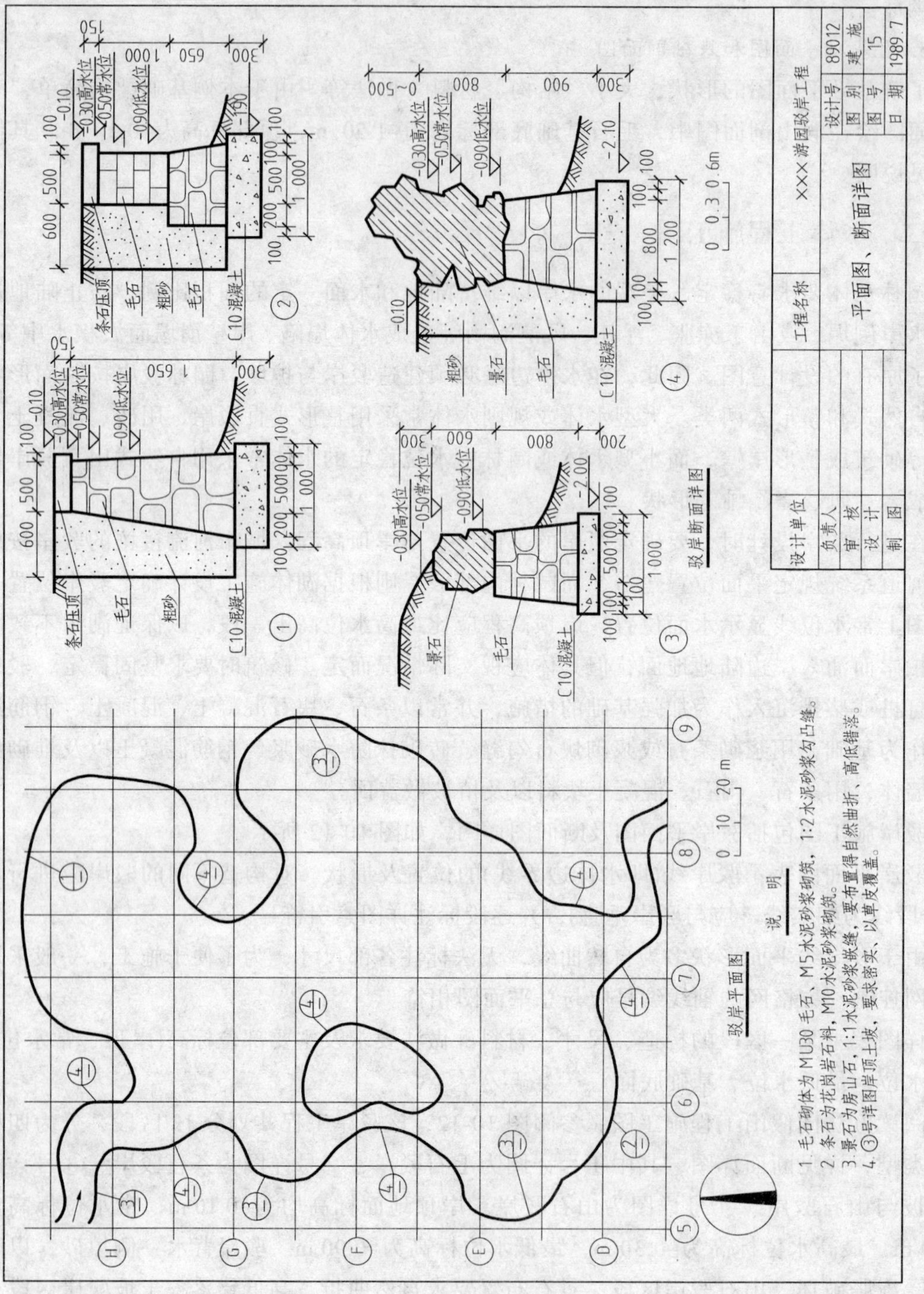

图 10-12 驳岸工程施工图

三、园路工程施工图

园路是园林的脉络，是联系各个风景点的纽带。园路在园林中起着组织交通的作用。同时其更重要的功能是引导游览、组织景观、划分空间、构成园景。

园路工程施工图主要包括园路路线平面图、路线纵断面图、路基横断面图、铺装详图和园路透视效果图，如图 10-14 所示。园路工程图用来说明园路的游览方向和平面位置、线型状况、沿线的地形和地物、纵断面标高和坡度、路基的宽度和边坡、路面结构、铺装图案、路线上的附属构筑物(如桥、梁、涵洞、挡土墙的位置等)。由于园路的竖向高差和路线的弯曲变化都与地面起伏密切相关，因此园路工程图的图示方法与一般工程图样不完全相同。

(一)路线平面图

路线平面图主要表示园路的平面布置情况，包括园路所在范围内的地形及建筑设施，路面宽度与高程。地形和地物一般用等高线和图例来表示，图例画法应符合制图标准的规定。路线平面图通常采用 1：500～1：2 000 的比例。所以，在路线平面图中依道路中心画一条粗实线来表示路线。如比例较大，也可按路面宽画双线表示路线。新建道路用中粗线，原有道路用细实线。路线平面由直线段和曲线段(平曲线)组成。图 10-13 所示是道路平面图图例画法。在图纸的适当位置画路线平曲线表，按交角点编号表列平曲线要素，包括交角点里程桩、转折角(按前进方向右转或左转)、曲线半径 *R*、切线长 *T*、曲线长 *L*、外距 *E*(交角点到曲线中心距离)。

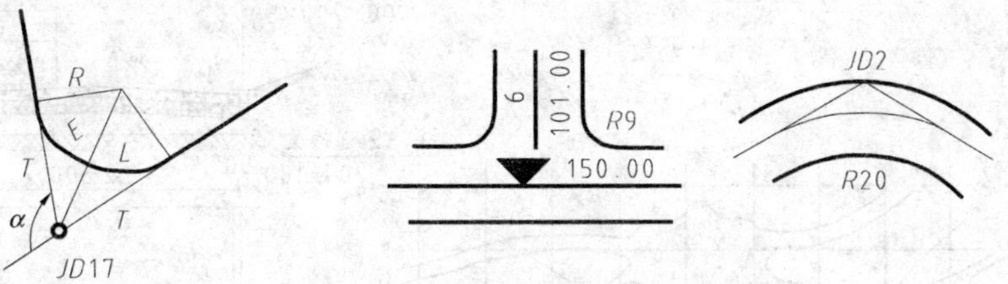

图 10-13　道路平面图图例

对于结构不同的路段，应以细虚线分界，虚线应垂直于园路的纵向轴线，并在各段标注横断面详图索引符号。为了便于施工，园路平面图采用坐标方格网控制园路的平面形状，其轴线编号应与总平面图相符，以表示它在总平面图中的位置。

(二)路线纵断面图

纵断面图是假设用铅垂剖切平面沿园路中心轴线剖切，然后将所得断面图展开而成的立面图，它表示某一区段园路的起伏变化情况。对有特殊要求的或路面起伏较大的园路，应绘制纵断面图。绘制纵断面图时，由于路线的高差比路线的长度要小得多，如果用相同比例绘制，就很难将路线的高差表示清楚，因此路线的长度和高差一般采用不同比例绘制。

纵断面图的内容包括以下几个方面：

(1)地面线是道路中心线所在处，是原地面高程的连接线，用细实线绘制。具体画法是将水准测量测得的各桩高程，按图样比例点绘在相应的里程桩上，然后用细实线顺序把各点连接起来，故纵断面图上的地面线为不规则曲折状。

(2)设计线是道路的路基纵向设计高程的连接线，即顺路线方向的设计坡度线，用粗实线表示。

(3)竖曲线是设计线纵坡变更处的两相邻坡度之差的绝对值超过一定数值时，在变坡处设置连接两相邻的纵坡竖向圆弧。竖曲线分为凸形竖曲线和凹形竖曲线。竖曲线上要标出相邻纵坡交点的里程桩和标高，竖曲线半径、切线长、外距、竖曲线的始点和终点，单位一律为米(m)。当变坡点不设置竖曲线时，则应在变坡处标明“不设”。路线上的桥涵构筑物和水准点都应按所在里程注在设计线上，标出名称、种类、大小、桩号等。

(4)资料表在图样的正下方，主要内容包括：每段设计线的坡度，用对角线表示坡度方向，对角线上方标坡度，下方标坡长，水平段用水平线表示；每个桩号的设计标高和地面标高；标注交角点编号、转折角和曲线半径。资料表应与路线纵断面图的各段一一对应。

(三)路基横断面图

路基横断面图是用垂直于设计路线的剖切面进行剖切所得到的图形，作为计算土石方和路基施工的依据。沿道路路线一般每隔 20 m 画一路基横断面图，沿着桩号从下到上、从左到右布置图形。横断面地平线用细实线绘制，设计线用粗实线绘制，且每一图形下标注桩号、断面面积 *F*、地面中心到路基中心的高差 *H*，如图 10-14 所示。横断面图表达的内容一般有 3 种形式：填方段称路堤、挖方段称路堑、半填半挖的称路基。横断面图一般用 1∶50、1∶100、1∶200 的比例。横断面图一般用透明方格纸绘制。

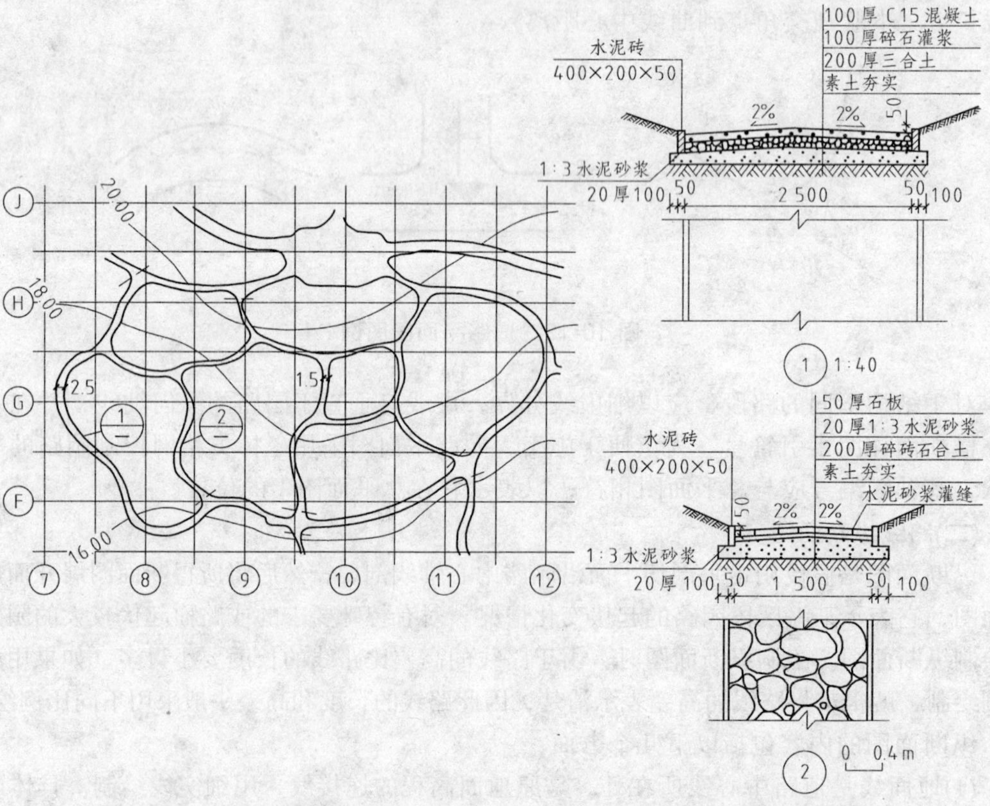

(a)平面图　　(b)断面图

图 10-14　园路工程施工图

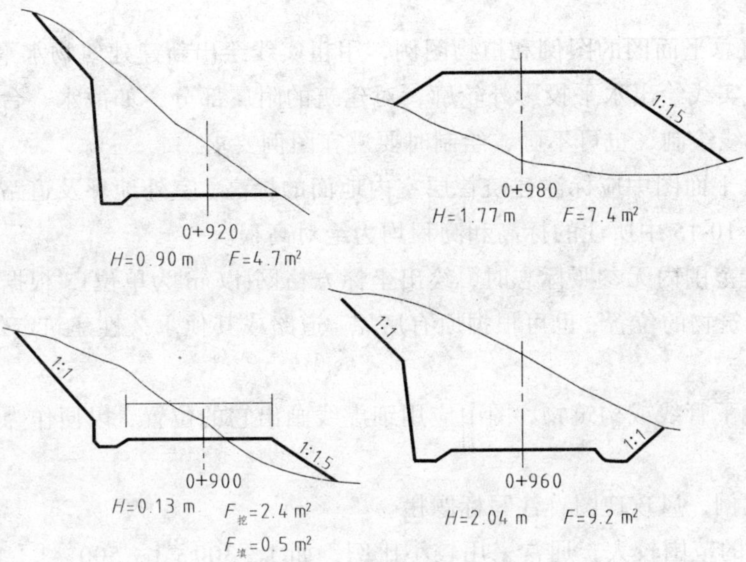

(c)

续图 10-14

(四)铺装详图

铺装详图用于表达园路的面层结构，如断面形状、尺寸、各层材料、做法、施工要求、铺装图案路面布置形式及艺术效果，常用平面图表示。为了便于施工，对具有艺术性的铺装图案，应绘制平面大样图，并标注尺寸。

园路工程施工图的识读方法与步骤同假山、驳岸工程施工图。

第五节　建筑施工图的绘制与识读

园林建筑在园林设计中是必不可少的一个组成部分，其形态结构、功能作用都不同于一般意义的民用建筑。园林建筑的形式多种多样，主要包括亭、台、楼、阁、塔、轩、榭、斋，以及游廊、花架、大门等，被当做园林景观的主体或被称为园林的“点睛之笔”。在园林设计时，须提供园林建筑单体的设计，给出建筑的外形、尺度和材料等。在施工阶段，要求提供建筑的基础、各构件的结构以及各节点的施工方法等。

建筑施工图包括建筑总平面图、建筑平面图、建筑立面图、建筑剖面图和建筑透视图。

一、建筑总平面图

(一)内容与用途

建筑总平面图是表示新建建筑物所在基地内总体布置的水平投影图。图中要表示出新建工程的位置、朝向以及室外场地、道路、地形、地貌、绿化等情况。它是用来确定建筑与环境关系的图纸，是新建房屋施工定位、土方施工以及绘制水、电、暖等管线总平面图和施工总平面图的依据。

(二)绘制要求

(1)按建筑总平面图的图例和植物图例，用粗实线绘出新建建筑物水平投影外轮廓，原有建筑用中实线绘出水平投影外轮廓，对建筑的附属部分，如散水、台阶、花池、景墙等，用细实线绘制，也可不画，绘制时要遵守图例要求。

(2)建筑总平面图中应标注建筑首层室内地面的标高、室外地坪及道路的标高及等高线的高程。图 10-15 中所注的标高和高程均为绝对高程。

(3)在新建范围内无参照标志时，绘出坐标方格网(以 m 为单位)，根据测量坐标确定建筑及其他构筑物的位置；也可根据原有房屋、道路或其他永久性建筑定位，如图 10-15 所示。

(4)若有地下管线或构筑物，图中应用细虚线画出它的位置，以便作为平面布置的参考。

(5)绘制比例、风玫瑰图，注写标题栏。

总平面图的范围较大，通常采用较小比例，如 1∶300、1∶500、1∶1 000。图中尺寸数字单位为米(m)。总平面图宜用线段比例尺和风玫瑰图分别表示比例、朝向及常年风向频率。

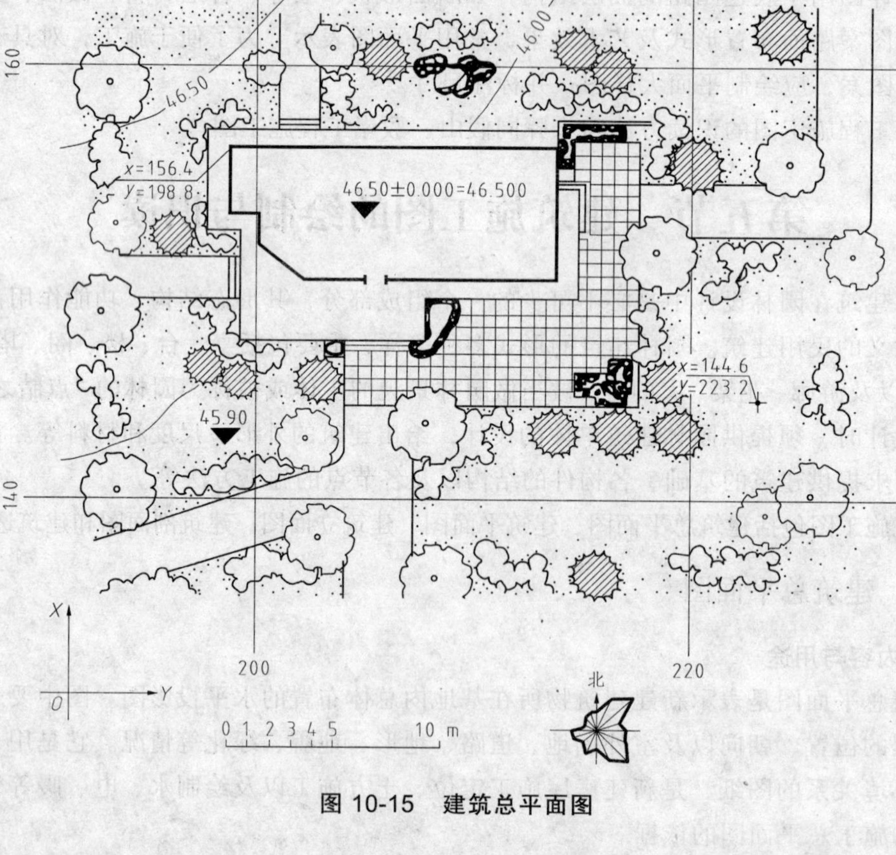

图 10-15　建筑总平面图

二、建筑平面图

(一)建筑平面图的内容与用途

建筑平面图就是用一个假想的水平面，在距所绘楼层的楼面或地面 1.5 m 高处将整个建筑物剖开，移去剖切平面上方的部分，将剩余部分向水平投影面作投影，就是所求的建筑物平剖图，称为建筑平面图，简称为平面图。建筑平面图除应表明建筑物的平面形状、房间布置以及墙、柱、门、窗、楼梯、台阶、花池等位置外，还应标注必要的尺寸、标高及有关说明。

建筑平面图是建筑设计中最基本的图样之一，是进行后续设计和施工放线、砌墙、门窗安装、室内装修以及编制预算等的重要依据。

(二)绘制要求

1. 选择绘图比例、布置图面

建筑平面图一般采用 1∶100、1∶200 的比例绘制，根据确定的比例和图面大小，选用适当图幅，并留出标注尺寸、代号等所需位置，力求图面布置得匀称。

2. 定位轴线及其编号

轴线是设计和施工的定位线，凡承重的墙、柱、梁、屋架等处均应设置轴线，轴线用细点画线画出，端部用细实线画直径为 8 mm 的圆，并进行编号。水平方向用阿拉伯数字从左向右、竖直方向用大写拉丁字母自下而上依次编号，次要承重部位应设置附加轴线，编号以分数表示，分母表示前一轴线编号，分子表示前一轴线后附加的第几根轴线，如图 10-16 中$\frac{1}{2}$即表示第 2 号轴线后附加的第一根轴线。但 I、O、Z 三个字母不得作为轴线编号，以免与数字 1、0、2 混淆。轴线编号宜注在平面图的下方与左侧。

3. 线型

剖切平面剖到的断面轮廓用粗实线，如墙和柱；没剖到的可见轮廓用中实线，如平台、台阶、花池等；轴线、尺寸线用细实线。

4. 尺寸标注

建筑尺寸标注一般分 3 道：最外一道是总尺寸，表明建筑物的总长和总宽；中间一道是轴间尺寸，一般表示建筑物的开间和进深；最里一道是细部尺寸，如门、窗、窗台、立柱等的尺寸及其相对位置。如图 10-16 所示。

在平面图上，除标注出长度和宽度方向的尺寸外，还要标注出楼面、地面等的相对标高，以表明楼地面对标高零点的相对高度。

此外，还应标注图名、比例、指北针、剖面图的剖切符号，注写文字说明。

三、建筑立面图

(一)建筑立面图的内容与用途

建筑立面图是将建筑物的立面向与其平行的投影面投影所得的投影图。建筑立面图应反映建筑物的外形及主要部位的标高。其中，反映主要外貌特征的立面图称为正立面图，其余的立面图相应地称为背立面图、侧立面图；或按房屋的朝向来命名，如南立面图、北立面图、西立面图，如图 10-17 ~ 图 10-1 所示；也可按照外墙轴线的编号来命名，如① ~ ⑥立面图或Ⓐ ~ Ⓓ立面图。

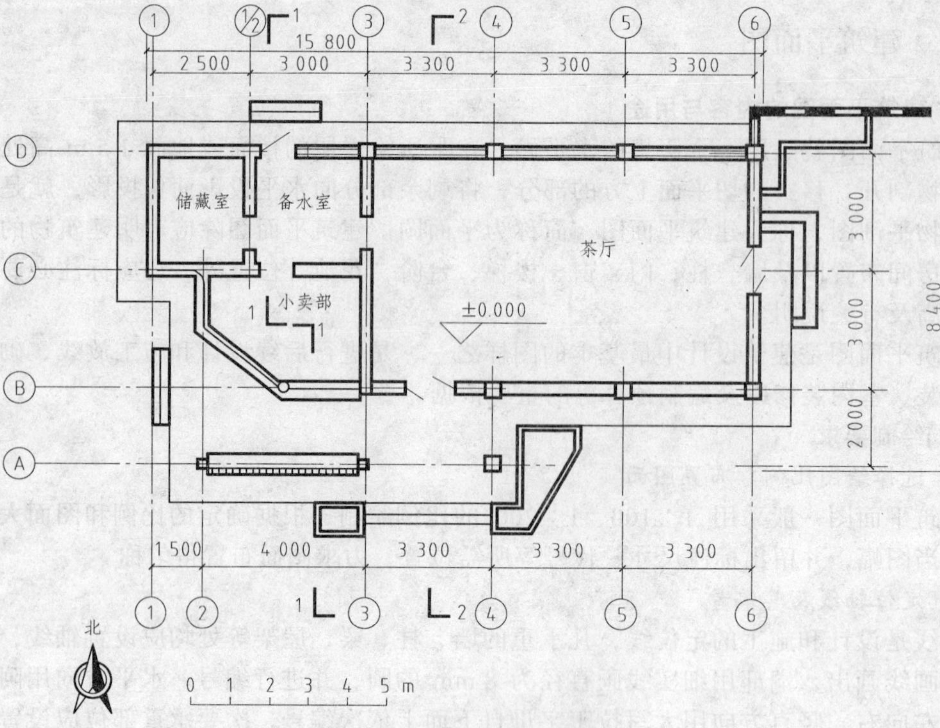

图 10-16　建筑平面图

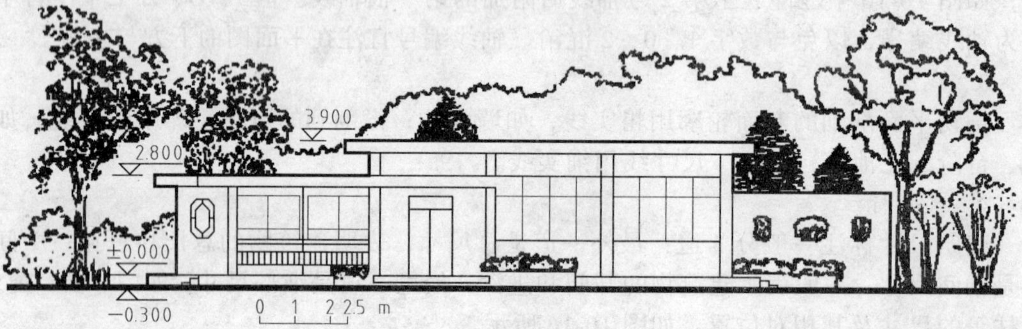

图 10-17　茶室南立面图

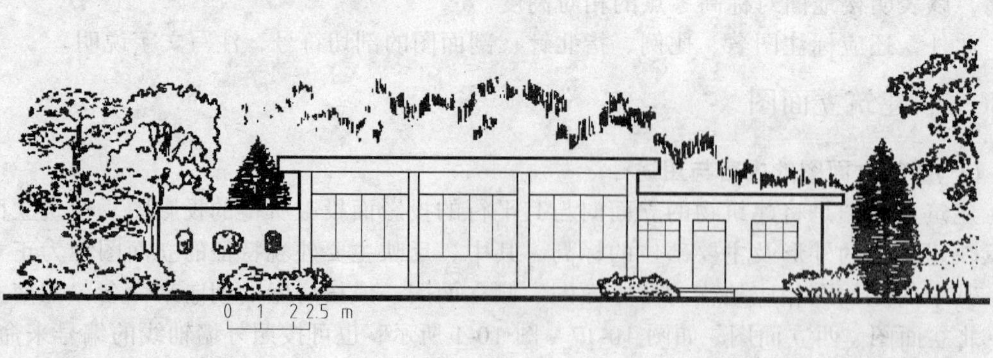

图 10-18　茶室北立面图

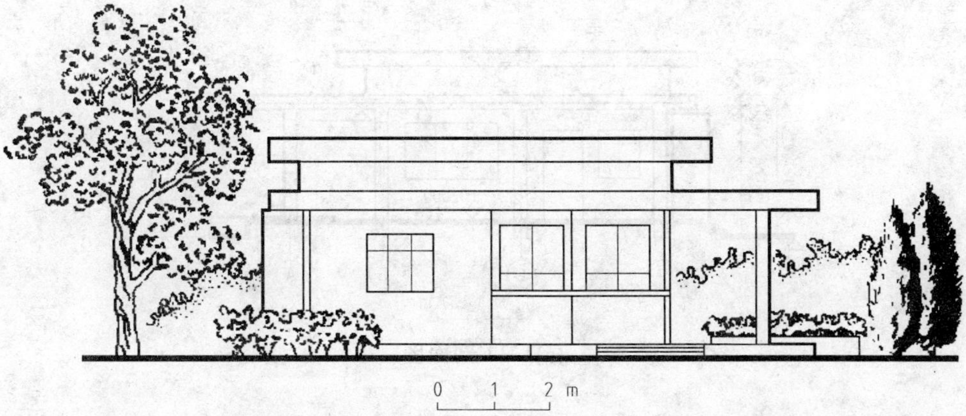

图 10-19　茶室西立面图

立面图能够充分表现出建筑物的外观造型效果，可以用于确定方案，并作为设计和施工的依据。

(二)绘制要求

1. 线型

立面图的外轮廓线用粗实线，主要部位轮廓线(如勒脚、窗台、门窗洞、檐口、雨篷、柱、台阶、花池等)用中实线，次要部位轮廓线(如门窗扇线、栏杆、墙面分格线等)用细实线，地坪线用特粗线。

2. 尺寸标注

立面图中应标注主要部位的标高，如首层室内地面、室外地坪、檐口、屋顶等处，标注时注意排列整齐，力求图面清晰，首层室内地面标高为 ± 0.000。

3. 绘制配景

为了衬托园林建筑的艺术效果，根据总平面图的环境条件，通常在建筑物的两侧和后部绘出一定的配景，如花草、树木、山石等。绘制时可采用概括画法，力求比例协调、层次分明。

四、建筑剖面图

(一)内容和用途

建筑剖面图是假想用一个垂直的剖切平面将建筑物剖切后所得的投影图，是用来表示建筑物沿高度方向的内部结构形式和主要部位标高的图样。剖面图与平面图和立面图配合，可以完整地表达建筑物的设计方案，并为进一步设计和施工提供依据，如图 10-20 所示。

(二)绘制要求

1. 剖切位置的选择

剖面图的剖切位置，应根据所要表达的内容确定，一般应通过门、窗等有代表性的典型部位。剖面图的名称应与平面图中所标注的剖切位置线编号一致。

2. 定位轴线

为了定位和阅读方便，剖面图中应给出与平面图编号相同的轴线，并注写编号。

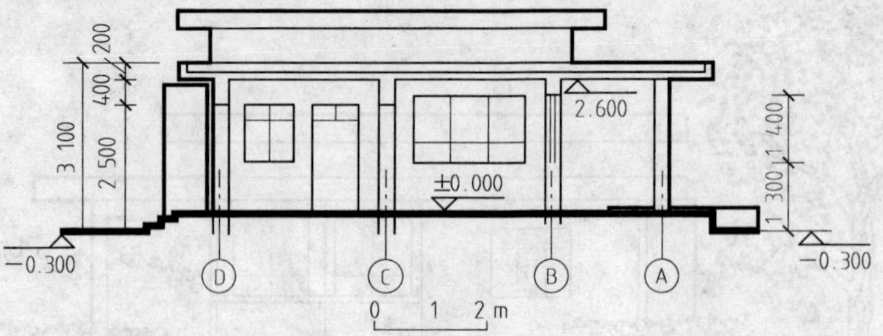

(a)1—1 剖面图

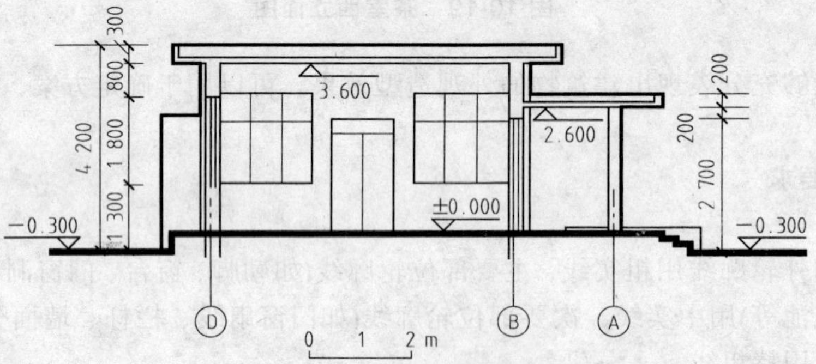

(b)2—2 剖面图

图 10-20　茶室剖面图

3. 线型

剖切平面剖到的断面轮廓用粗实线绘制，没剖到的主要可见轮廓用中实线，如窗台、门窗洞、屋檐、雨篷、墙、柱、台阶、花池等，其余用细实线，如门窗扇线、栏杆、墙面分格线等。地坪线用特粗线。

4. 尺寸标注

建筑剖面图应标注建筑物主要部位的标高，如室外地坪、室内地面、窗台、门窗洞顶部、檐口、屋顶等部位的标高。所注尺寸应与平面图、立面图吻合。

五、建筑透视图

建筑透视图主要表现建筑物及配景的空间透视效果，它能够充分地表达设计者的意图，比建筑立面图更直观、更形象，有助于设计方案的确定。

建筑透视图所表达的内容应以建筑为主、配景为辅。配景应以总平面图的环境为依据，为避免遮挡建筑物，配景可有取舍。建筑透视图的视点一般应选择在游人集中处，如图 10-21 所示。

图 10-21　茶室透视图

六、建筑施工图的识读

识读建筑施工图时，应将总平面图、平面图、立面图、剖面图相互对照，从整体到局部逐渐深入。

(一)看总平面图

了解建筑物的位置、朝向、地形、标高及周围环境(如地形、道路、植物等)的关系。由图 10-15 中可见，该茶室坐北朝南，外墙西北角的测量坐标为 x=156.4 m、y=198.8 m，地形高程为 46.50 m 的等高线通过茶室，室内地面设计标高 ± 0.00=46.50 m(绝对标高)，室外整平标高为 45.90 m，茶室可与东、西、南、北四个方向道路相通，茶室周围绿地由针叶树、阔叶树、灌木、草坪构成。

(二)看建筑平面图

了解建筑物的平面布局及各部分尺寸，如房间的布置、分隔、进深及其用途，墙、柱的断面形状和大小，门窗布置、型号和数量，室外台阶、散水坡、踏步等的布置及朝向，其他设施(花池、座椅、景墙等)和室内固定设备的布置，以及剖面图的剖切位置及其编号，详图索引符号及编号等。由图 10-16 中可见，建筑范围长为 15.800 m，宽为 8.400 m；茶室由茶厅、备水室、储藏室及小卖部四个房间组成；茶厅主入口为南向，次入口为东向，均为双扇弹簧门，其他房间为单扇门；南侧和东北角设有三个花池和一段曲尺形景墙，小卖部前设有一排座椅。

(三)看建筑立面图

了解建筑物的整个外貌形状及立面构成，如门窗、雨篷、台阶、花池及勒脚等细部的形式和位置；建筑物的总标高和主要部位的标高及配景效果；从图上的图例、文字说明或所列表格了解建筑物外墙面装饰的材料及做法。由图 10-17 中可见(与平面图对照)，茶厅高大，构成茶室的主体，屋顶标高为 3.90 m；小卖部、备水室、储藏室较低，屋顶标高为 2.80 m；景墙上开有三个漏窗；低处为座椅、花池和台阶。室内外高差 0.30 m。

整个立面高低错落，富于变化。通过植物配景和景窗漏景，使图面更为生动。

(四)看建筑剖面图

对照图名、轴线编号与平面图上的剖切位置和轴线编号，确定剖面图的位置和投影关系；从图示建筑物的结构形式和构造内容，了解建筑物的构造和组合，如建筑物各部分的位置、组成、构造、用料及做法等情况；了解建筑物的内部空间的垂直尺寸和主要部位的标高。由图 10-20 中可见(与平面、立面图对照)，窗台标高为 1.00 m，茶厅窗洞高 1.80 m，其余房间窗洞高均为 1.40 m；茶厅门洞高 2.40 m，其余房间门洞高 2.20 m；茶厅室内屋顶标高为 3.60 m，其余房间室内屋顶标高为 2.60 m；茶厅主入口雨篷下皮标高为 2.60 m，室内外高差 0.30 m。

第六节　结构施工图的绘制与识读

一、内容和用途

结构施工图主要表达结构设计的内容，它是表示建筑物各承重构件(如基础、墙、柱、梁、板、屋架等)的布置、形状、大小、材料以及其相互关系的图样。结构施工图一般包括基础图、楼层结构布置图和构件详图等，它同时必须满足其他专业(如建筑、水、暖、电等)对结构的要求。

结构施工图是施工放线，挖基坑，支模板，绑钢筋，浇捣混凝土，安装梁、板、柱等构件，以及编制预算和施工组织设计的重要依据。

二、基础图

基础位于底层地面以下，是建筑物或者构筑物的重要组成部分，它主要由基础墙(埋入地下的墙)和下部做成阶梯形的砌体(大放脚)组成。基础图主要是表示基础、地沟的平面布置和详细构造的图样，一般包括基础平面图、基础详图和文字说明三部分，是施工放线、挖基坑和砌筑基础的依据，是结构施工图的重要组成部分。

(一)基础平面图

基础平面图是表示基础施工完成后，基槽未回填土时基础平面布置的图样。它是采用剖切在相对标高 ±0.000 下方的一个水平剖面图来表示的，如图 10-22 所示。

在基础平面图中，主要画出基础墙、柱及它们基础底面的轮廓线。基础细部的轮廓线都省略不画，它们将具体反映在基础详图中。

基础墙和柱是剖切到的轮廓线，应画成粗实线。基础底的轮廓线是投影得到的可见轮廓线，应画成细实线。如有基础梁，则用粗实线表示出它的中心位置。

基础平面图应标出与建筑平面图相一致的定位轴线编号和轴线尺寸。基础平面图中标注的尺寸主要是墙厚、基础底宽的尺寸。

不同类型的基础、柱应用代号 J1、J2、Z1、Z2 等形式表示。由于基础平面图通常采用 1：100 的比例绘制，故材料图例的表示方法与建筑平面图相同。

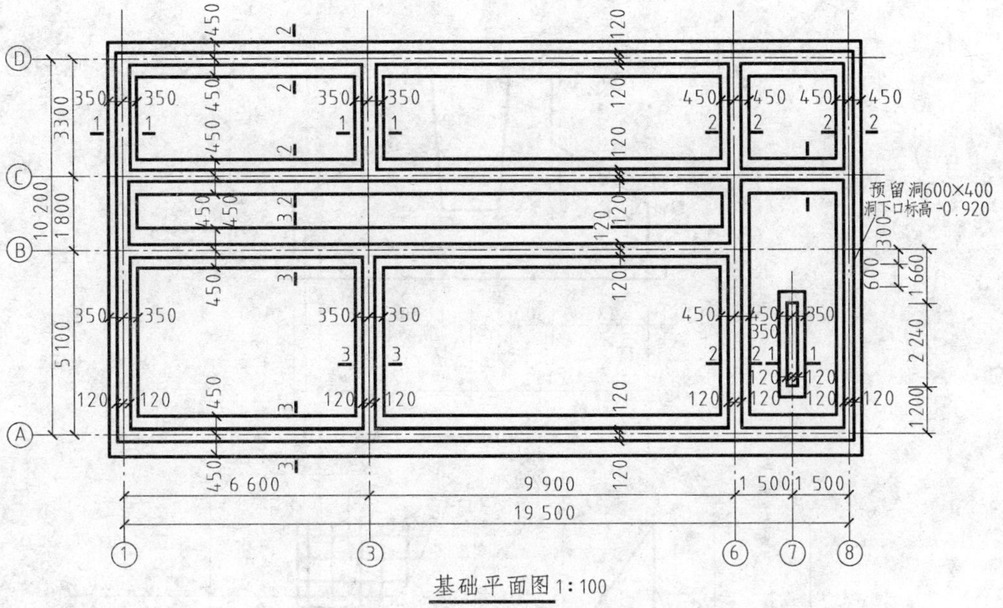

图 10-22　基础平面图

基础平面图主要有以下内容：

(1)图名、比例。

(2)定位轴线及其编号、轴线尺寸(必须与建筑平面图中的轴线一致)。

(3)基础的平面布置，即基础墙、柱、基础底面的形状、大小及其与轴线的关系。

(4)基础梁的布置和代号。

(5)基础的编号、基础断面图的剖切位置线及其编号。

(6)施工说明等。

(二)基础详图

基础详图一般用平面图和剖面图表示，采用 1∶20 的比例绘制，主要表示基础与轴线的关系、基础底标高、材料及构造做法。

因基础的外部形状较简单，一般将两个或两个以上编号的基础平面图绘制成一个平面图。但是，要把不同的内容表示清楚，以便于区分。独立柱基础的剖切位置一般选择在基础的对称线上，投影方向一般选择从前向后投影，如图 10-23 所示。

1. 基础详图绘制内容

(1)图名(或基础代号)、比例、文字说明。

(2)基础断面图中轴线及其编号(若为通用断面图，则轴线圆圈内不予编号)。

(3)基础断面形状、大小、材料以及配筋。

(4)基础梁和基础圈梁的截面尺寸及配筋。

(5)基础圈梁与构造柱的连接做法。

(6)基础断面的详细尺寸和室内外地面、基础垫层底面的标高。

(7)防潮层的位置和做法。

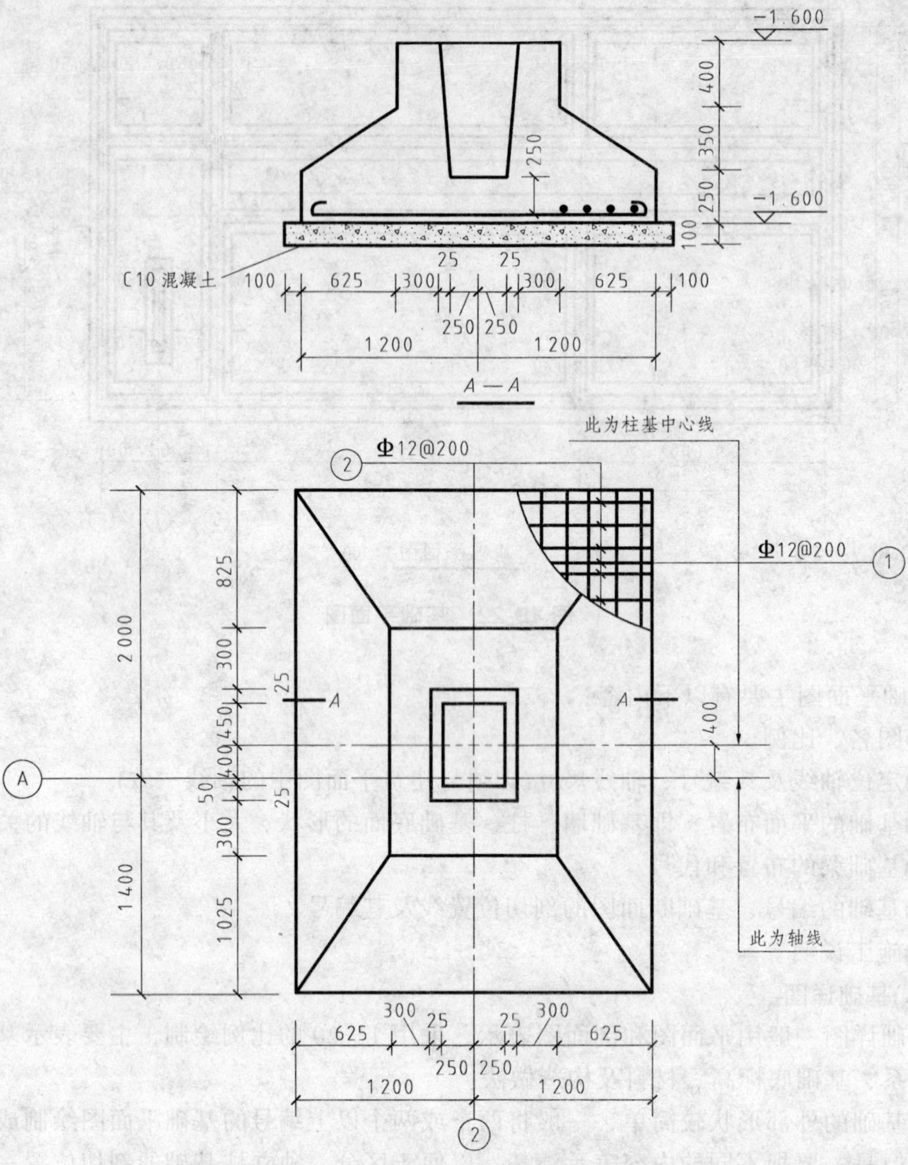

图 10-23　独立基础详图

2. 基础详图绘制要求

基础剖切断面轮廓线用粗实线绘制。在基础详图中，还应标注出基础各部分(如基础墙、柱、基础垫层等)的详细尺寸、钢筋尺寸以及室内外地面标高和基础垫层底面(基础埋置深度)的标高。具体尺寸注法如图 10-24 所示。

三、钢筋

(一)钢筋的作用和分类

钢筋混凝土中的钢筋，有的是因为受力需要而配置的，有的则是因为构造需要而配置的，这些钢筋的位置、形状及作用各不相同，一般分为以下几种。

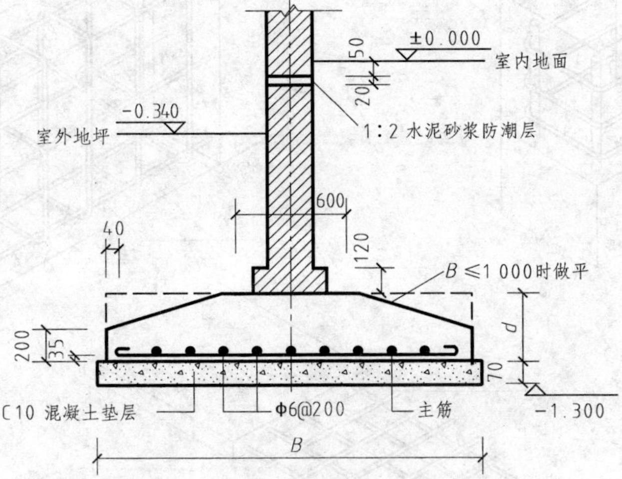

图 10-24 钢筋混凝土条形基础详图

1. 受力钢筋(主筋)

在构件中承受拉应力和压应力为主的钢筋称为受力钢筋，用于梁、板、柱等各种钢筋混凝土构件中。按形状一般可分为直筋和弯起筋，按弯矩分正弯矩钢筋和负弯矩钢筋两种。

2. 箍筋

承受斜拉应力(剪应力)，并固定受力筋、架立筋的位置而设置的钢筋称为箍筋，一般用于梁和柱中。

3. 架立钢筋

架立钢筋又叫架立筋，用以固定梁内钢筋的位置，把纵向受力钢筋和箍筋绑扎成骨架。

4. 分布钢筋

分布钢筋简称分布筋，用于各种板内。

5. 其他钢筋

因构造要求或者施工安装需要而配置的钢筋，一般称为构造钢筋，如腰筋、拉钩、拉接筋等。腰筋用于高度大于 450 mm 的梁中；拉钩在梁、剪力墙中可加强结构的整体性；拉接筋用于钢筋混凝土柱上与墙体的构造连接，起拉接作用，所以叫拉接筋。各种钢筋的形式及在梁、板、柱中的位置及形状如图 10-25 所示。

为了使钢筋在构件中不被锈蚀，增强钢筋与混凝土的黏结力，在各种构件的受力筋外面。必须有一定厚度的混凝土，这层混凝土就被称为保护层。一般情况下，梁和柱的保护层厚为 25 mm，板的保护层厚为 10 ~ 15 mm，剪力墙的保护层厚为 15 mm。

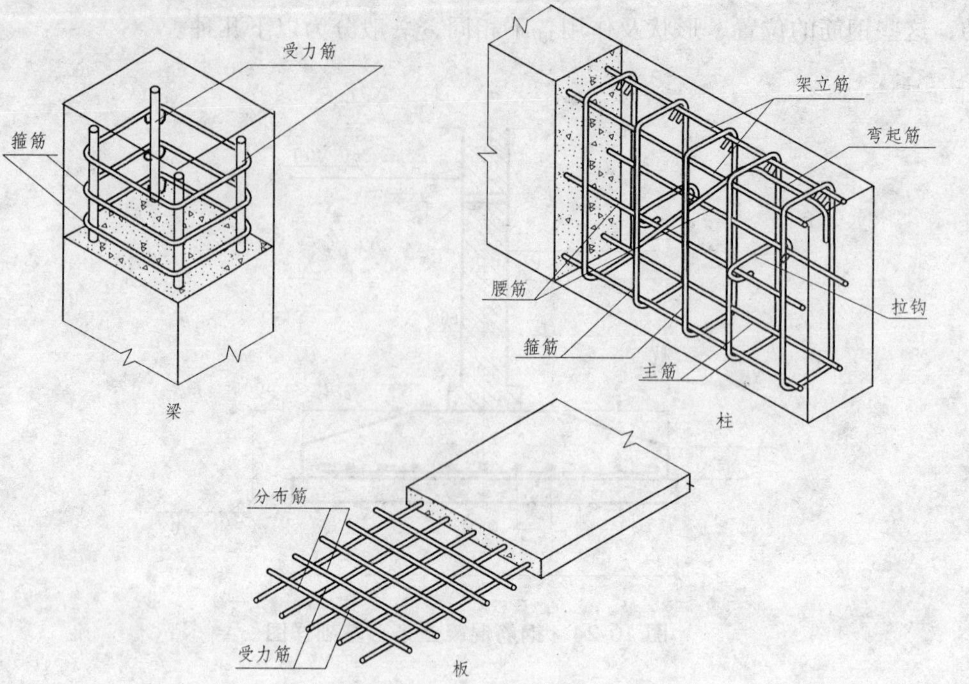

图 10-25 钢筋配置

(二)钢筋的类型和符号

钢筋按其强度和品种分成不同的类型，并分别用不同的直径符号表示。

钢筋混凝土常用的钢筋按其强度和品种分为不同类型，并分别用不同直径表示：

(1) Ⅰ级钢筋(即 3 号光圆钢筋)——Φ;

(2) Ⅱ级钢筋(16 锰字纹钢筋)——Φ;

(3) Ⅲ级钢筋(25 锰硅圆或螺纹钢筋)——Φ;

(4) Ⅳ级钢筋(44 锰 2 硅圆或螺纹钢筋)——Φ;

(5) Ⅴ级钢筋(螺纹钢筋)——$Φ^t$。

Ⅰ级和Ⅱ级钢筋常用于普通混凝土构件，Ⅲ级和Ⅳ级钢筋常用于预应力钢筋混凝土构件。

四、钢筋混凝土构件详图

混凝土由水泥、石子、砂子和水按一定比例拌和而成，经振捣密实，凝固后坚硬如石，抗压能力好，但抗拉能力差，容易因受拉而断裂导致破坏，为此常在混凝土构件的受拉区内配置一定数量的钢筋，使混凝土和钢筋牢固结合成一个整体，共同发挥作用，这种配有钢筋的混凝土称为钢筋混凝土，如图 10-26 所示。

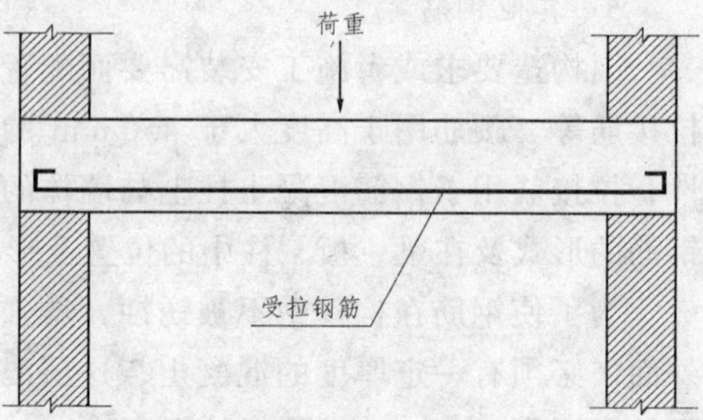

图 10-26 钢筋混凝土梁

钢筋混凝土构件详图是加工制作钢筋、

浇筑混凝土的依据，其内容包括模板图、配筋图、钢筋表、文字说明四部分。

(一)钢筋混凝土构件结构详图绘制内容

(1)构件代号、比例、施工说明。

(2)构件定位轴及其编号、构件的形状及大小和预埋件代号及布置(模板图)。

(3)梁、柱的结构详图通常由立面图和断面图组成，板的结构详图一般只画它的断面图或剖面图，也可把板的配筋直接画在结构平面图中。

(4)构件外形尺寸、钢筋尺寸和构造尺寸以及构件底面的结构标高。

(5)各结构构件之间的连接详图。

(二)梁的模板图

梁的模板图是为浇筑梁的混凝土绘制的，主要表示梁的长、宽、高和预埋件的位置、数量。然而，对外形简单的构件，一般不必单独绘制模板图，只需在配筋图中把梁的尺寸标注清楚即可。当梁的外形复杂或预埋件较多(如单层工业厂房中的吊车梁)时，一般都要单独画出模板。

模板图的绘图要求：模板图外轮廓线一般用细实线绘制。梁的正立面图和侧立面图可用两种比例绘制。如图 10-27 中梁的长度用 1∶40 比例绘制，梁的高度和宽度用 1∶20 比例绘制，这样的图看上去比较协调。

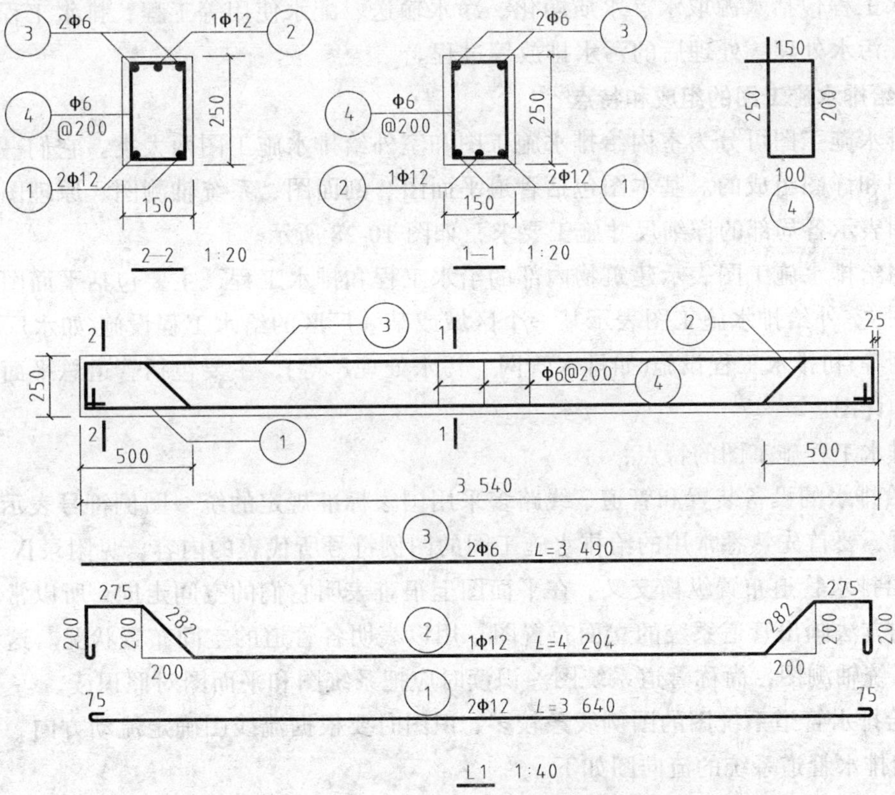

图 10-27　钢筋混凝土简支梁的配筋图

(三)梁的配筋图

配筋图主要用来表示梁内部钢筋的配置情况，配筋图通常由立面图和断面图组成。立面图中构件的轮廓线用细实线画出；钢筋简化为单线，用粗实线表示，并对不同形状、不同规格的钢筋进行编号，编号用阿拉伯数字顺次编写，并将数字写在圆圈内。圆圈用直径为 6 mm 的细实线绘制，并用引出线指到被编号的钢筋。断面图中剖到的钢筋圆截面画成黑圆点，其余未剖到的钢筋仍画成粗实线，并规定不画材料图例。内容包括钢筋的形状、规格、级别和数量、长度等。

第七节 设备施工图的绘制与识读

园林工程当中除土建、结构外，还有给排水、电气暖等设备。这些设备的制作、安装即为设备施工图所要表达的内容。

设备施工图主要表示管道(或电气线路)与设备的布置和走向、构件做法和设备的安装要求等。

一、给排水施工图

给排水施工图是施工图的一个重要组成部分。给排水工程包括给水工程和排水工程。给水工程包括水源取水、水质净化、净水输送、配水使用等工程，排水工程包括污水排除、污水处理、处理后的污水排放等过程。

(一)给排水施工图的组成和特点

给排水施工图可分为室内给排水施工图和室外给排水施工图两大类。它们一般都是由基本图和详图组成的。基本图包括管道平面图、剖面图、系统轴测图、原理图及说明等，详图表示各局部的详细尺寸施工要求，如图 10-28 所示。

室内给排水施工图表示建筑物内部的给水工程和排水工程，主要包括平面图、系统图和详图；室外给排水施工图表示某一个区域或某一厂区的给水工程设施(如水厂、水塔、给水管网等)和排水工程设施(如排水管网、污水处理厂等)，主要包括管道总平面图、纵断面图和详图。

给排水工程施工图的特点：

(1)给排水的设备装置和管道、线路多采用国家标准规定的统一图例符号表示，因此在阅读时，要首先熟悉常用的给排水施工图的图例符号所代表的内容，见附录Ⅸ。

(2)给排水管道布置纵横交叉，在平面图上很难表明它们的空间走向，所以常用轴测图投影的方法画出管道系统的立面布置图，用以表明各管道的空间布置状况。这种图称为管道系统轴测图，简称管道系统图。识读时应把系统图和平面图对照识读。

(3)给排水管道系统图的图例线条较多，识图时要根据流线图确定流动方向，一般情况下，给排水管道系统的流向图如下。

室内给水系统：进水表→水井表→干管→立管→支管→用水设备。

室内排水系统：用水设备排水口→存水管→干管→立管→总管→室外下水井。

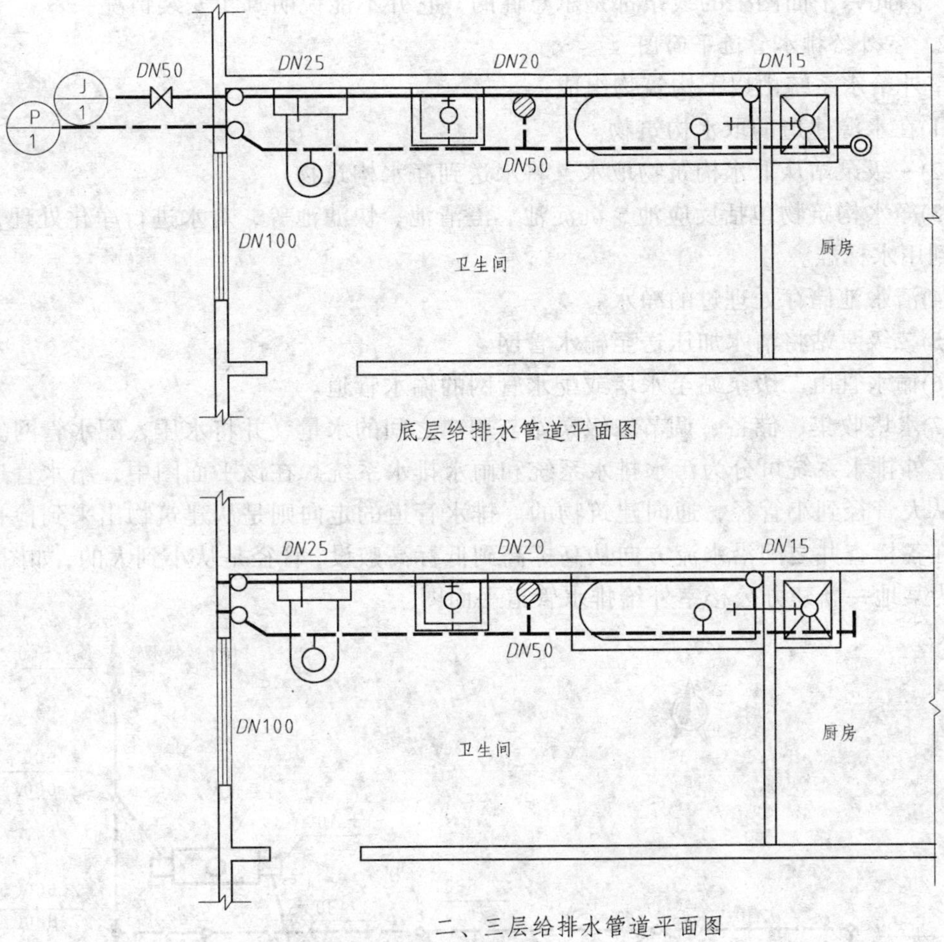

图 10-28　室内给排水管道平面图

(4)在给排水施工图中都不标注管道线路的长度。管线的长度在备料时只需用比例尺在图中近似量出，在安装时则以实测尺寸为依据。

(二)给排水管道平面图

室内与室外的分界一般以建筑物外墙为界，有时给水以进口处的阀门为界，排水以室外第一个排水检查井为界。

1. 室内给排水管道平面图

图 10-28 中表明了给排水管道及设备的平面布置，主要包括干管、立管的平面位置，管口直径尺寸及各立管的编号，各管道零件(如阀门、清扫口等)的平面位置，给水进户管和污水排出管的平面位置及室外给排水管网的相互关系。常用的比例为 1∶50 和 1∶100。

在管道平面图中，各种管道不论在楼面(地面)之上或之下，一律视为可见，都用管道规定的图例线画出。为了清楚表明管道布置，平面图应分层绘制。管道系统布置相同的楼层平面，则可绘制一张标准层平面图代替，但底层管道平面图仍应单独画出。当一张平面图上需绘出给水和排水两种管道时，两种管道的线型要留有一定距离。避免互相混淆。因此，平面图上的线条都是示意性的，它并不能说明真实安装情况。

2. 室外给排水管道平面图

室外给水系统由以下构筑物组成：

(1)在水源建造的取水构筑物。

(2)一级泵站从取水构筑物取水，将水送到净水构筑物。

(3)净水构筑物包括反应池、沉淀池、澄清池、快滤池等，对水进行净化处理，使水质达到用水标准。

(4)清水池储存处理过的净水。

(5)二级泵站将清水加压送至输水管网。

(6)输水管由二级泵站至水塔或配水管网的输水管道。

(7)水塔收集、储备、调节二级泵站与用户之间的水量，并将水压入配水管网。

室外排水系统可分为污水排水系统和雨水排水系统。在该平面图中，给水管道的走向是从大管径到小管径，通向建筑物的。排水管道的走向则是从建筑物出来到检查井，管道在各检查井之间沿水流方向从高标高到低标高敷设，管径是从小到大的，如图 10-29 所示为某地一新建办公楼室外给排水管道平面图。

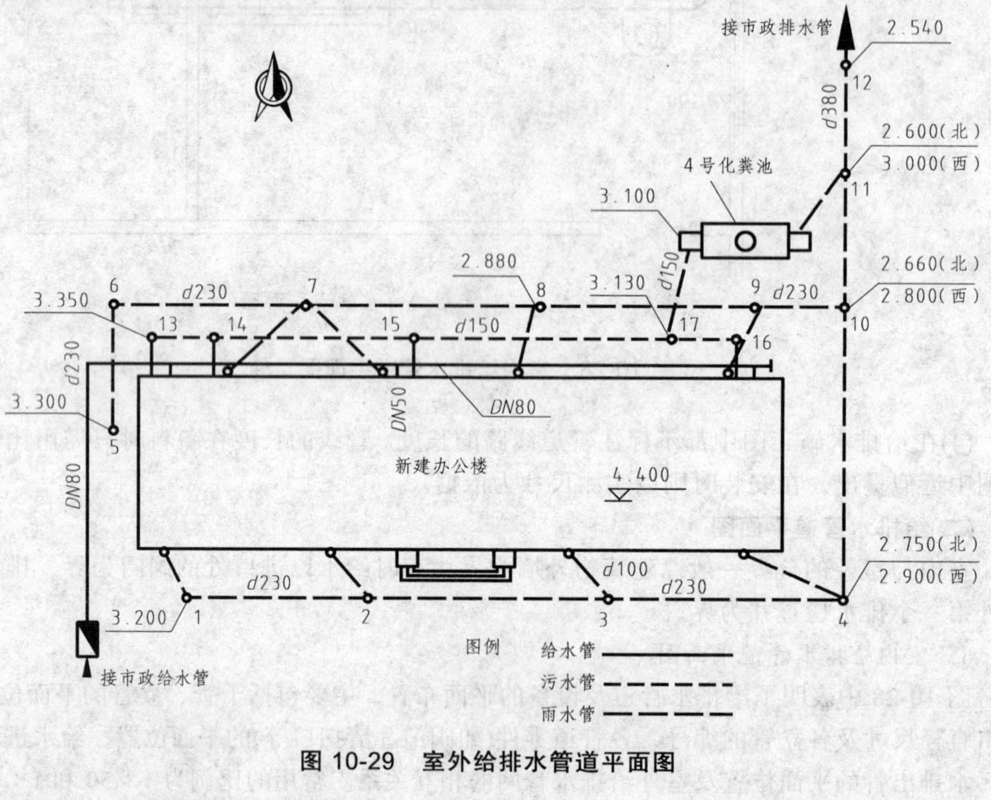

图 10-29　室外给排水管道平面图

3. 给排水管道系统图

系统图是用轴测投影的方法来表示给排水管道系统的上、下层之间，前后、左右之间的空间关系的。在系统图中除注有各管径尺寸及主管编号外，还注有管道的标高和坡度。如图 10-30 是某楼房的室内给水管道系统图。

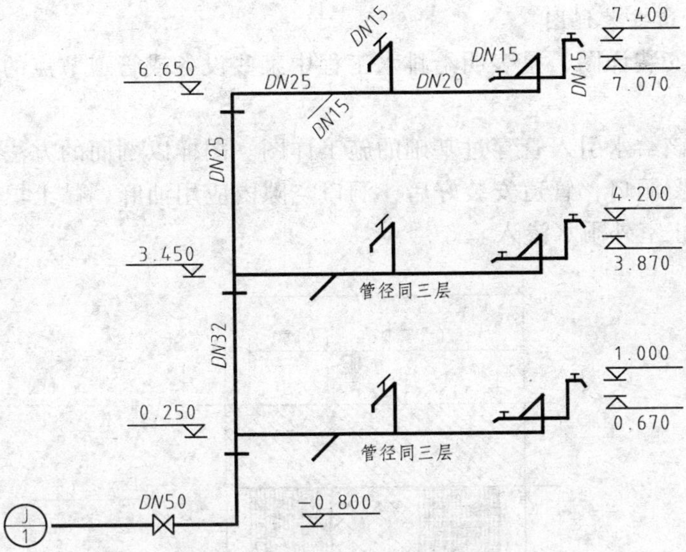

图 10-30　室内给水管道系统图

排水管道系统图与给水管道系统图图示方法基本相同。只是排水管道用虚线表示，管道在水平管段上都标注有污水流向的设计坡度，排水管道系统上的图例符号与给水管道系统上所用的图例符号不同。图 10-31 是某楼房室内排水管道系统图。

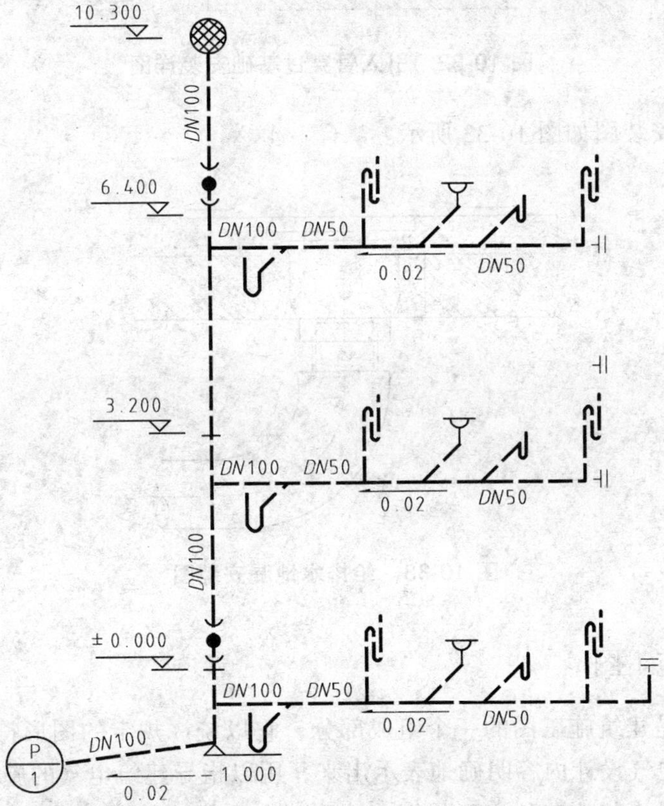

图 10-31　室内排水管道系统图

4. 给排水管道安装详图

给排水管道安装详图，是表明给排水工程中某些设备或管道节点的详细构造与安装要求的大样图。

图 10-32 为该给水引入管穿过基础的施工详图。图样以剖面的方法表明引入管穿越墙基础时，应预留洞口，管道安装好后，洞口空隙内应用油麻、黏土填实，外抹 M5 的水泥砂浆，以防止室外雨水渗入。

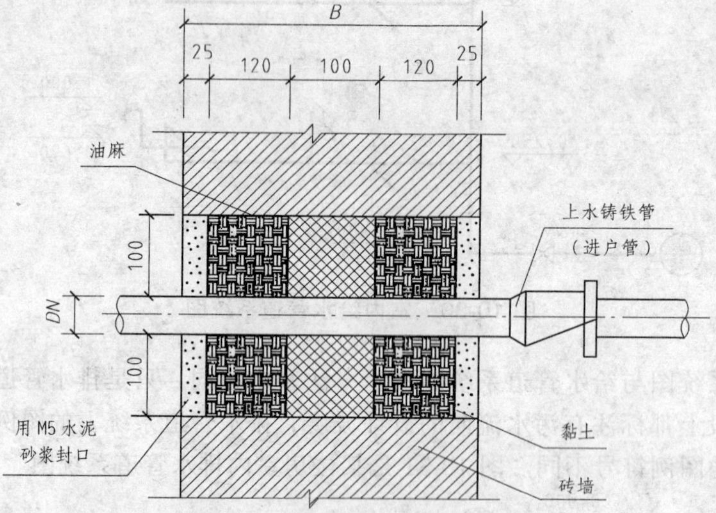

图 10-32 引入管穿过基础安装详图

给排水地漏安装图如图 10-33 所示。

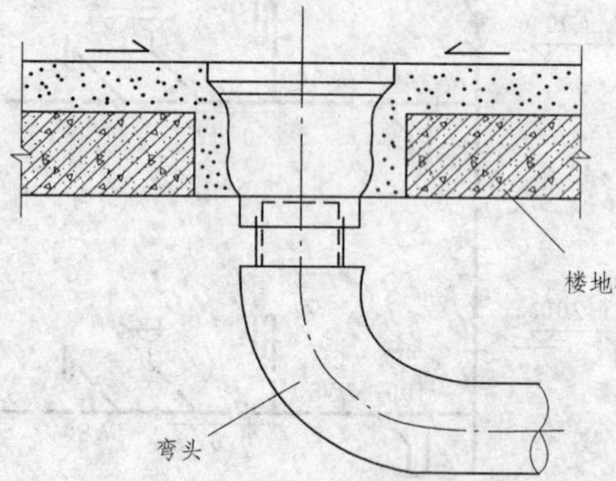

图 10-33 给排水地漏安装图

二、电气施工图

电气施工图是建筑施工图的一个组成部分，它以统一规定的图形符号辅以简单扼要的文字说明，把电气设计内容明确地表示出来，用以指导建筑电气的施工。

电气施工图是电气施工的主要依据，识别国家颁布的和通用的各种电气元件的图形符号，掌握建筑物内的供电方式和各种配线方式，了解电气施工图的组成，是进行电气安装施工的前提。

(一)电气施工图的组成

(1)首页图主要包括的内容有电气工程图纸目录、图例及电器规格说明和施工说明等三部分。小型电气工程施工图图纸较少，首页的内容不必单独绘制，一般并入平面图或系统图内加以简要说明。

(2)电气照明平面图是电气施工的主要图纸，它主要表明电源进户线的位置、规格、穿线管径，配电盘的位置、编号，配电线路的位置、敷设方式，配电线的规格、根数、穿管管径，各种电器的位置(如灯具的位置)、种类、数量、安装方式、高度以及开关、插销的位置，各支路的编号及要求等。

(3)供电系统图是根据用电量和配电方式画出的，它是表明建筑物内配电系统的组成及连接的示意图。从图中可以看到电源进户线的型号、敷设方式，全楼用电的总容量，进户线、干线、支线的连接与分支情况，配电箱、开关、熔断器的型号与规格，以及配电导线的型号、截面、采用管径及敷设方式等。

(4)电气详图一般采用标准图，主要表明线路敷设，灯具、电气安装及防雷接地，配电箱制作和安装的详细做法及要求。

(5)设计说明一般是说明设计的依据，对施工、材料或制品提出要求，说明图中未尽的事宜等。

(二)电气平面图

电气平面图是电气安装的重要依据，它是将同一层内不同高度的电气设备及线路都投影到同一平面上来表示的。

平面图一般包括变配电平面图、动力平面图、照明平面图、防雷接地平面图及弱电(电话、广播)平面图等。照明平面图实际上就是在建筑施工平面图上绘出的电气照明分布图，图上标有电源实际进线的位置、规格、穿线管径，配电箱的位置，配电线路的走向，干支线的编号、敷设方法，开关、插座、照明器具的种类、型号、规格、安装方式和位置等。一般照明线路走向是电源从建筑物某处进户后，经总配电箱和分配电箱，由干线、支线连接起来，通向各用电设备。其中，干线是由外线引入总配电箱及由总配电箱到分配电箱的连接线，支线是自分配电箱引至各用电设备的导线。

图 10-34 是底层照明平面图。图中电源由二楼引入，用两根 BLX 型(耐压 500 V)截面面积为 6 mm^2 的电线，穿 VG20 塑料管沿墙暗敷，由配电箱引三条供电回路 N_1、N_2、N_3 和一条备用回路。N_1 回路照明装置有 8 套 YG 单管 1×40 W 日光灯，悬挂高度距地 3 m，悬吊方式为链(L)吊；2 套 YG 双管 40 W 日光灯，悬挂高度距地 3 m，悬挂方式为链(L)吊。日光灯均装有对应的开关。带接地插孔的单相插座有 5 个。N_2 回路与 N_1 回路相同。N_3 回路上装有 3 套 100 W、2 套 60 W 的大棚灯和 2 套 100 W 壁灯，灯具装有相应的开关，带接地插孔的单相插座有 2 个。

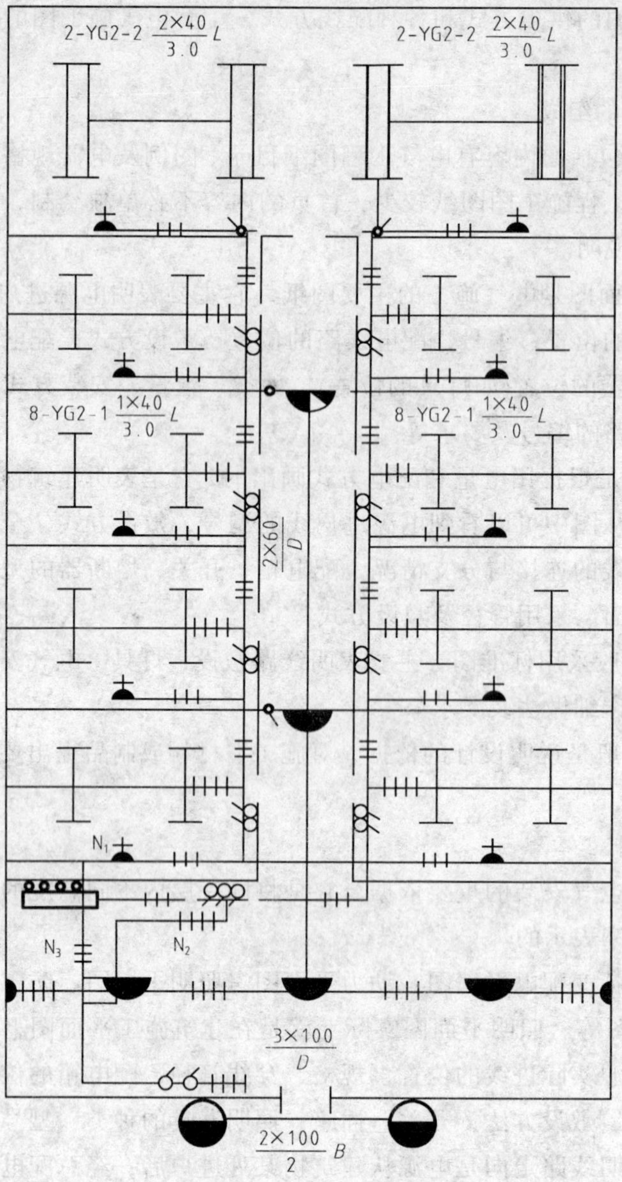

图 10-34　底层照明平面图

(三)电气系统图

电气系统图分为电力系统图、照明系统图和弱电(电话、广播等)系统图。电气系统图上标有整个建筑物内的配电系统和容量分配情况、配电装置，导线型号、截面、敷设方式及管径等。图 10-35 是电气系统图。图中表明，进户线用 4 根 BLX 型、耐压为 500 V、截面面积为 16 mm^2 的电线从户外电线杆引入。三根相线接三刀单投胶盖开关(规格为 HK1–30/3)，然后接入三个插入式熔断器(规格为 RClA–30/25)。再将 A、B、C 三相各带一根零线引到分配电盘。A 相到达底层分配电盘，通过双刀单投胶盖开关(规格为 HK1–15/2)，接入插入式熔断器(规格为 RC1A–15/15)，再分 N_1、N_2、N_3 和一个备用支路，分别通过规格为 HK1–15/2 的胶盖开关和规格为 RC1A–10/4 的熔断器，各线路用直径为 5 mm 的软塑料管沿地板或沿墙暗敷。管内穿 3 根截面面积为 1.5 mm^2 的铜心线。

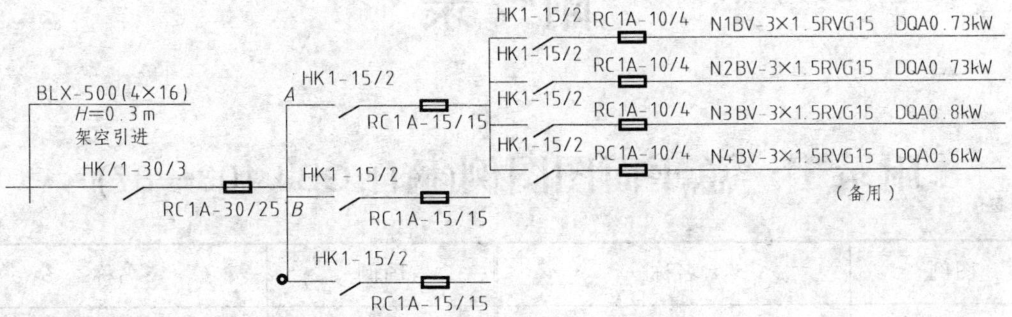

图 10-35　电气系统图

(四)电气详图

电气安装工程的局部安装大样、配件构造等均要用电气详图表示出来才能施工。电气详图与一般具体工程的做法均参考标准图或通用图册施工。有的单位还自行编制了通用图集供安装施工使用。图 10-36 是两只双控开关在两处控制一盏灯的接线方法。图 10-37 是日光灯的接线原理图，从详图上可了解到灯管之间线头的接法。

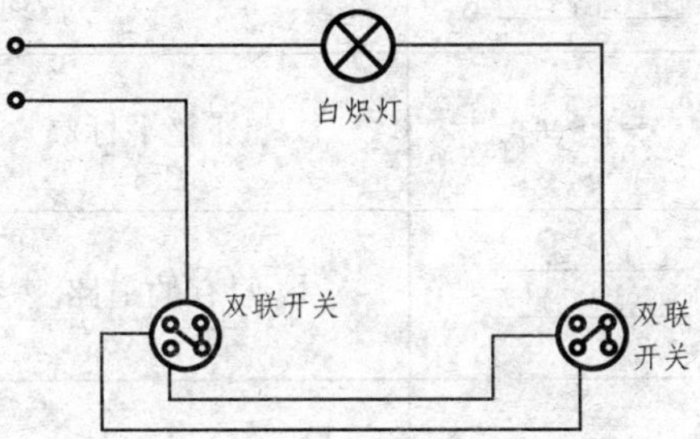

图 10-36　两只双控开关在两处控制一盏灯的接线方法详图

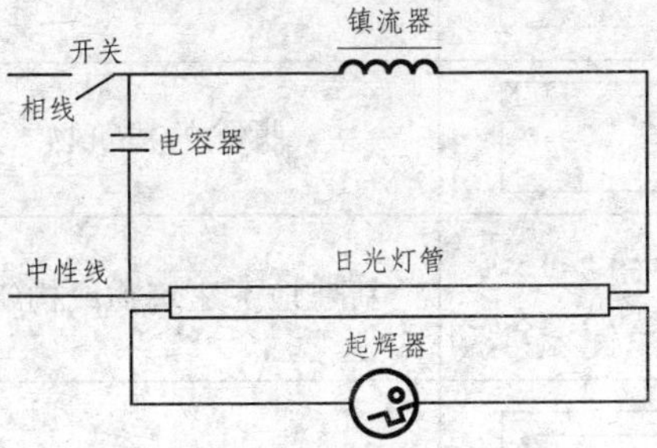

图 10-37　日光灯的接线原理图

附　录

附录Ⅰ　总平面图图例(摘自 GBJ 103—87)

图例	名称	图例	名称
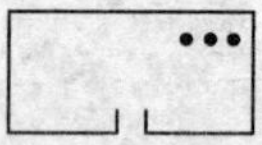	新设计的建筑物右上角以点数表示层数	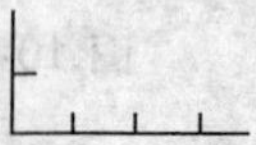	围墙 表示砖石、混凝土或金属材料围墙
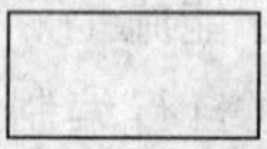	原有的建筑物	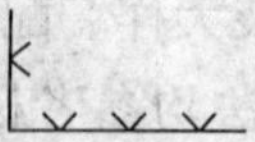	围墙 表示镀锌铁丝网、篱笆等围墙
	计划扩建的建筑物或预留地	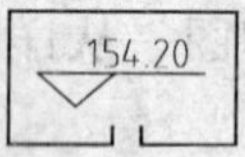	室内地坪标高
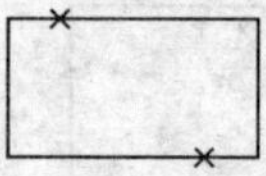	拆除的建筑物		室外整平标高
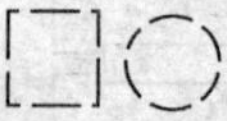	新建地下建筑物或构筑物	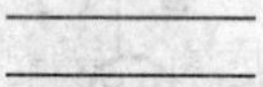	原有的道路
	散状材料露天堆场	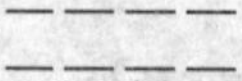	计划扩建的道路
	其他材料露天堆场或露天作业场	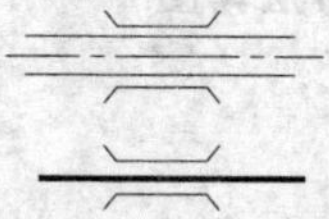	公路桥 铁路桥
	露天桥式吊车		护坡
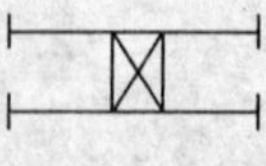	门式起重机		烟囱

附录Ⅱ　中华人民共和国行业标准《风景园林图例图示标准》植物部分

序号	名称	图例	说明
1	落叶阔叶乔木		1~14 中：落叶乔、灌木均不填斜线；常绿乔、灌木加画 45° 细斜线；阔叶树的外围线用弧裂形或圆形线；针叶树的外围线用锯齿形或斜刺形线； 乔木外形成圆形； 灌木外形成不规则形、乔木图例中粗线小圆表示现有乔木、细线小十字表示设计乔木； 灌木图例中中黑点表示种植位置；凡大片树林可省略图例中的小圆、小十字及黑点； 常绿林或落叶林根据图画表现的需要加或不加 45°细斜线
2	常绿阔叶乔木	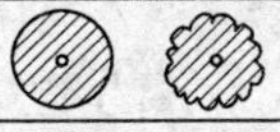	
3	落叶针叶乔木	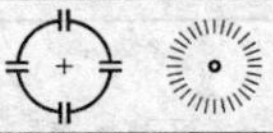	
4	常绿针叶乔木		
5	落叶灌木	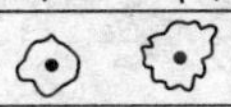	
6	常绿灌木		
7	阔叶乔木疏林		
8	针叶乔木疏林		
9	阔叶乔木密林		
10	针叶乔木密林	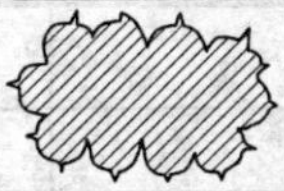	
11	落叶灌木疏林		
12	落叶花灌木疏林		
13	常绿灌木密林	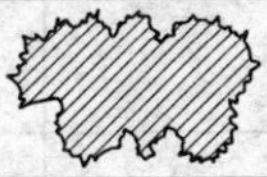	
14	常绿花灌木密林	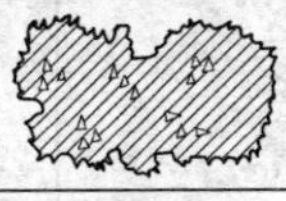	
15	自然形绿篱		
16	整形绿篱		
17	镶边植物		
18	一、二年生草木花卉	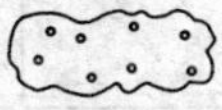	
19	多年生及宿根草本花卉	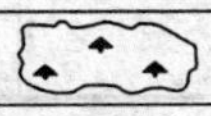	

续表

序号	名称	图例	说明
20	一般草皮	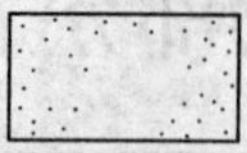	
21	缀花草皮		
22	整形树木		
23	竹丛	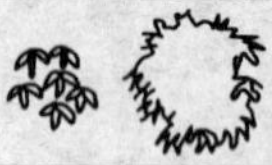	
24	棕榈植物		
25	仙人掌植物	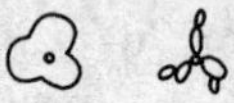	
26	藤本植物	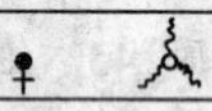	
27	水生植物	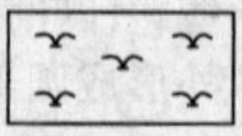	

树干形态

序号	名称	图例	说明
1	主轴干侧分枝形		
2	主轴干无分枝形		
3	无主轴干多枝形		
4	无主轴干垂枝形		
5	无主轴干丛生形		
6	无主轴干匍匐形		

树冠形态

序号	名称	图例	说明
1	圆锥形		
2	椭圆形		
3	圆球形	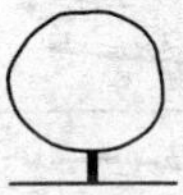	树冠轮廓线，凡针叶树用锯齿形表示；凡阔叶树用弧裂形表示
4	垂枝形	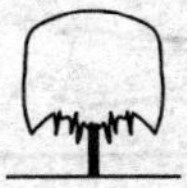	
5	伞形		
6	匍匐形		

附录Ⅲ　中华人民共和国行业标准《风景园林图例图示标准》山石部分

序号	名称	图例	说明
1	自然山石假山		
2	人工塑石假山		
3	土石假山	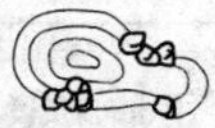	包括“土包石”、“石包土”及土假山
4	独立景石		

附录Ⅳ　中华人民共和国行业标准《风景园林图例图示标准》水体部分

序号	名称	图例	说明
1	自然式水体		
2	规则式水体		
3	跌水、瀑布	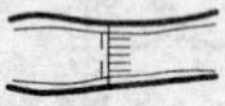	
4	旱涧		
5	溪涧	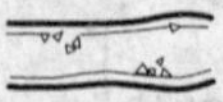	

附录Ⅴ　常用建筑材料图例(摘自 GBJ 1—86)

序号	名称	图例	说明
1	自然土壤		包括各种自然土壤
2	夯实土壤		
3	砂、灰土	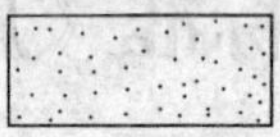	靠近轮廓线点较密的点
4	砂、砾石、碎砖三合土	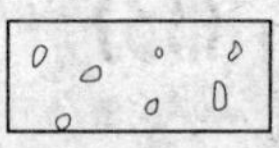	
5	天然石材		包括岩层、砌体、铺地、贴画等材料
6	毛石	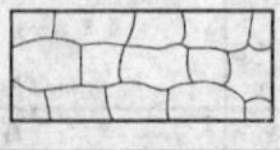	
7	普通砖	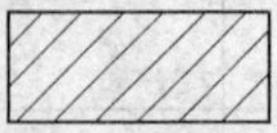	1. 包括砌体、砌块； 2. 断面较窄，不易画出图例线时，可涂红
8	耐火砖	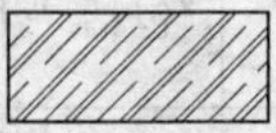	包括耐酸砖等
9	空心砖	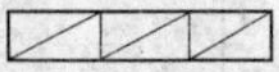	包括多种多孔砖

续表

序号	名称	图例	说明
10	饰面砖	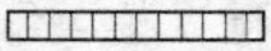	包括铺地砖、马赛克、陶瓷锦砖、人造大理石等
11	混凝土	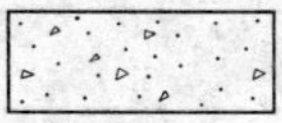	1.本图例仅适用于能承重的混凝土及钢筋混凝土； 2.包括各种标号、骨料、添加剂的混凝土； 3.在剖面图上画出钢筋时，不画图例线； 4.断面较窄，不易画出图例线时，可涂黑
12	钢筋混凝土		
13	焦渣、矿渣		包括与水泥、石灰等混合而成的材料
14	多孔材料		包括水泥珍珠岩、沥青珍珠岩、泡沫混凝土、非承重加气混凝土、泡沫塑料、软木等
15	纤维材料	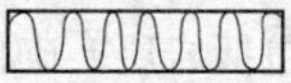	包括麻丝、玻璃棉、矿渣棉、木丝板、纤维板等
16	松散材料		包括木屑、石灰木屑、稻壳等
17	木材	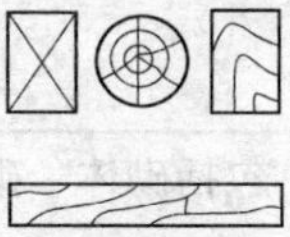	1.上图为横断面，左上图为垫木、木砖、木龙骨； 2.下图为纵断面
18	胶合板	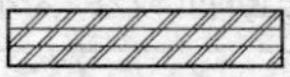	应注明×层胶合板
19	石膏板	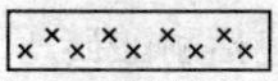	
20	金属	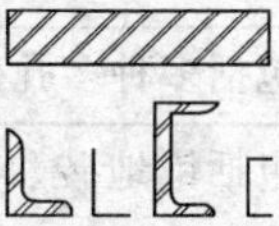	1.包括各种金属； 2.图形小时，可涂黑
21	网状材料		1.包括金属、塑料等网状材料； 2.注明材料
22	液体	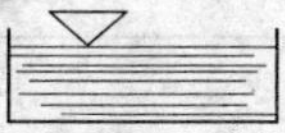	注明液体名称
23	玻璃	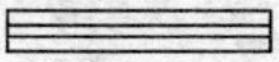	包括平板玻璃、磨砂玻璃、夹丝玻璃、钢化玻璃等
24	橡胶		
25	塑料		包括各种软、硬塑料及有机玻璃等
26	防水材料		构造层次多或比例较大时，采用上面图例
27	粉刷		本图例点以较稀的点

注： 序号 1、2、5、7、8、12、14、18、20、24、25 图例中的斜线、短斜线、交叉斜线等一律为 45°。

附录Ⅵ　构造及配件图例(摘自 GBJ 104—87)

序号	名称	图例	说明
1	自然土壤		包括各种自然土壤
2	夯实土壤		
3	砂、灰土	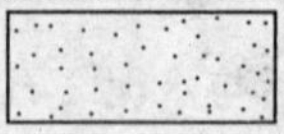	靠近轮廓线点较密的点
4	砂、砾石、碎砖三合土	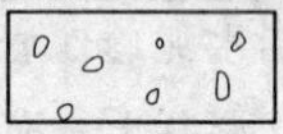	
5	天然石材	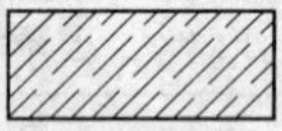	包括岩层、砌体、铺地、贴面等材料
6	毛石	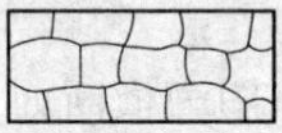	
7	普通砖		1.包括砌体、砌块; 2.断面较窄、不易画出图例线时，可涂红
8	耐火砖	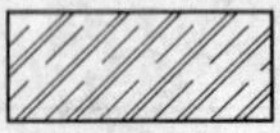	包括耐酸砖等
9	空心砖	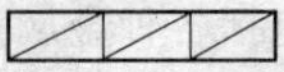	包括多种多孔砖
10	饰面砖	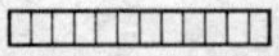	包括铺地砖、马赛克、陶瓷锦砖、人造大理石等
11	坑槽		
12	墙预留洞	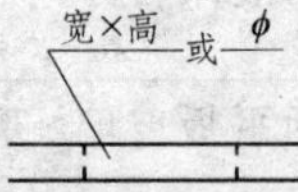	
13	墙预留槽	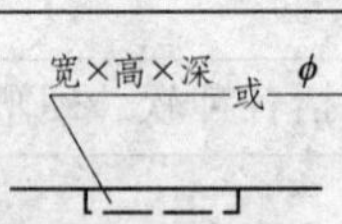	
14	烟道	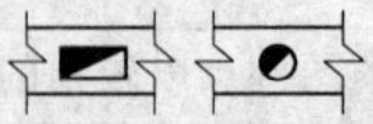	
15	通风道	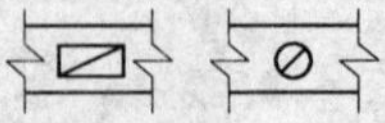	

续表

序号	名称	图例	说明
16	新建的墙和窗	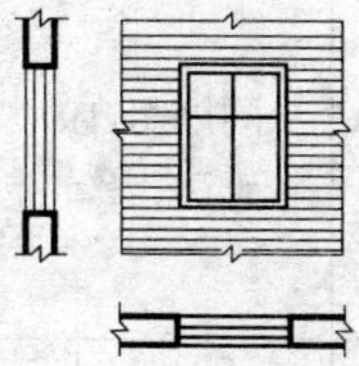	本图为砖墙图例，若用其他材料，应按所用材料的图例绘制
17	在原有墙或楼板上局部堵塞的洞	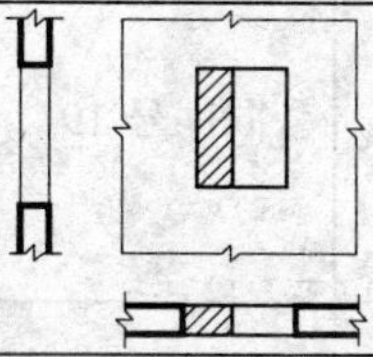	
18	空门洞	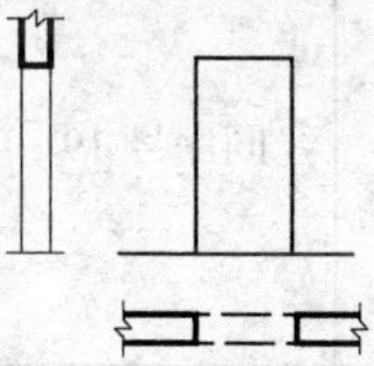	
19	单扇门(包括平开或单面弹簧)	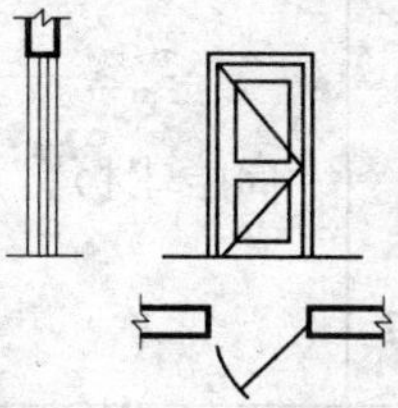	1.门的名称代号用M表示； 2.剖面图上左为外、右为内，平面图上下为外、上为内； 3.立面图上开启方向线交角的一侧为安装合页的一侧，实线为外开，虚线为内开； 4.平面图上的开启弧线及立面图上的开启方向线，在一般设计图上不需表示，仅在制作图上表示； 5.立面形式应按实际情况绘制
20	双扇门(包括平开或单面弹簧)	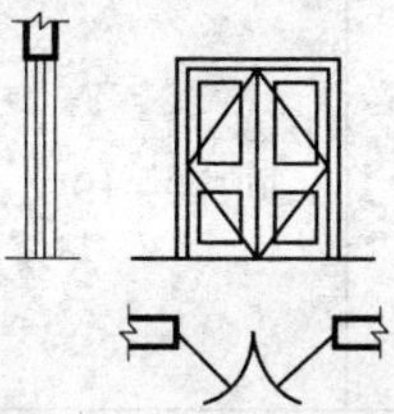	
21	对开折叠门	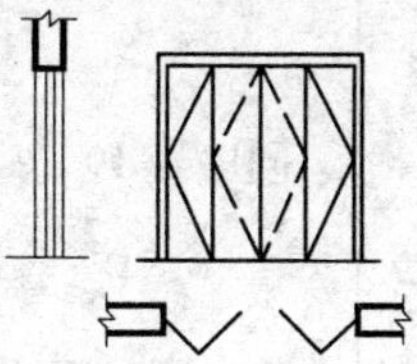	
22	墙外单扇推拉门	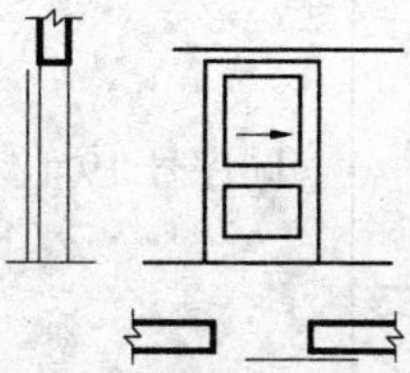	同序号19说明中的1、2、5

续表

序号	名称	图例	说明
23	墙外双扇推拉门	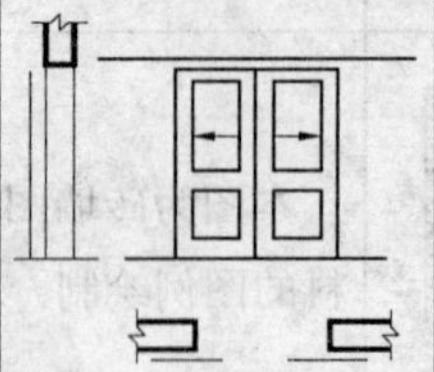	同序号 19
24	墙内单扇推拉门	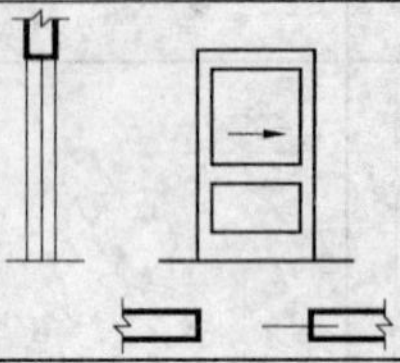	同序号 19
25	墙内双扇推拉门	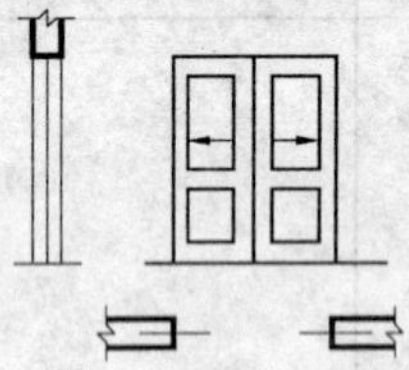	同序号 19
26	单扇双面弹簧门	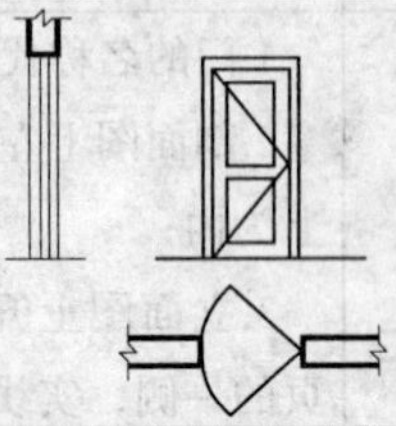	同序号 19
27	双扇双面弹簧门	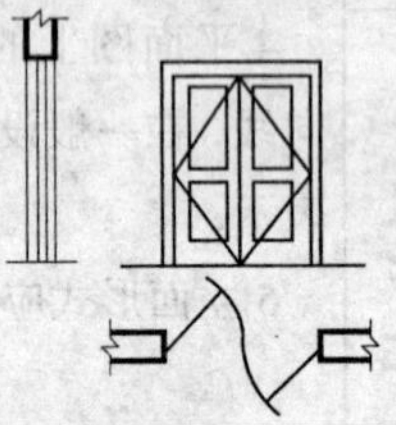	同序号 19
28	单扇内外开双层门 (包括平开或单面弹簧)	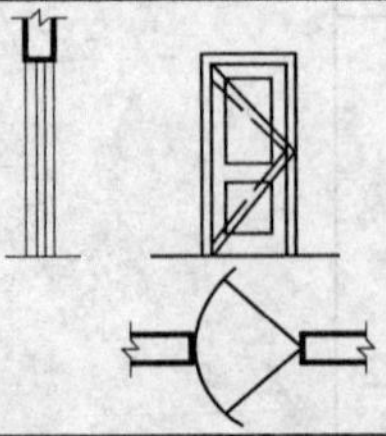	同序号 19
29	双扇内外开双层门 (包括平开或单面弹簧)	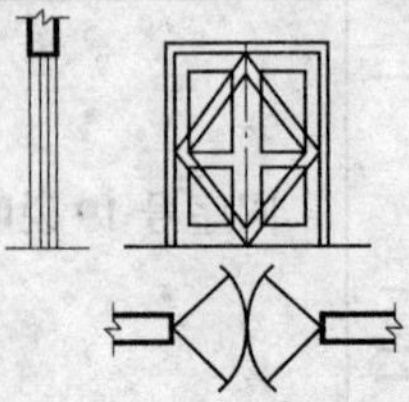	同序号 19

续表

序号	名称	图例	说明
30	转　门	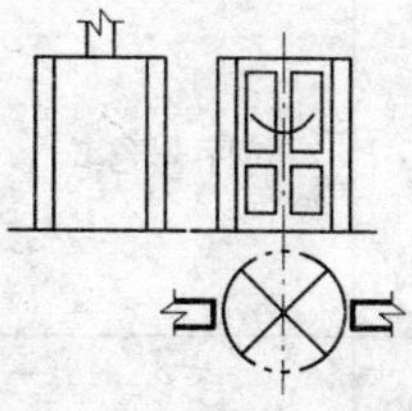	同序号 19 中的 1、2、4、5
31	折叠上翻门	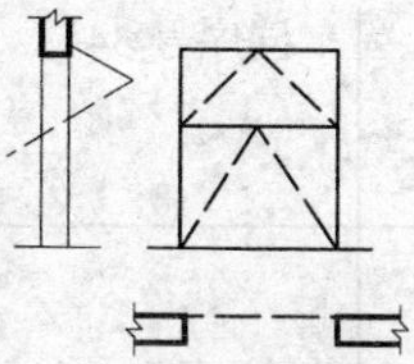	同序号 19
32	卷　门	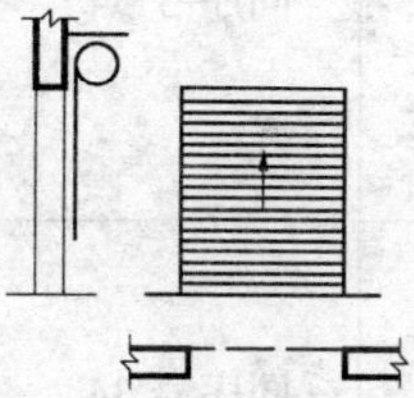	同序号 19 说明中的 1、2、5
33	提升门	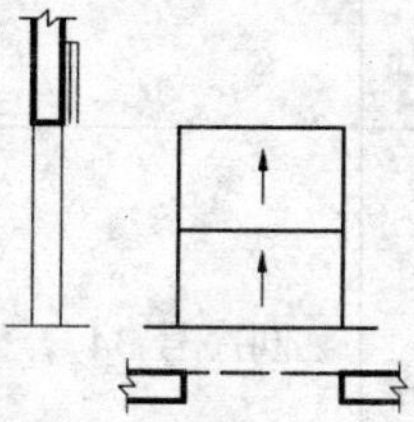	同序号 19 说明中的 1、2、5
34	单层固定窗	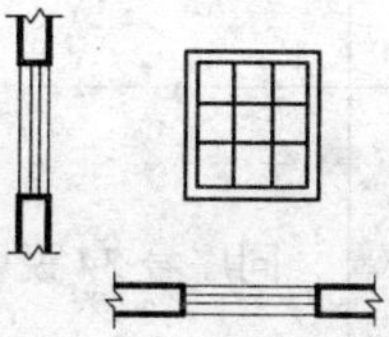	1．窗的名称代号为 C； 2．立面图中的斜线表示窗的开关方向，实线为外开，虚线为内开，开启方向线交角的一侧为安装合页的一侧，一般设计图中可不表示； 3．剖面图上左为外、右为内，平面图上下为外、上为内； 4．平、剖面图上的虚线仅说明开关方式，在设计图中不需表示； 5．窗的立面形式应按实际情况绘制
35	单层外开上悬窗	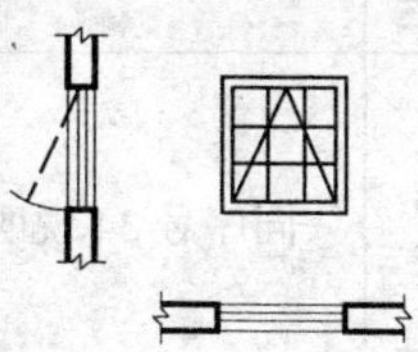	
36	单层中悬窗	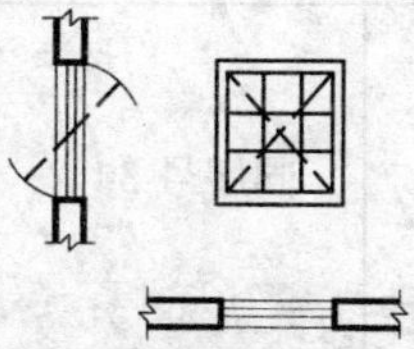	同序号 34

续表

序号	名称	图例	说明
37	单层内开下悬窗	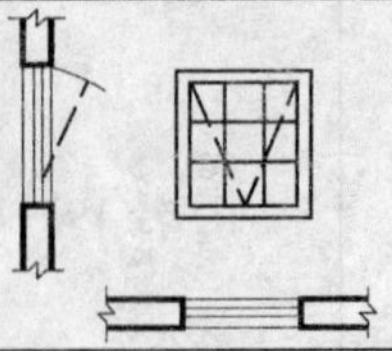	同序号 34
38	单层外开平开窗	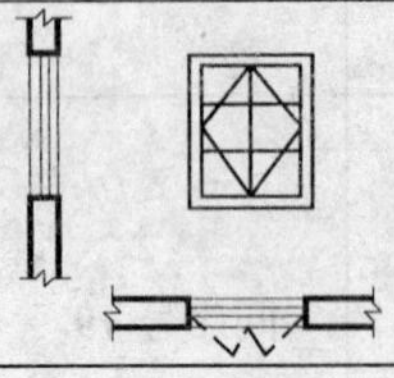	同序号 34
39	立转窗	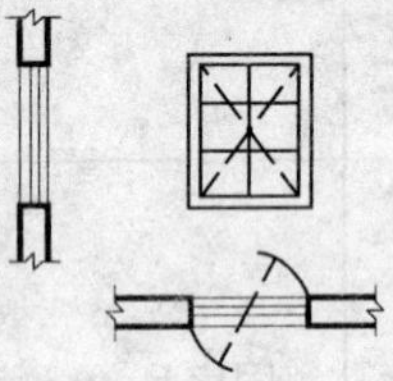	同序号 34
40	单层内开平开窗	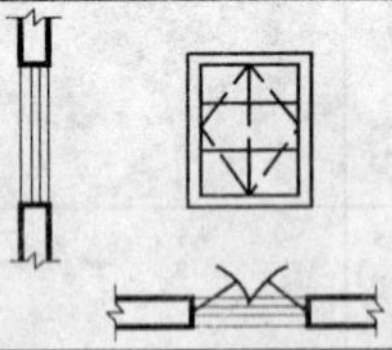	同序号 34
41	双层内外开平开窗	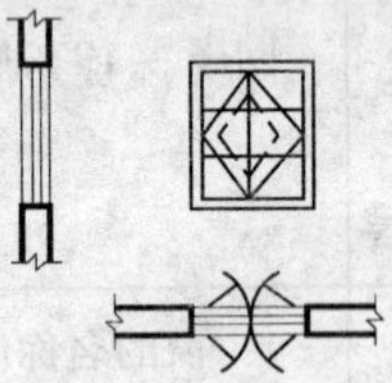	同序号 34
42	左右推拉窗	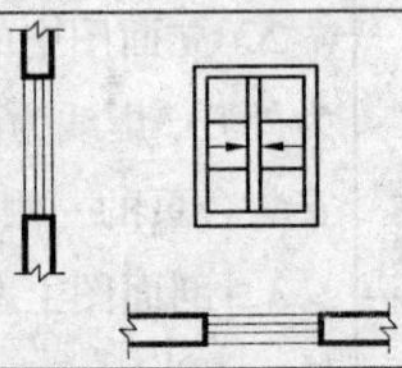	同序号 34 说明中的 1、3、5
43	上推窗	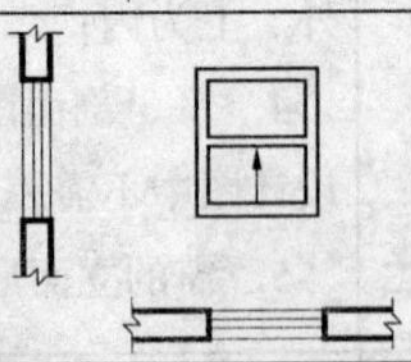	同序号 34 说明中的 1、3、5
44	百叶窗	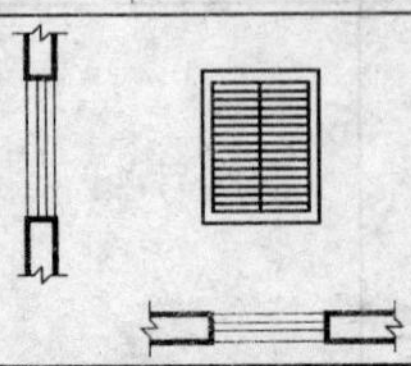	同序号 34

附录Ⅶ 常用构件代号

序号	名称	代号	序号	名称	代号	序号	名称	代号
1	板	B	19	圈梁	QL	37	承台	CT
2	屋面板	WB	20	过梁	GL	38	设备基础	SJ
3	空心板	KB	21	连系梁	LL	39	桩	ZH
4	槽形板	CB	22	基础梁	JL	40	挡土墙	DQ
5	折板	ZB	23	楼梯梁	TL	41	地沟	DG
6	密肋板	MB	24	框架梁	KL	42	柱间支撑	ZC
7	楼梯板	TB	25	框支梁	KZL	43	垂直支撑	CC
8	盖板或沟盖板	GB	26	屋面框架梁	WKL	44	水平支撑	SC
9	挡雨板或檐口板	YB	27	檩条	LT	45	梯	T
10	吊车安全走道板	DB	28	屋架	WJ	46	雨篷	YP
11	墙板	QB	29	托架	TJ	47	阳台	YT
12	天沟板	TGB	30	天窗架	CJ	48	梁垫	LD
13	梁	L	31	框架	KJ	49	预埋件	M
14	屋面梁	WL	32	刚架	GJ	50	天窗端壁	TD
15	吊车梁	DL	33	支架	ZJ	51	钢筋网	W
16	单轨吊车梁	DDL	34	柱	Z	52	钢筋骨架	G
17	轨道连接	DGL	35	框架柱	KZ	53	基础	J
18	车挡	CD	36	构造柱	GZ	54	暗柱	AZ

附录Ⅷ 钢筋的一般表示方法

序号	名称	图例	说明
1	钢筋横断面	●	
2	无弯钩的钢筋端部		下图表示长、短钢筋投影重叠时，短钢筋的端部用 45°斜画线表示
3	带半圆形弯钩的钢筋端部		
4	带直钩的钢筋端部		
5	带丝扣的钢筋端部		
6	无弯钩的钢筋搭接		
7	带半圆形弯钩的钢筋搭接		
8	带直钩的钢筋搭接		

附录Ⅸ　给排水工程常用图例(摘自 GBJ 106—87)

序号	名称	图例	说明
1	管道		用于一张图内只有一种管道的情况
		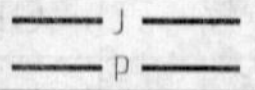	用汉语拼音字头表示管道类别
			用图例表示管道类别
2	交叉管		指管道交叉不连接，在下方和后面的管道应断开
3	三通连接		
4	四通连接		
5	流向		
6	坡向		
7	套管伸缩器	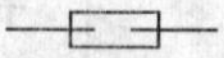	
8	波形伸缩器		
9	弧形伸缩器		
10	方形伸缩器	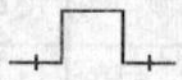	
11	防水套管		
12	软管		
13	可挠曲橡胶接头		
14	管道固定支架		
15	管道滑动支架	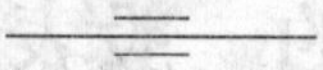	
16	保温管		也适用于防结露管
17	多孔管		
18	拆除管		
19	地沟管		
20	防护套管	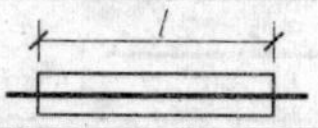	
21	管道立管	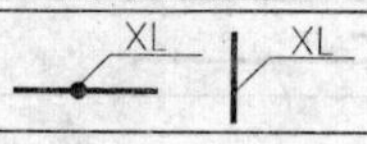	X 为管道类别代号
22	排水明沟		
23	排水暗沟	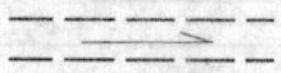	
24	弯折管		表示管道向后弯 90°
25	弯折管		表示管道向前弯 90°

续表

序号	名称	图例	说明
26	存水弯		
27	检查口	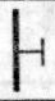	
28	清扫口		
29	通气帽		
30	雨水斗	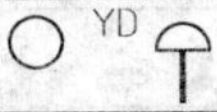	
31	排水漏斗		
32	圆形地漏		
33	方形地漏		
34	自动冲洗水箱		
35	阀门套筒		
36	挡墩		
37	法兰连接		
38	承插连接		
39	螺纹连接		
40	活接头		
41	管堵		
42	法兰堵盖		
43	喇叭口		
44	转动接头		
45	管接头	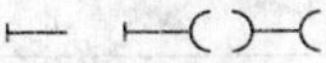	
46	弯管	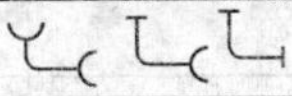	
47	正三通	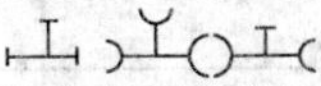	
48	阀门		用于一张图内只有一种阀门的情况
49	角阀	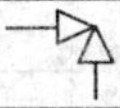	
50	三通阀	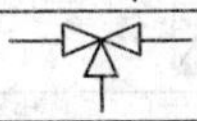	
51	室外消火栓		
52	室内消火栓(单口)		
53	室内消火栓(双口)		

续表

序号	名称	图例	说明
54	消防喷头(开式)	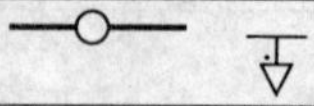	
55	消防喷头(闭式)		
56	消防报警阀		
57	水盆水池		用于一张图内只有一种水盆或水池的情况
58	洗脸盆		
59	立式洗脸盆		
60	浴盆	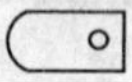	
61	化验盆、洗涤盆	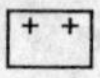	
62	盥洗槽	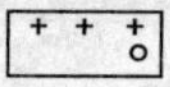	
63	污水池		
64	立式小便器		
65	挂式小便器		
66	蹲式大便器		
67	坐式大便器	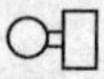	
68	小便槽	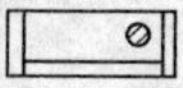	
69	饮水器		
70	淋浴喷头		
71	矩形化粪池	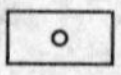	HC 为化粪代号
72	圆形化粪池		
73	雨水口		
74	阀门井、检查井		
75	放气井		
76	泄水井		
77	水表井		本图例与流量计相同
78	泵		用于一张图内只有一种泵的情况
79	离心水泵		
80	真空泵	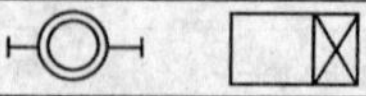	
81	压力表		
82	自动记录压力表		

附录X 常用电气图例

开关、控制和保护装置(摘自 GB 4728—84)

图形符号	说明	旧符号
形式 1 形式 2 	动合(常开)触点 注：本符号也可用做开关的一般符号	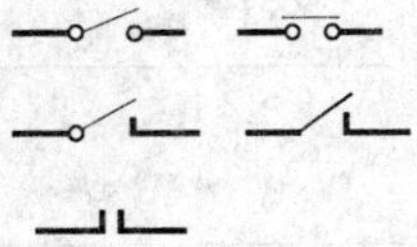
	动断(常闭)触点	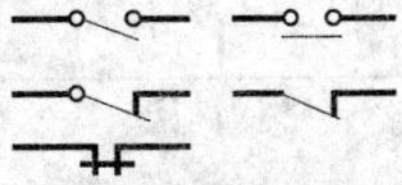
	先断后合的转换触点	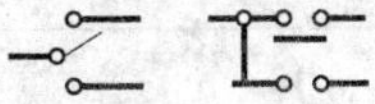
	中间断开的双向触点	
形式1 形式2 	当操作器件被吸合时延时闭合的动合触点	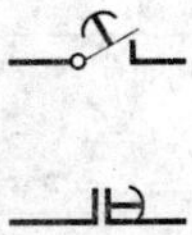 接触器
形式1 形式2 	当操作器件被释放时延时断开的动合触点	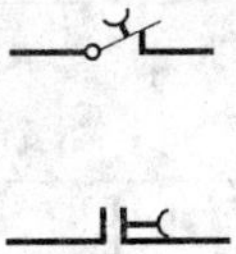 接触器
形式1 形式2 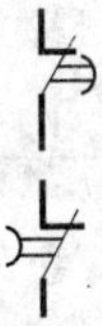	当操作器件被释放时延时闭合的动断触点	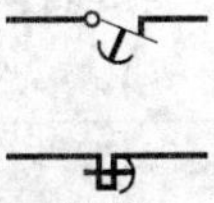 接触器
形式1 形式2 	当操作器件被吸合时延时断开的动断触点	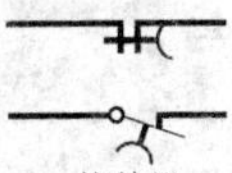 接触器
	吸合时延时闭合和释放时延时断开的动合触点	
	手动开关的一般符号	

续表

图形符号	说明	旧符号
	按钮开关(不闭锁)	
	拉拔开关(不闭锁)	
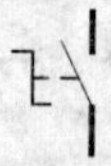	旋钮开关、旋转开关(闭锁)	
	多极开关的一般符号 单线表示	
	多线表示	
	接触器(在非动作位置触点断开)	
	具有自动释放的接触器	
	接触器(在非动作位置触点闭合)	
	断路器	
	隔离开关	
	具有中间断开位置的双向隔离开关	
	负荷开关(负荷隔离开关)	
	具有自动释放的负荷开关	
形式 1  形式 2 	操作器件的一般符号	
	缓慢释放(缓放)继电器的线圈	
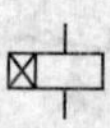	缓慢吸合(缓吸)继电器的线圈	
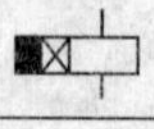	缓吸缓放继电器的线圈	

续表

图形符号	说明	旧符号
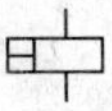	快速继电器(快吸和快放)的线圈	
	对交流电不敏感继电器的线圈	
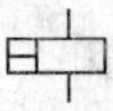	交流继电器的线圈	
	热继电器的驱动器件	
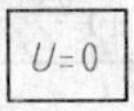	零电压继电器	
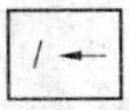	逆流继电器	
	欠功率继电器	
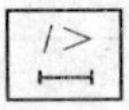	延时过流继电器	
	欠电压继电器 整定范围为 50 ~ 80 V，重整定比 130%	
	熔断器的一般符号	
	供电端由粗线表示的熔断器	
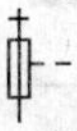	带机械连杆的熔断器(撞击器式熔断器)	
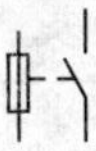	具有独立报警电路的熔断器	
	跌开式熔断器	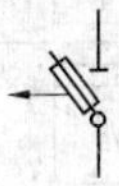
	熔断器式开关	
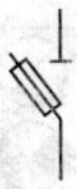	熔断器式隔离开关	

续表

图形符号	说明	旧符号
	熔断器式负荷开关	
	火花间隙	
	避雷器	

测量仪器、灯和信号器件(摘自 GB 4728.8—84)

图形符号	说明	旧符号
	电压表	
	无功电流表	
	无功功率表	
	功率因数表	
	相位表	
	频率表	
	同步表(同步指示器)	
	检流计	
	转速表	
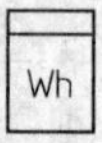	电度表(瓦特小时计)	
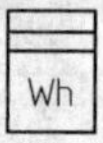	多费率电度表(示出二费率)	
	无功电度表	
	钟(二次钟、副钟)的一般符号	
	带有开关的钟	
	灯的一般符号 信号灯的一般符号	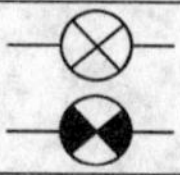

续表

图形符号	说明	旧符号
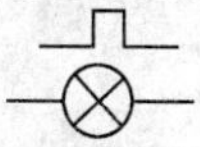	闪光型信号灯	
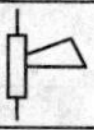	电喇叭	
	电铃	
	蜂鸣器	

电力和照明(摘自 GB 4728.11—85)

图形符号		说明	旧符号
规划的	运行的		
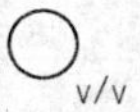	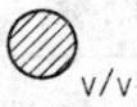	变电所(示出改变电压)	
	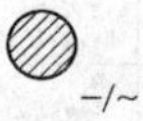	变流所(示出直流变交流)	
		杆上变电站	
		移动变电所	
		防爆式移动变电所	
		地下变电所	
		地下线路	
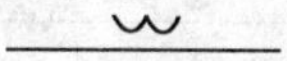		水下(海底)线路	
		架空线路	
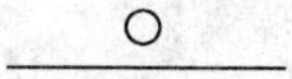		管道线路	
		挂在钢索上的线路	
		事故照明线	
		50 V 及其以下电力及照明线路	
		控制及信号线路(电力及照明用)	
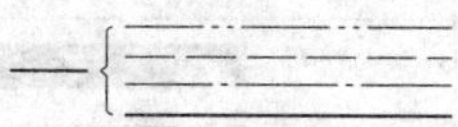		用单线表示多种线路	

续表

图形符号	说明	旧符号
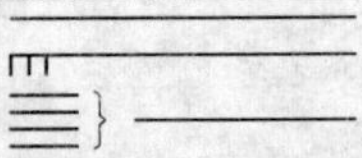	用单线表示多回路线路(或电缆管束)	
	母线一般符号	
	装在支柱上的封闭式母线	
	装在吊钩上的封闭式母线	
	滑触线	
	中性线	
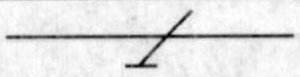	保护线	
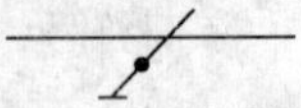	保护和中性共用线	
	具有保护线和中性线的三相配线	
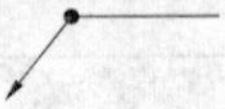	向上配线	
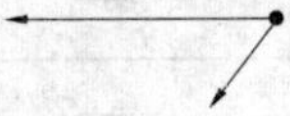	向下配线	
	垂直通过配线	
	盒(箱)的一般符号	
	带配线的用户端	
	配电中心(示出 5 根导线管)	
	连接盒或接线盒	
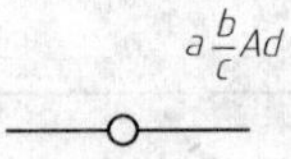	带照明灯的电杆 *a*—编号 *b*—杆型 *c*—杆高 *d*—容量 *A*—连接相序	
	电缆铺砖保护	
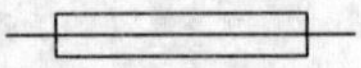	电缆穿管保护	

续表

图形符号	说明	旧符号
	电缆预留	
	母线伸缩接头	
	电缆中间接线盒	
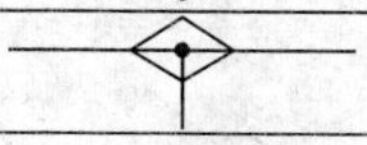	电缆分支接线盒	
	屏、台、箱、柜的一般符号	
	动力或动力—照明配电箱	
	信号板、信号箱(屏)	
	照明配电箱(屏)	
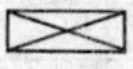	事故照明配电箱(屏)	
	多种电源配电箱(屏)	
	直流配电盘(屏)	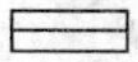
	交流配电盘(屏)	
	按钮一般符号	
	按钮盒	
	带指示灯的按钮	
	单相插座	
	暗装 密闭(防水) 防爆	
	带接地插孔的单相插座 暗装 密闭(防水) 防爆	
	带接地插孔的三相插座 暗装 密闭(防水) 防爆	

续表

图形符号	说明	旧符号
	插座箱(板)	
	开关的一般符号	
	单极开关 暗装 密闭(防水) 防爆	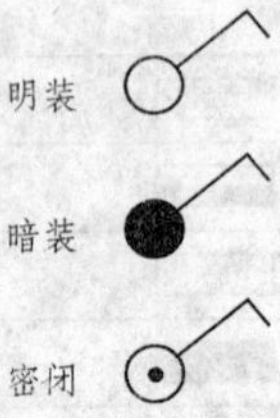
	双极开关 暗装 密闭(防水) 防爆	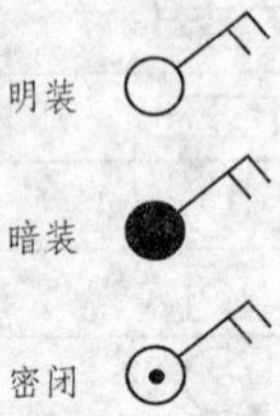
	三极开关 暗装 密闭(防水) 防爆	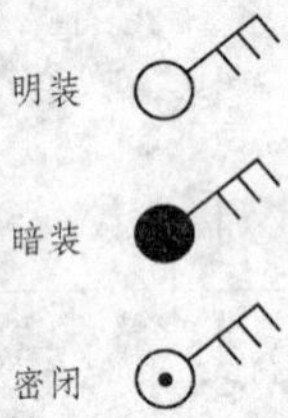
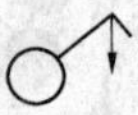	单极拉线开关	
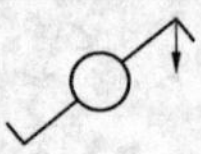	单极双控拉线开关	
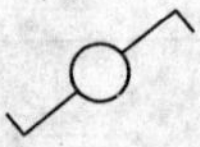	双控开关(单极三线)	
	具有指示灯的开关	
	萤光灯一般符号 三管萤光灯 五管萤光灯	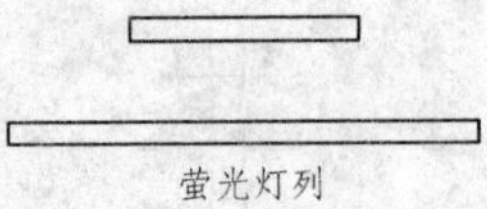

参考文献

[1] 辽宁省林业学校，南京农业学校. 园林制图[M]. 北京：中国农业出版社，1992.
[2] 北京园林学会，北京市园林局. 怎样绘制园林图[M]. 北京：中国林业出版社，1984.
[3] 宫晓滨. 风景园林专业绘画技法[M]. 北京：中国林业出版社，1997.
[4] 宋安平，等. 土木工程制图[M]. 北京：高等教育出版社，1999.
[5] 谷康. 园林制图与识图[M]. 南京：东南大学出版社，2001.
[6] 柳新红. 园林制图[M]. 北京：中国农业出版社，2001.
[7] 周业生. 园林制图[M]. 北京：高等教育出版社，2002.
[8] 吴丁丁. 园林制图[M]. 沈阳：白山出版社，2003.
[9] 董南. 园林制图[M]. 北京：高等教育出版社，2005.
[10] 常会宁. 园林计算机辅助设计[M]. 北京：高等教育出版社，2005.
[11] 张淑英. 园林工程制图[M]. 北京：高等教育出版社，2005.
[12] 刘新燕. 园林工程建设图纸的绘制与识别[M]. 北京：化学工业出版社，2005.
[13] 黄晖，王云云. 园林制图[M]. 重庆：重庆大学出版社，2006.
[14] 孛随文. 园林绘画[M]. 重庆：重庆大学出版社，2006.
[15] 石宏义. 园林设计初步[M]. 北京：中国林业出版社，2006.
[16] 王晓俊. 风景园林设计[M]. 南京：江苏科技出版社，2006.
[17] 常会宁. 园林制图[M]. 北京:中国农业大学出版社，2007.
[18] 王晓俊. 风景园林设计[M]. 江苏：科学技术出版社，2007.
[19] 黄皖苏，潘陆桃. 画法几何及阴影透视[M]. 北京：机械工业出版社，2007.
[20] 夏振平. 园林制图[M]. 北京：中国农业出版社，2008.